高等学校工程管理系列经典教材

工程招投标与合同管理

刘亚臣　主　审
刘志杰　主　编
李　静　副主编

PROJECTS BIDDING&BID AND CONTRACT MANAGEMENT

大连理工大学出版社

内容提要:本教材主要有三个方面的内容:一是介绍合同知识,包括合同的基本概念、建设合同知识和国际工程合同知识;二是介绍工程招投标知识;三是介绍合同管理知识。教材内容的安排更为注重知识的实践性和可操作性,使学生能够在学习基本理论的同时,更好地与实际相结合,为将来从事相关工作奠定基础。

图书在版编目(CIP)数据

工程招投标与合同管理/刘志杰主编. —大连:大连理工大学出版社,2009.8(2023.1 重印)
(高等学校工程管理系列经典教材)
ISBN 978-7-5611-5020-7

Ⅰ.工… Ⅱ.刘… Ⅲ.①建筑工程-招标-高等学校-教材②建筑工程-投标-高等学校-教材③建筑工程-经济合同-管理-高等学校-教材 Ⅳ.TU723

中国版本图书馆 CIP 数据核字(2009)第 139183 号

大连理工大学出版社出版
地址:大连市软件园路 80 号　邮政编码:116023
发行:0411-84708842　邮购:0411-84708943　传真:0411-84701466
E-mail:dutp@dutp.cn　URL:https://www.dutp.cn
大连雪莲彩印有限公司印刷　大连理工大学出版社发行

幅面尺寸:180mm×255mm　印张:16.25　字数:382 千字
2009 年 8 月第 1 版　2023 年 1 月第 11 次印刷

责任编辑:汪会武　邵　婉　责任校对:婧　婉
封面设计:波　朗

ISBN 978-7-5611-5020-7　定　价:35.00 元

工程管理系列经典教材编委会成员名单

序

现代工程建设产品（建筑物、构筑物等）的建成，往往需要消耗大量的人力、物力资源和需要一定的建造时间。伴随着社会经济生产的发展和物质文化生活水平的不断提高，人类对工程建设产品的功能和质量要求越来越高，同时又期望工程建设周期尽可能短、投资尽可能少、效益尽可能好。特别是近 10 多年来，随着经济体制改革的不断深入，我国基本建设投资和工程建设管理体制发生了深刻的变化。由于工程建设投资主体多元化、投资决策分权化和工程发包方式多样化以及工程建设承包市场国际化的进一步发展，使得工程建设领域对具有合理知识结构、较高业务素质和较强管理能力的高级管理人才的需求越来越大。

高等院校工程管理学科领域肩负着培养和造就大批具备工程技术、经济与法律的基本知识，掌握现代管理科学理论、方法和手段，能够在现代工程建设领域从事工程项目决策和全过程管理的高级管理人才的艰巨任务。提高高等教育人才培养质量，教材建设是一个十分关键的因素。

2003 年初，在大连理工大学出版社的倡导下，由辽宁地区设置工程管理专业的部分高校专家组成了工程管理系列教材编写委员会（简称编委会）。在编委会的精心组织下，通过编委们的辛勤劳动，陆续出版了能够完整涵盖工程管理学科知识体系的系列教材。从近 5 年国内许多高校的使用情况反馈来看，该套系列教材的知识体系科学、完整，具有较高的学术理论水平和较强的教学适用性，教材的质量得到广大同行和读者们的充分认可。

在总结教材编写和使用经验以及采纳各高校使用反馈意见和建议的基础上，编委会决定对该套教材进一步调整，形成新的高等学校工程管理系列经典教材，共包括：《土木建筑工程概论》、《土木工程施工技术》、《工程经济学》、《工程项目融资》、《工程估价》、《工程建设法学》、《工程招投标与合同管理》、《工程项目管理》、《国际工程管理》、《工程管理信息系统》、《工程项目咨询概论》、《建筑企业管理》《房地产开发与经营》、《工程管理概论》、《建设监理概论》等15本教材。其中部分图书为国家"十一五"规划教材和省精品教材。

新系列教材的作者们，力求最大限度地汲取本学科领域的最新科研成果，强化现代工程建设管理基本理论知识的科学性、系统性和操作技能知识的针对性、实用性，使其成为我国高等学校工程管理专业人才培养的经典系列教材，为工程管理学科和专业发展，为工程建设领域培养高级管理人才做出贡献。

新系列教材的编写，得到大连理工大学出版社和沈阳建筑大学、大连理工大学、辽宁工程技术大学、辽宁大学、辽宁石油化工大学、沈阳工业大学、辽宁工业大学和辽宁省建设厅主管部门及相关企业领导、专家们的大力支持，在此深表谢意。

工程管理在我国仍是一个崭新的学科领域，其学科内涵和理论与实践知识体系尚在不断发展之中，加之时间有限，尽管作者们做出了极大努力，但新系列教材不妥之处仍在所难免，恳请各位同行和读者提出宝贵意见。

工程管理系列经典教材编委会

2008年1月

前言

就建设工程项目管理而言,对建设目标的控制非常重要。但就工程建设实施阶段管理工作的本质而言,其主要的或基本的工作是合同控制及合同管理。而衡量合同标的实现或完成好坏的标准是管理的目标。项目管理三大目标既产生于合同的约定,又受合同执行的制约。在工程建设过程中,合同管理是最高层次的管理,按国际惯例,谁管理合同谁就是项目经理,合同管理是工程项目管理工作的核心。建设工程招投标既是建设任务发包承包的交易方式,也是建设工程合同成立的过程,更是合同实施管理的起源和依据。因此,工程招投标与合同管理课程是工程管理专业的骨干专业课程之一。

工程招投标与合同管理课程是为高等院校工程管理专业的学生学习建设工程合同与合同管理知识而设立的。本教材内容是以《中华人民共和国合同法》、《中华人民共和国招标投标法》和《中华人民共和国建筑法》等法律法规为依据,参考现行国内外相关合同示范文本,结合编者在合同管理方面的教学和从事工程管理工作的实践经验而确定的。

本教材主要有三个方面的内容:一是介绍合同知识,包括合同的基本概念、建设合同知识和国际工程合同知识;二是介绍工程招投标知识;三是介绍合同管理知识。教材内容的安排更为注重知识的实践性和可操作性，使学生能够在学习基本理论的同时，更好地与实际相结合，为将来从事相关工作奠定基础。

本教材由大连理工大学刘志杰教授主编，李静博士(讲师)参加编写。编写分工如下：刘志杰负责第1章、第4章、第6章的编写；李静负责第2章、第3章、第5章的编写；全书由刘志杰统稿。

本教材由沈阳建筑大学刘亚臣教授主审。

本教材在编写过程中，得到了刘亚臣教授和大连理工大学出版社的指导和支持，编写过程中参阅了许多著作和文献，在此对著作和文献的作者一并表示诚挚的谢意。

由于作者学术水平和能力有限，本教材的编写内容可能存在许多不尽如人意之处，敬请读者和专家批评指正。

编　者

2009年7月

目　录

第 1 章

工程招投标与合同管理概述

学习要点 本章是教材的重点章之一。通过学习应熟悉合同的概念，掌握合同的基本内容与条款，合同的订立与效力，合同的履行，合同的变更、转让、终止与违约责任；了解建设工程承发包模式和建设工程合同的类型，熟悉工程合同的价格种类；了解工程招标投标的概念和一般规定；了解合同管理的内涵、基本内容，熟悉合同管理模式，掌握合同管理与目标控制的相互关系。

1.1 合同概要

1.1.1 合同的概念与种类

1. 合同的概念和特征

合同的概念有广义和狭义之分。广义的合同泛指当事人设立、变更和终止相互权利和义务关系的协议。狭义的合同是指民事合同。《合同法》把合同行为纳入民法范畴，并援引《民法通则》关于合同的定义。《合同法》对合同的定义为：合同是平等主体的自然人、法人、其他经济组织之间设立、变更、终止民事权利义务关系的协议。其特征是：

(1)合同是一种民事法律行为，是当事人之间以设立、变更、终止民事权利义务关系为目的的法律行为；

(2)合同是双方或多方的法律行为，需由两个及其以上的民事主体意思表示一致时才能成立的协议；

(3)合同关系是当事人在地位平等的基础上产生的，是独立民事主体在自愿基础上所订立的互利互惠性协议；

(4)依法订立的合同对当事人具有法律约束力,当事人应当按照合同的约定履行自己的义务,不得擅自变更或者解除合同。依法成立的合同受法律保护。

2. 合同的种类

由经济关系和流转关系的不同,决定了合同具有不同的种类。依照不同的标准划分,合同可有以下几种。

(1)有名合同和无名合同。根据法律、行政法规是否规定了合同的名称和相应的调整规范,可以将合同分为有名合同和无名合同。有名合同即典型合同,是指法律、行政法规规定了具体名称和调整规范的合同。《合同法》规定的有名合同有 15 种,如买卖合同,供用电、水、气、热力合同,赠与合同,借款合同,租赁合同,融资租赁合同,承揽合同,建设工程合同,运输合同,技术合同,保管合同,仓储合同,委托合同,行纪合同,居间合同。无名合同即非典型合同,是指法律、行政法规尚未规定其名称的合同。有名合同和无名合同适用于不同的法律规范。有名合同应直接适用于关于该类合同的法律规定,无名合同则适用于《合同法》总则的规定,并可以参照《合同法》分则或者其他法律最相类似的规定。

(2)双务合同和单务合同。这是根据当事人对权利义务的分担方式来划分的。双务合同是当事人双方都享有权利并承担义务的合同,如买卖合同、租赁合同、承揽合同、建设工程合同等。单务合同是指一方只享有权利而不承担义务,另一方只承担义务而不享有权利的合同,如赠与合同等。

(3)有偿合同和无偿合同。这是根据当事人取得权利有无代价来划分的。有偿合同是必须偿付代价才能享有权利的合同。如买卖合同、租赁合同、承揽合同、建设工程合同等。无偿合同是不必偿付代价而享有权利的合同。如赠与合同、借用合同等。有些合同如委托合同、保管合同、借款合同等是否为有偿合同,需取决于当事人是否约定了代价。有偿合同和无偿合同在法律上有不同的意义:一是有偿合同的当事人一般应具有相应的民事行为能力,而限制民事行为能力人不经法定代理人同意,原则上不能订立合同,而单纯获得利益的无偿合同,限制民事行为能力人也可以订立;二是通过有偿合同转让无权处分的财物,受让人又为善意,原财物所有人一般不能请求受让人返还原物,而若为无偿合同转让的,原财物所有人可以请求受让人返还原物;三是有偿合同的债务人责任较重,而无偿合同的债务人责任较轻。如有偿保管合同对保管期间保管物的毁损、灭失等,保管人应对此承担赔偿责任,而无偿保管合同,只要保管人没有重大过失的,不承担赔偿责任。

(4)诺成合同和实践合同。这是根据合同的成立是否以交付标的物为要件来划分的。诺成合同也叫不要物合同,是指当事人意思表示一致即告成立的合同,如买卖合同、承揽合同、租赁合同、建设工程合同等。而实践合同又叫要物合同,是以交付标的物为成立要件的合同,如保管合同、运输合同等。

(5)要式合同和不要式合同。这是根据合同是否需要经过特定的形式才能成立划分的。要式合同是必须采取特定形式才能成立的合同,又分法定要式合同和约定要式合同。前者是法律规定采用特定形式才能成立的合同,后者是当事人约定采用特定形式的合同。

(6)为自己利益订立的合同和为第三人利益订立的合同。这是基于合同所产生的权利和利益由谁享有来划分的。为自己利益的合同是指只能由订约当事人自己享有权利和直接取得利益的合同。而为第三人利益的合同是指当事人一方为第三人设定权利、使其获得利益订立的合同，如保险合同中的第三方保险。

(7)主合同和从合同。这是以合同是否独立存在为标准进行分类的。凡是该种合同的成立和存续必须以他种合同的存在为前提并为之服务，而其自身不能独立存在的合同为从合同。不以他种合同的存在为前提而可以单独成立和存在的合同为主合同。例如普通债权债务合同是主合同，而为担保该合同的履行所订立的保证合同、抵押合同等则是从合同。

1.1.2　合同的基本内容与条款

1. 合同的构成要素

合同的构成要素是任何合同法律关系所不能或缺的组成部分，它包括主体、客体、内容三部分，也称合同三要素。

合同的主体是指参加合同法律关系，享受权利、承担义务的人。《合同法》调整的合同主体是平等的自然人、法人、其他组织。法人的概念如前述。这里的自然人包括我国公民和外国自然人，这里的其他组织应作广义理解，如非法人经济组织、个体工商户、农村承包经营户等。

合同的客体是指合同当事人权利义务所共同指向的对象，也称之为标的。合同客体的种类主要有：物、行为和智力成果。

合同的内容是指合同主体间的权利和义务。合同当事人之间的权利和义务，构成了合同法律关系的内容。

2. 合同的内容

合同的内容从广义上讲是合同当事人间的权利义务关系，而狭义的合同内容就是指合同的条款。合同作为一种法律文书，它的内容就是合同的所有条款。因为合同当事人设定的权利义务是通过合同条款确定并反映的，合同条款是合同内容的具体化和条理化。《合同法》规定，合同的内容由当事人约定，当事人可以参照各类合同示范文本订立合同。如 FIDIC 的《施工合同条件》，我国的《建设工程施工合同(示范文本)》。

3. 合同的条款

正如上节论及《合同法》的特点时所述，《合同法》赋予了当事人订立合同时的"意思自治"原则，不再在法律上规定当事人必须在合同中约定哪些内容，而是由当事人自行约定。但作为合同，通常还是具有一些必备的内容需要当事人双方约定。因此《合同法》中列举了作为合同一般所应包括的共同性条款，供当事人在订立合同时借鉴。一般包括以下条款：

(1) 当事人的名称或者姓名和住所；

(2) 标的；

(3) 数量；

(4) 质量；

(5) 价款或者报酬；

(6) 履行期限、地点和方式;

(7) 违约责任;

(8) 解决争议的方法。

根据合同条款的性质和作用,合同条款分为一般条款和主要条款。

(1)合同的一般条款,是指合同主要条款以外的条款,也是合同的约首和约尾部分。依照《合同法》的规定和合同书的一般表示方式,合同的一般条款有:

①当事人的名称或者姓名和住所。对于订立合同的主体的法人和其他组织,都有自己特定的名称,是经过有关登记机关核准登记或者批准的名称,应用此名称订立合同;每个自然人都有自己特定的姓名,自然人尤其是公民应使用经户籍主管机关登记的姓名订立合同。住所是指自然人、法人和其他组织生活或进行民事活动的主要场所。对于在合同中所标明的住所,一般来说,自然人应以户籍所在地或经常居住地为住所;法人和其他组织应以经登记机关核准登记或批准的地址为住所。

②订立合同的宗旨和依据。

③合同的生效和期限。

④订立合同的时间和地点。

⑤双方当事人或其委托代理人签字盖章。

⑥法律规定或者当事人约定的其他内容。

对于合同的一般条款可分为两部分,一是由法律规定的,不需要当事人协商就成为合同内容的条款,这在《合同法》分则中做了规定,也包括法律规定当事人不能协商的条款。二是当事人可以在订立合同后继续协商的条款。

(2)合同的主要条款,是指每个合同必备的条款,又称必要条款,这些条款是合同的核心。它规定了当事人双方的权利和义务,也是当事人全面履行合同和处理合同纠纷的依据,在一般情况下,它是确定合同是否成立的依据。合同的主要条款一般分为三部分:一是法律直接规定的内容。凡是法律直接规定合同必须具备的内容就是合同的主要条款。例如《合同法》第二百七十五条规定:"施工合同的内容包括工程范围、建设工期、中间交工工程的开工和竣工时间、工程质量、工程造价、技术资料交付时间、材料和设备供应责任、拨款和结算、竣工验收、质量保修范围和质量保证期、双方相互协作等条款。"二是由合同性质决定的内容。不同的合同,具有不同的性质,其主要条款就不一样。它是合同不可缺少的条款,也是合同的主要条款。例如施工合同中关于监理工程师职责的规定。三是当事人要求必须达成协议的条款,例如当事人一方提出必须就工程保修期的时间达成协议。一般合同应包括如下主要条款:

①标的。合同的标的是指合同当事人各方权利和义务共同所指向的对象。由于合同的种类不同,标的也不同。标的可以是某种实物,也可以是工程项目、劳务活动或智力成果。例如,勘察设计合同的标的是指所提供的勘察设计文件;建筑工程施工合同的标的是房屋建筑物及其配套设施;劳务分包合同的标的是劳动行为,建设监理合同的标的是提供技术与管理服务等。合同的标的必须明确、具体、肯定。没有标的或标的不明确,当事人的权利和义务就无所依靠并导致合同无法履行。

②数量。是计算标的的尺度和把标的定量化，以便计算价款或酬金。如果标的没有数量，就无法确定当事人的权利和义务的大小，因此在合同中必须明确标的数量。数量是以数字和计量单位来衡量的，表示数量大小的数字一定要准确，计量单位应采取国家法定的计量单位，也可以规定合理的误差。有时数量不易一次确定下来，则须规定确定数量的方法，以便按双方商定的方法执行。

③质量。是反映标的特性满足明确的和隐含的要求的程度。是不同标的之间差异的具体特征。它是标的物价值和使用价值的集中表现，同时体现出其社会利益和公众利益，甚至关系到生产的安全和人身的健康。因此，必须在合同中写明标的的质量要求。订立合同时，应对标的的质量要求做出具体详细的规定，如对标的的技术指标、品种、规格、型号、款式、性能、外观、形态等都要有明确、具体和详尽的规定。同时还要规定质量验收的标准和方式。对于标的的质量标准，有国家标准的按国家标准订立；没有国家标准的，而有部颁或省颁标准的，按部颁或省颁标准订立；没有上述标准而有行业标准或企业出厂标准(如产品说明书、合格证、鉴定书等)，在合同中要写明相应的质量标准，但必须由双方协商签订，且不得违背法律和社会公众利益。

④价款或者报酬。价款是指标的物本身价值的货币表现形式，是取得合同标的的一方当事人向对方用货币支付的价金，是有偿合同的主要条款。价款是商品单价乘商品数量或者再外加其他费用的总额。这里商品单价是价款的决定因素，当事人应根据国家颁布的物价的法律法规和市场价格协商订立合同。报酬则是指合同的一方当事人对提供劳务、服务或完成一定工作量的另一方当事人给付的酬金。

⑤履行的期限、地点和方式。履行的期限是指交付标的和支付价款或报酬的时间，也就是合同当事人实现权利和履行义务的时间界限，是合同的一项重要条款。它直接关系到合同义务完成的时限，涉及当事人的经济利益，也是确定是否违约的依据之一。根据对履行期限要求的不同，履行期限可分为即时履行、定时或定期履行、一定时期内履行和分期履行等几种情况。订立合同时，应针对不同的合同情况，除即时履行外，应具体地、明确地写清楚履行期限，写明年月日，以避免引起歧义或者争议。

履行地点是合同标的结算的具体地址。包括标的物的交付、提取的地点；服务、劳务或工程建设地点；价款结算地点等。它是合同当事人依照合同约定享受权利和履行义务的地方，关系到相关费用的负担，风险的承担，标的物所有权的转移，合同当事人责任的承担，也关系到人民法院受理合同纠纷案件管辖。因此在订立合同时，一定要明确、具体地写明履行地点，以免发生差错。

履行方式是指合同规定当事人双方以什么方式完成自己的义务，即如何转移标的和结算价款或报酬。履行方式要视所订合同的标的的性质而定，一般分时间方式(如一次性履行还是分期履行)和行为方式(如货物是自提还是送货)等。订立合同时要明确合同履行方式。

⑥违约责任，是指由于一方当事人或双方当事人违反合同规定，不履行或不完全履行义务时应承担的法律责任。对于违约责任，法律有规定的按照法律规定执行；法律没有规定的，由当事人双方协商确定。明确规定当事人的违约责任，有利于双方严肃认真地签订和履行合同，有利于追究责任方的违约责任，使得受损失的一方得到补偿。

1.1.3 合同的订立与效力

1. 合同的订立

(1)订立合同的主体资格

当事人各方依法就合同的主要条款经过协商一致,合同就告成立。从当事人之间协商到合同成立生效的过程被称之为合同的订立。合同成立的有效条件是:订立合同必须有双方的当事人(或代理人)参加;依法订立;就主要条款协商一致。依法订立,首先要求订立合同的主体资格合法。

《合同法》第九条规定:当事人订立合同,应当具有相应的民事权利能力和民事行为能力。当事人依法可以委托代理人订立合同。

订立合同是当事人设立、变更、终止债权债务关系的民事行为,订立合同的目的是通过履行合同义务,以实现当事人的合同权利。因此,要求合同的当事人,即合同的主体必须具备法律规定的民事权利能力和民事行为能力。只有这样,才能保证合同订立的可靠性和能得到全面的履行。对于合同主体的自然人、法人和其他组织的民事资格要求参见本节第一部分。

(2)订立合同的形式

合同的形式是指合同双方当事人之间设立、变更、终止债权债务关系的形式,是当事人意思表示一致的外在表现。有时合同形式将构成合同成立的要件。合同的形式有三种:书面形式、口头形式和其他形式。①书面形式是指以合同书、信件或者数据电文(包括电报、电传、传真、电子数据交换和电子邮件)等可以有形地表现所载内容的形式。采用书面形式的好处在于有利于督促合同双方当事人全面履行合同;一旦发生合同纠纷,便于分清责任和举证。所以,对不能即时清结的合同和标的数量较大的合同,宜优先采用书面形式订立合同。按照《合同法》的规定,法律、行政法规规定和当事人约定采用书面形式的,应当采用书面形式。②口头形式是指合同当事人以口头协议方式约定合同内容的方式。口头形式的优点是不需要书面文字形式,合同订立快捷、简便易行;缺点是一旦发生合同纠纷,不容易取证和分清责任。一般用于标的数量较小和能即时清结的合同。③其他形式是指除书面形式和口头形式以外的其他方式,如拍卖。

(3)合同订立的方式

合同订立的方式是以典型的交易为理论模式的,这个模式就是"讨价还价"的过程。即用合同术语表示为要约和承诺的过程。《合同法》规定了合同订立的方式,即当事人订立合同,采取要约、承诺方式。

(4)要约

①要约的概念和特征

要约是一方当事人向另一方当事人做出的希望和他订立合同的意思表示,该意思表示的内容必须具体确定并含有表示意思人在该意思表示被接受时就受其约束的意旨。某些情况下也称要约为发价、发盘或出盘。要约含义的要点是:首先,要约是一种进行交易的动议或建议，是订立合同的起点。发出动议的一方当事人被称为要约人，另一方当事人被称为受要约人或相对人。

要约有如下法律特征：

a.要约必须以订立合同为目的。因此，要约中必须含有进行交易即订立合同的意图。要约不是开始与对方协商的意思表示，而是要约一经被受要约人接受，合同即告成立。要约有别于后面的要约邀请。

b.要约必须是特定的当事人做出的意思表示，并且是向其希望与之订立合同的人发出。由于发出要约的目的是订立合同，因此，要约人必是合同的一方当事人，这就决定了要约人必须是特定的。否则，相对人就无法订立合同。另一方面，相对人一般应是要约人希望与其订立合同的当事人。相对人是否必须为特定人，《合同法》对此无明确规定，可以是特定人，也可以是非特定人。

c.要约的内容必须是具体的、明确的。也就是说，要约必须含有合同成立的基本要素。从要约的欲设效果看，只要受要约人同意要约，合同即告成立。为了使得成立后的合同能得到全面履行，要约人就必须对当事人的权利和义务进行完整的设计，并使相对人能够了解自己的权利和义务，自测风险，做出决策。这就要求要约要包括合同的最基本的内容，因此，要约的内容应具体确定。

d.要约须表明一经受要约人同意即受约束的意思。这里有两层意思，其一是要表明要约人放弃最后决定权的旨意。也就是要约人一经向受要约人表示了订立合同的建议，他就应当将是否订立合同的最后决定权留给对方而不是自己。二是要约一旦由受要约人接受，则要约人就必须与其签订合同，而合同一旦成立，要约人则必须受其约束。

只有满足以上法律上的特征，要约才能成立。

②要约邀请

要约邀请是希望他人向自己发出要约的意思表示。要约邀请又称要约引诱。是邀请或者引诱他人向自己发出订立合同的意思表示的意思表达。要约邀请可以是向特定人发出的（如邀请招标），也可以是向非特定人发出的（如公开招标）。要约邀请与要约的不同之处在于：一是要约与要约邀请的法律性质不同。要约是要约人发出的旨在与他人订立合同的意思表示，其一经发出，要约人在要约有效期内受到约束，只要相对人做出承诺，合同就告成立。如果要约人违反有效要约，就要承担一定的法律责任；而要约邀请只是邀请他人向自己发出要约，自己如果承诺了合同才成立。要约邀请处在合同的准备阶段，因此没有法律的约束力。二是要约和要约邀请的内容不同。一般要约应包括合同的主要条款，而要约邀请仅仅是希望他人向自己发出要约，并不包括合同的主要条款，仅指明合同的类型。三是当事人的主观愿望不同。要约人发出的要约的主观愿望非常明确，就是要与相对人订立合同。而要约邀请的当事人主观上只是希望他人向自己发出订立合同的意思表示，订立合同的愿望并不十分明确。在理论上要约与要约邀请有很大区别，但事实上往往很难区分。通常情况下可按要约的法律构成来区分，也可以按法律规定来区分。《合同法》规定：寄送的价目表、拍卖公告、招标公告、招股说明书、商品广告等为要约邀请。商品广告的内容符合要约规定的，视为要约。下面仅就广告与招标做分析。

广告在现代已成为人们经济生活和日常生活中不可或缺的部分。我国广告法对广告的定义是商品经营者或者服务者承担费用，通过一定的媒体直接或间接地介绍自己所推销的商品或者提供的服务的商业行为。广告是否为要约，我国与国外大陆法系和英美法系的观点十分相似，即原则上将广告视为要约邀请。这是因为：第一，在广告中涉及交易的商品的数量或其他条件通常是不确定的；第二，卖方对于交易的对象有权进行选择；第三，广告在典型的情况下是对公众发出的。通常情况下，广告是向公众发出的希望其对自己发出要约的意思表示。只有在这两种情况下广告才能成为要约：一是广告的条件具有确定性，并且明确地使用了“要约”这样含义的措辞，法院可以此解释为要约；二是被邀请的对象不用经过进一步接洽就可采取某一特定的行动，如承诺。也就是说，如果广告中含有合同得以成立的确定内容，又含有广告人希望订立合同的愿望以及愿意承受约束的旨意，就应当视为要约。

招标投标是一种特殊的订立合同的方式。关于招标投标的含义将在后面介绍。对于招标的法律性质，各国合同法均认为招标是要约邀请而非要约。这是因为招标的目的是诱使更多的人提出要约，以便在其中选择最佳的缔约当事人。何况在招标中标底是不公开的，故招标书不具备合同成立所要求的内容确定和完整这一特征，因此，招标不是要约，而是要约邀请。但在工程招标中，招标是一种特殊的招标邀请方式，除了没规定价款外，其他合同的基本内容都有所规定，带有把我的“要约的意思”通过你来表示的意味。关于投标的性质，因其直接向招标人发出，以订立合同为目的，并含有合同成立所要求的内容特征，各国一般将其视为要约。

③要约的法律效力

要约的法律效力就是要约生效后发生的法律效果。主要表现在以下几个方面：a. 要约的时间效力，即从何时起要约对要约人和受要约人产生约束力。《合同法》规定：要约到达受要约人时生效。采用数据电文形式订立合同，收件人指定特定系统接收数据电文的，该数据电文进入该特定系统的时间，视为到达时间；未指定特定系统的，该数据电文进入收件人的任何系统的首次时间，视为到达时间。可以看出，法律规定的要约生效时间采用了“送达原则”。对于以信件方式发出的要约，以信件实际到达时间为要约到达时间，由于确定数据电文方式到达时间较信件方式复杂一些，故法律对此单独作了明确的规定。需要注意的是：要约生效时间不一定是要约真正到达受要约人或其代理人手中的时间，它可以是到达受要约人所能控制的范围的时间。确定要约的生效时间的意义不仅在要约本身，按照合同法的规定，要约一旦生效，不得撤回，要约人应当受要约的约束。b. 对要约人的效力，就是要约生效后，对要约人产生的法律效力。要约是要约人为了订立合同而向相对人发出的意思表示，在要约的有效期内，受要约人因为接到该要约，可能拒绝其他人向其发出的内容相同的要约，或者不再向他人发出要约，甚至可能为订立合同或者履行合同采取了一些准备措施。如果要约人随意撤回或者更改要约，就会给受要约人造成损失，破坏正常的交易规则和经济秩序。因此，要约人在要约有效期内不能随意撤回或更改要约。要约有效期的确定原则是：在要约中有规定的从其规定，没有规定的，可按合理期限认定。c. 对受要约人的效力，就是要约生效后对受要约人产生的法律上的约束力。一方面，与要约人不同，要约生效后只是表示受要约人取得了与要约人订立合同的资格，只有受要约人才享有对要约人做出承诺的权利。但受要约人不一定行使承诺权，受要约人是自由的；另一方面，若受要约人想订立合同，其所做的承诺必须与要约一致，就要受要约约束，否则，其承诺就不成立，除非法律另有规定。

④要约的撤回、撤销和失效

要约可以撤回，但撤回要约的通知应当在要约到达受要约人之前或者同时到达受要约人。即要约撤回一定不能在要约生效之后。要约被依法撤回后，该要约不发生效力。一般情况下要约也可以撤销，但撤销要约的通知应当在受要约人发出承诺通知之前到达受要约人。要约被依法撤销后，该要约失效。要约撤销不同于要约撤回，两者的主要区别在于要约是否生效，撤回是在要约生效之前，而撤销是在要约生效之后，承诺之前。另外，即使要约明确是不可撤销的，仍可以撤回。《合同法》规定了有下列情形之一的，要约不得撤销："a.要约中确定了承诺期限或者以其他形式明示要约不可撤销；b.受要约人有理由认为要约是不可撤销的，并已经为履行合同做了准备工作。"这两类规定一是要约中包含了不可撤销的表示，二是受要约人信赖要约不可撤销。受要约人对要约的信赖，可能是基于要约的本身，如受要约人经过大量调查才能做出承诺；也可以是基于要约人做出的某些行为。

有下列情形之一的，要约失去效力：a.要约被拒绝，即受要约人明确表示拒绝或直接表示拒绝；或者在要约规定的时间或合理的时间期限内，受要约人不作答复。b.要约人依法撤销要约。c.要约有效期届满。d.变更要约的实质内容。对要约的内容进行实质变更，就形成反要约或新要约，原要约就失效。此外，要约人死亡，也会致要约失效。

(5)承诺

①承诺的概念和特点

承诺是受要约人向要约人做出的无条件同意要约的内容，并以此内容与要约人订立合同的意思表示。《合同法》规定："承诺是受要约人同意要约的意思表示。"承诺的法律特点如下：

a.承诺必须是受要约人向要约人做出的。要约是要约人向受要约人发出的，要约使受要约人产生可以承诺的权利，同时也确定了要约人的义务，即他必须接受受要约人行使这种权利的结果。这种由承诺而生的合同对要约人和受要约人均产生约束力，因此，承诺必须由受要约人做出。

b.承诺应在规定的期限内做出。作为对要约同意而构成合同的承诺，不是无限期的，否则对要约人是不公平的。因此，在一般情况下，要约都对承诺规定了期限，受要约人必须在要约规定的期限内做出承诺，否则将被视为无效承诺。故《合同法》规定"承诺应当在要约确定的期限内到达要约人。"如果要约没有确定承诺期限，《合同法》规定了两种确定承诺期限的方式：一种为要约是以对话的方式做出的，除当事人另有约定外，受要约人必须即时做出承诺；一种为要约是以非对话方式做出的，那么受要约人应当在合理的期限内做出承诺并到达要约人。所谓合理期限是根据具体情况和承诺的方式，考虑在一般情况下做出承诺的时间和送达承诺的时间而确定的。

c. 承诺的内容必须与要约的内容相一致。因为前面在介绍承诺概念时说受要约人要无条件地同意要约的内容，不能附加先决条件，否则，就不是承诺，而构成了新要约。所以《合同法》规定："承诺的内容应当与要约的内容一致。承诺对要约的内容做出实质性的变更的，为新要约。有关合同标的、数量、质量、价款或者报酬、履行期限、履行地点和方式、违约责任和解决争议方法的变更是对要约内容的实质性变更。"如果承诺对要约的内容做出实质性的变更，将导致要约的无效。由此可见，承诺的内容与要约的内容一致是指在实质内容方面的一致。

②承诺的方式

承诺应当以通知的方式做出。承诺是受要约人同意要约的意思表示，这种意思表示应当以明示的方式做出。而明示方式就是以"通知"的形式表示的。承诺通知可以是信件也可以是数据电文。如果要约是以对话方式做出的，并应立即做出承诺意思表示的，这种方式也可以是口头的。作为一种原则，承诺应当以明示的通知方式做出，但也要考虑一些例外情况。《合同法》规定：根据交易习惯或者要约表明可以通过行为做出承诺的除外。

③承诺的生效

承诺的生效是指承诺所产生的法律约束力。承诺生效应具备上述三个法律条件。承诺生效就意味着合同成立。从法律角度来说，承诺生效的时间就是合同成立的时间，承诺生效的地点就是合同成立的地点。这是处理合同纠纷的依据。

我国对承诺生效时间的确定采用"到达主义"原则，即以承诺通知到达要约人时承诺生效为原则。根据承诺的方式不同，《合同法》规定了三种承诺生效方式：一是采用通知方式，承诺通知到达要约人时生效；二是不需要通知的承诺，应根据交易习惯或者要约的要求做出承诺的行为时生效。所谓交易习惯是指在长期的交易实践中，逐步形成的，被人们认可并遵守的，并在法律意义上产生约束力的通常做法，有时也称之为惯例；三是承诺以数据电文形式做出，其到达时间的确定为：a. 收件人指定特定系统接收数据电文的，该数据电文进入特定系统的时间，视为承诺到达时间；b. 收件人没指定特定系统的，该数据电文进入收件人的任何系统的首次时间，视为承诺到达时间。

④承诺的撤回和失效

由于承诺生效时合同就告成立，而合同一旦成立，受要约人就要受到约束而不得撤回其承诺。因此，承诺撤回是有条件的。《合同法》规定承诺可以撤回。但撤回的通知应当在承诺通知到达要约人之前或者与承诺通知同时到达要约人。

承诺的失效是指承诺的法律效力归于消失。根据《合同法》的有关规定，在出现以下情况时，承诺失效：

a. 承诺被撤回，承诺在生效之前被撤回，则承诺失效；

b. 承诺逾期到达。受要约人超过承诺期限发出承诺的，除要约人及时通知受要约人该承诺有效外，承诺失效；

c. 承诺对要约的实质内容作了变更，承诺失效；

d. 承诺对要约的内容作了某些非实质性变更，遭到要约人的反对，该承诺失效；

e. 承诺对要约的内容作了某些非实质性变更，但要约中已明确表示对要约的内容不得作任何变更，该承诺失效。

⑤新要约

在某些条件下，受要约人对要约的内容所表示的意思虽构不成承诺，却表示了可以考虑与要约人进一步商签合同意思并提出了一些条件，则这种意思表示称为新要约，又称为反要约。

《合同法》规定了构成新要约的条件有：

a. 逾期承诺一般情况下是无效承诺，但逾期承诺的效果可以构成新要约。

b. 承诺对要约的内容做出实质性变更的，为新要约。

出现新要约时，原要约人变为受要约人，而原受要约人则变成新的要约人。角色互换，权利义务互换，进行新的要约——承诺过程。

(6)合同订立的程序

按法律程序规定合同订立的基本程序就是要约——承诺过程。但就一个项目而言，其程序为：

要约邀请(若有)——要约——新要约(若有)——再要约(若有)——承诺。

2. 合同的成立

合同的成立是指当事人双方经过要约和承诺的过程，形成了对当事人双方都具有法律约束力的协议。合同成立标志着当事人双方的权利义务关系已经成立，各自应履行义务，行使权利，承担责任。同时，合同成立也是合同生效的前提。

(1)合同成立的时间

根据《合同法》的规定，当事人采用合同书形式订立合同的，自双方当事人签字或者盖章时合同成立。若当事人签字或者盖章的时间不一致时，尽管法律条文未明确规定，一般是以最后签字或者盖章的时间为合同成立时间。确定合同成立时间在实践中非常重要，是确定合同当事人是否按约履行合同的重要依据。

若当事人采用信件、数据电文形式订立合同的，一方当事人可以在合同成立之前要求签订确认书，签订确认书时合同成立。

若当事人采用口头形式订立合同的，理论上以承诺人做出口头承诺的时间为合同成立时间。但若为实践合同，应于交付标的物时成立。

(2)合同成立的地点

《合同法》规定：承诺生效的地点为合同成立地点。这是对合同成立地点的原则性规定。但根据合同形式的不同，对合同成立的地点的规定有所不同。

若采用数据电文形式的，分三种情况，一是收件人有主营业地的，主营业地为合同成立地点；二是收件人没有主营业地的，其经常居住地为合同成立地点；三是当事人对合同成立地点另有约定的，按照合同约定的地点或者按照合同约定的确定合同成立地点的方式确定合同成立地点。

若当事人采用合同书形式订立合同的，双方当事人签字或者盖章的地点为合同成立的地点。若双方当事人签字或盖章的地点不一致，实践中一般以最后签字或者盖章的地点为合同成立地点。

(3)事实合同与未签字的合同

所谓事实合同是按照法律规定或者当事人约定应当采用书面形式的合同,当事人没有采用书面形式,但又已经履行主要义务,双方无疑意,则构成了事实合同。对此,《合同法》规定:法律、行政法规规定或者当事人约定采用书面形式订立合同,当事人未采用书面形式但一方已经履行主要义务,对方接受的,该合同成立。

另一种情况,采用书面形式订立合同的,在签字或者盖章之前,当事人一方已经履行主要义务,对方接受的,该合同也成立。

以上合同成立的时间和地点一般以履行合同主要义务一方开始履行义务的时间和地点来确定。

3. 合同的效力

合同的效力是指合同的法律效力,是依法成立的合同对当事人及第三人所产生的具有法律约束性质的强制力。依法成立的合同受法律保护。

(1)合同生效的条件

合同是否具备法律效力,应看合同是否符合法律规定的有效条件。《合同法》规定:依法成立的合同,自成立时生效。法律、行政法规规定应办理批准、登记等手续生效的,依照其规定。合同生效的条件归纳为:

①合同当事人应具有合法的资格,即如前述的应具有民事行为能力。

②意思表示要真实。合同从本质上说是当事人之间的一种合意,是双方当事人意思一致的协议。任何一方不得将自己的意思强加于另一方,否则就违背了法律规定的自愿原则,也是违法的。因此,合同也不能成立。

③合同的内容要合法。即合同规定的权利义务关系、合同的标的、价款、履行方式以及违约责任等都必须符合法律的规定。

④订立合同的程序和形式要合法。如订立合同要遵循要约、承诺的方式;法律和法规规定的应采用书面形式的应采用书面形式;法律法规要求办理批准、登记等手续的应办理相应手续等。

(2)无效合同

①无效合同的概念与特征。无效合同就是由于违反法律的要求,虽然已经成立,但从其订立时起就没有法律效力的合同。无效合同具有如下法律特征:a. 违法性。这是指合同订立违反了法律和行政法规的强制性规定以及市场经济秩序和社会公共利益。b. 无效合同履行的无必要性。这是指当事人签订了无效合同,不得依据合同的规定做实际履行,也不承担不履行合同的违约责任。c. 无效合同自成立起无效。由于无效合同从订立时就不具备或违反了法定条件,因此,无效合同从成立时起就不具备法律效力,也不受法律保护。无论当事人是否主张无效,法院或仲裁机构都可以主动审查确定合同的无效性。

②无效合同的成因。根据《合同法》的规定,以下五种情况的合同为无效合同:a. 采取欺诈、胁迫的手段订立的合同及损害国家利益的合同无效;b. 恶意串通,损害国家、集体或者第三人利益的合同无效;c. 以合法形式掩盖非法目的的合同无效,例如,订立联营合同,目的在于非法拆借资金等;d. 损害社会公共利益的合同无效,例如订立买卖合同以销

售黄色音像制品或书刊,买卖失效的和低劣的医用药品等;e. 违反法律、行政法规的强制性规定的合同无效。

③无效免责条款。免责是指当事人没有全部履行义务或者其履行不符合合同约定,在法律规定或者合同约定的情形下,不承担违约责任。例如,外界干扰或不利气候条件的出现,造成工期延误。当事人可以在合同中约定免责条款,但《合同法》规定两种情况下,免责条款无效:a. 造成对方人身伤害的;b. 一方当事人因故意或者重大过失给对方造成财产损失的。这里所说的是部分条款无效而不是整个合同无效。

(3)可撤销合同和效力待定合同

①可撤销合同。合同因欠缺法律规定的某些有效条件,当事人可以通过行使撤销权,使已经生效的合同归于消灭。可撤销合同与无效合同的区别在于,在内容上,前者主要是意思表示不真实,而后者则通常是内容违反法律、行政法规的规定和社会公共利益;二是在效力上,前者在合同未撤销以前仍然有效,而后者自成立起就无效;三是在时效上,前者撤销权人行使撤销权必须符合规定的时限,超过时限,合同仍然有效。而后者不存在时效限制问题,自始至终都是无效的。《合同法》规定:"下列合同,当事人一方有权请求人民法院或者仲裁机构变更或者撤销:a. 因重大误解订立的;b. 在订立合同时显失公平的。一方以欺诈、胁迫的手段或者乘人之危,使对方在违背真实意图的情况下订立的合同,受害方有权请求人民法院或者仲裁机构变更或者撤销。当事人请求变更的,人民法院或者仲裁机构不得撤销。"从中可知可撤销合同的原因为:重大误解,显失公平,欺诈,胁迫,乘人之危五方面。合同的撤销权通常由因意思表示不真实而受到损失的一方当事人享有。撤销权人向对方做出撤销合同的表示,而对方未表示异议,合同可以直接撤销;若对方表示异议,则撤销权人必须提起诉讼或仲裁,要求人民法院或者仲裁机构撤销。《合同法》规定当事人行使撤销权的时限为当事人自知道或者应当知道撤销事由之日起一年以内。当然,当事人可以明确表示或者以自己的行为放弃撤销权。可撤销合同一旦撤销,则从合同成立之时起无效。但需注意,合同无效、被撤销或者终止的,不影响合同中独立存在的有关解决争议方法的条款的效力。

②效力待定的合同。是指合同虽然已经成立,但不完全符合合同成立的法律条件,其法律效力处于未定状态。效力待定合同的命运取决于当事人对合同采取的补正行为。效力待定合同主要有:a. 当事人无相应民事行为能力所订立的合同,需要其法定代理人事后确认才能生效;b. 无权代理合同,其有效与否取决于被代理人的事后追认;c. 无权处分他人财产的合同,如果经权利人追认或者无处分权的人订立合同后取得处分权的,该合同则有效。

(4)无效合同或被撤销合同的后果

根据《合同法》的有关规定,合同无效或者被撤销后的后果有:①返还财产。在合同无效或者被撤销后,因该合同取得的财产应当予以返还,不能返还或者没有必要返还的,应当折价补偿。若当事人恶意串通,损害国家、集体或者第三人利益的,所取得的财产应当收归国家所有或者返还集体、第三人。②赔偿损失。合同无效或者被撤销后,有过错的一方应当赔偿对方因此所受到的损失,双方都有过错的,应当各自承担相应的责任。

1.1.4 合同的履行

1. 合同履行的概念

合同的履行是指合同当事人依据合同约定的条款，履行各自应尽的义务，实现各自享有的权利的民事法律行为。订立合同不是目的，订立合同的目的是要实现当事人的某种权利。而权利的获得，必须通过履行合同，尽到了自己应尽的义务才能实现。因此，合同的履行是合同法律效力的主要内容，是依法成立的合同所必然产生的法律效果，不履行合同或者不完全履行合同的一方应当承担由此产生的法律后果。《合同法》明确规定：当事人应当按照约定全面履行自己的义务。

2. 合同履行的原则

根据《合同法》的规定，合同履行应当遵循以下原则：

(1)全面履行原则

全面履行是指按照合同约定的全部条款完全履行。全面履行包含全部履行、适当履行和实际履行。全部履行按照合同约定的全部条款履行，包括标的、数量、质量、价款或者报酬以及履行的期限、地点、方式等；适当履行是指合同当事人在适当的时间、适当的地点以适当的方式履行合同；实际履行是指合同当事人应按照合同约定数量和质量提供标的，如果当事人一方不能或不完全履行合同时，即使给付了违约金或者赔偿金，也不能免除继续履行合同的义务。全面履行是合同履行的最主要原则，是市场经济体制运行的必然要求，只有全面履行合同，才能最大限度地实现当事人双方的权利，避免合同纠纷和争议的出现，有利于合同标的快速高效地实现。

(2)诚实信用原则

合同当事人除了按合同约定履行自己的义务外，应当遵循合同法的一项基本原则"诚实信用"原则。这项原则不仅仅表现在当事人要忠诚地履行合同规定的义务，没有欺诈行为，如以次充好等，还要求当事人在合同没有约定的情况下，根据合同的性质、目的和交易习惯等履行及时通知、协助、保密等义务。这些义务虽然在合同中没有明确约定，但按照"诚实信用"原则，当事人有义务去履行。一般称此义务为合同随附义务。

3. 合同欠缺的补救

在合同订立时，由于当事人的疏忽或者没有经验，在合同履行中发现有的问题没有约定或者约定不清，可采取措施，促进合同的全面履行。

(1)约定欠缺的补救

合同生效后，当事人就质量、价款或者报酬、履行地点等内容没有约定或者约定不明确的，可以协议补充；不能达成补充协议的，可按照合同有关条款或者交易习惯确定。这是《合同法》规定的对合同重要条款约定欠缺的两种补救方式。

(2)约定欠缺的确定

虽然以上规定了约定欠缺的两项补救措施的原则，但在实践中仍然会发生合同的主要内容不能确定情况。为了保障合同顺利履行，考虑当事人订立合同的预期目的和双方权利得失,《合同法》对合同的主要内容:质量标准、价款或者报酬、履行地点、履行期限、履行方式和履行费用等约定欠缺问题,确定了适用原则。主要有以下六个方面:

①按照国家、行业的质量标准。如果合同质量标准约定欠缺,双方当事人无法确定时,有国家标准的,按照国家标准履行;没有国家标准而有行业标准的,按照行业标准履行;如果行业标准也没有的,按照通常标准或者符合合同目的的特定标准履行。如经过鉴定的企业标准或技术鉴定书。

②价款或者报酬按照合同订立时履行地市场价格或者政府定价标准。如果合同价格或者报酬约定欠缺,可按两种不同情况确定:一是依法由政府定价或者政府指导价的按照政府定价或者政府指导价履行;二是非政府定价或者非政府指导价的,按照合同订立时履行地的市场价格履行。市场价格应理解为同类货物或者服务的市场通常价格或者报酬。

③履行地点不明的在履行义务一方所在地履行。但有两种例外情况:即给付货币的,在接受货币一方所在地履行;交付不动产的,在不动产所在地履行。

④履行期限不明确的可以随时履行。即:对于债务人一方可以随时履行,对于债权人一方可以随时要求债务人履行。但应当事先通知,给对方必要的时间。

⑤履行方式不明确的,按照有利于实现合同目的的方式原则履行合同。

⑥履行费用的负担不明确的,由履行义务一方负担。这里的履行费用不是合同的价款或者报酬,而是为履行合同所发生的其他费用,如保险、场外运输等。

4. 合同履行中的抗辩权、代位权和撤销权

(1)抗辩权

所谓抗辩权是指在双务合同中,权利人请求义务人履行义务时,义务人对请求权的存在虽无异议,但可以请求人未履行相应的义务为依据,拒绝履行义务的权利。根据抗辩权提出的时间不同,又分为同时履行抗辩权、后履行抗辩权和不安抗辩权。《合同法》对此作了规定:

①同时履行抗辩权又称不履行抗辩权,是指互负债务,没有先后履行顺序的双务合同当事人一方,在对方未履行之前或者履行合同不符合约定时,享有的不履行或者部分履行的权利。即双方当事人应当同时履行合同,一方当事人只有在自己已开始履行合同的情况下,才能要求对方当事人履行。反之,一方当事人在对方未履行之前有权拒绝其履行的请求。同时抗辩权属延期的抗辩权,非永久抗辩权,待对方完全履行合同义务时,同时履行抗辩权消灭。其适用条件为:双务合同,同时履行,有证据证明对方未履行或不能适当履行合同。

②后履行抗辩权,是指在双务合同中应当先履行的一方当事人未履行或者不适当履行,到履行期限的对方当事人享有不履行、部分履行的权利。即先履行一方未履行的,后履行一方有权拒绝其履行要求;先履行一方履行的债务不符合约定的,后履行一方有权拒绝其相应履行要求。后履行抗辩权发生的条件是:双务合同,先后履行,应当先履行当事人未履行或不能适当履行。该种抗辩权也属于延期抗辩权。

③不安抗辩权,又称先履行抗辩权,是指在双务合同成立后,应当先履行合同的当事人有证据证明对方不能履行义务,或者有不能履行合同的可能时,在对方没有履行或者提

供担保之前，有权中止履行合同义务。不安抗辩权是专为先履行的当事人设立的。其发生的条件为：双务合同，先后履行，有证据证明后履行当事人不能或不能适当履行合同。中止履行的原因情形可能是对方：经营状况严重恶化；转移财产，抽逃资金，以逃避债务；丧失商业信誉；有丧失或者可能丧失履行债务能力的其他情形。不安抗辩权也属于延期抗辩权，只是中止合同，而不是终止合同。只有在一方当事人行使了不安抗辩权后，对方当事人既不能提供担保，又不能证明自己的履行能力时，他才有权解除合同。行使不安抗辩权时一定要慎重，要有证据，否则，当事人行使不安抗辩权错误时，应承担违约责任。

(2)代位权

代位权是指债权人以自己的名义代位行使债务人的债权的权利。即债务人对第三方有到期债权，但其却怠于行使，而却无能力履行自己的到期债务，使得债权人的利益受到损失。债权人可以向人民法院请求以自己的名义代替债务人来行使他的债权，以保证自己债权的实现。代位权的行使范围以债权人的债权为限，债权人因行使代位权所发生的必要费用，由债务人承担。

(3)撤销权

撤销权又称废罢诉权。是指债权人对债务人所为的危害其债权的民事行为，有请求人民法院予以撤销的权利。即合同中的债务人放弃到期债权或者不合理转让自己的财产，造成其不能或者无力履行债务，对债权人造成损害，债权人有权请求人民法院撤销债务人的行为。这一权利是通过人民法院的行使而实现的。撤销权的行使范围以债权人的债权为限，因此发生的必要费用由债务人负担。

1.1.5 合同的变更、转让和终止

合同依法成立，具有法律约束力，任何一方必须认真履行合同，不得擅自变更和解除合同。但在合同履行过程中，当事人的主观愿望和客观条件是不断发生变化的，因此合同的内容应该随之变化。所以，在一定条件下，法律允许合同的变更、转让甚至解除。

1.合同的变更

(1)合同变更的概念

合同变更是指在合同签订以后，在当事人不变的情况下，经双方协商一致对合同的内容进行修改或调整所达成的协议。这里可以看出，合同的变更是合同内容的变更。

(2)合同变更的主要内容

合同变更的主要内容可包括：①标的种类的变更；②标的物品质规格的变更；③标的数量的变更；④标的价格的变更；⑤合同性质的变更；⑥履行地点、期限、方式的变更；⑦结算方式的变更；⑧附加条件改变；⑨其他变更，如违约金和担保金的变更等。

(3)合同变更的条件

根据《合同法》的规定，合同变更应满足：①当事人协商一致；②法律、行政法规规定合同变更应当办理批准、登记等手续的，应依其规定办理；或③因法定事由由人民法院或仲裁机构要求的法定变更。

(4)合同变更的效力

经法定程序变更后的合同成立,具有法律效力,对当事人产生约束力。当事人应严格按变更后的合同约定履行,原合同或合同被变更的部分失效。如果当事人对合同变更的内容约定不明确的,法律规定是可推定为未变更,原合同的内容仍然有效,执行变更前的合同。

2. 合同的转让

(1)合同转让的概念

合同转让是指合同主体的变更,是当事人一方将合同的权利义务转让给第三人。包括合同权利的转让,合同义务的转移和合同权利义务的一并转让。合同转让可分为约定转让,即当事人协商同意;法定转让,即基于法律规定而产生的合同转让。

(2)合同转让的条件

①对于债权转让。《合同法》规定:债权人可以将合同的权利全部或者部分转让给第三人,但有下列情形之一的除外:a. 根据合同性质不得转让的;b. 按照当事人约定不得转让的;c. 依照法律规定不得转让的。债权人转让权利的,应当通知债务人。未经通知,该转让对债务人不发生效力。债权转让需注意以下几点:a. 债权人转让权利的,其从权利随主权利一并转让;b. 债权人转让权利时,债务人的抗辩权可以向受让人行使;c. 债权人转让权利时,债务人对其享有的到期债权可以向受让人主张抵消。

②对于债务转移。经债权人同意,债务人可以将合同义务全部或部分转移给第三人。即债务转移只有在债权人同意的条件下才产生法律效力。债务人脱离合同关系,由新的债务人承担履行债务的责任。债务转移需要注意以下几个问题:a. 债务转移与第三人替债务人履行债务不同,前者是合同义务的转移,债务人全部转移合同义务退出了合同关系,第三人就成了合同新的债务人。当债务人部分转移合同义务时,第三人加入到原合同中,与债务人共同履行合同义务。而后者是第三人并未加入到合同关系中,第三人不替债务人履行债务时,债权人不能直接要求第三人履行义务,仍然向债务人提出履行要求。b. 债务人转移义务的,其从义务也随主义务的转移而转移,新债务人应当承担与主债务有关的从债务。c. 债务人转移义务的,新债务人可以主张原债务人对债权人的抗辩。

③债权和债务一并转移。合同权利和义务的一并转移又称概括转移。是指合同一方当事人将其权利和义务一并转移给第三人,由第三人全部承受这些权利和义务。这种转让的后果,导致原合同关系的消灭,第三人取代了转让方的地位,产生出一种新的合同关系。其特点为:a. 仅适用于双务合同;b. 转让方应取得另一方的同意;c. 应遵守《合同法》有关权利转让和义务转移的其他规定。

④法律、行政法规规定转让权利或者债务人转移义务应当办理批准、登记等手续的,应依照其规定执行。

3. 合同的终止

(1)合同终止的概念

合同终止,即合同的权利义务的终止,是指因合同债务的履行、债务相互抵消等事由,致使合同权利和义务归于消灭。合同终止与合同的变更和合同的转让不同，合同终止后，权利义务关系已不再存在。但合同变更或转让后，合同的权利义务关系依然存在。另外，合同终止与合同中止的概念是不同的。合同中止是指债务人依法行使抗辩权，拒绝债权人的履行请求，使合同权利义务关系暂时处于停止状态，但合同的权利义务关系仍然存在，在抗辩权消灭后，合同的权利义务关系恢复原来的效力。

(2)合同终止的原因

合同终止的原因有以下七种：

①合同因履行而终止。当合同的债务人按照合同约定全面履行合同债务，债权人的债权得以实现，实现了合同订立的目的，则合同效力得以终止。这就是《合同法》所说的"债务已经按照约定履行"而终止。

②合同因解除而终止。合同解除是合同执行中提前消灭合同设立的权利和义务。由于权利义务关系已不再存在，合同就告终止。

③合同因债务相互抵消而终止。对于互负债务的合同当事人，如果各自互负债务能够抵消，合同各方既履行了债务，又实现了债权。合同的目的业已实现，其权利义务关系归于消灭，合同因债务相互抵消而终止。

④合同因标的物提存而终止。提存是指合同债务人在履行合同的到期债务时，由于对方当事人无正当理由拒绝接受履行或者由于对方当事人的原因致使债务人无法履行债务，致使债务人将无法履行的标的物交付第三人，以此代替向债权人履行债务。一旦标的物提存，债务人的义务履行完毕，与债权人的债权债务关系终止，即合同终止。

⑤合同因债权人免除债务而终止。如果债权人放弃债权而免除债务人的债务，合同当事人的权利义务关系终止，合同也就终止。

⑥合同因债权债务混同而终止。合同混同是指合同的债权和债务因某种原因(如兼并、拍卖等)最后归于一人承担，在这种情况下，合同自然终止。

⑦合同因其他情形而终止。

(3)合同的解除

合同解除是指合同订立后，没有履行或者没有完全履行之前，因法定或者约定情况出现，或者经当事人协商一致，提前终止权利义务关系。

合同解除的方式有两种：合意解除和单方面解除。

合意解除又分两种方式：一是经当事人协商一致解除合同；另一种是事先在合同中约定合同解除条件，当约定的解除条件成立时合同即可解除。

有下列情形之一时，当事人可以解除合同：

①因不可抗力致使合同目的不能实现；

②在履行合同届满之前，当事人一方明确表示或者以自己的行为表明不履行主要债务；

③当事人一方迟延履行主要债务，经催告后在合理期限内仍未履行；

④当事人一方迟延履行债务或者有其他违法行为致使不能实现合同目的；

⑤法律规定的其他情形。

合同一经解除，合同的权利义务关系消灭，相当于合同自始未成立，合同尚未履行的，终止履行；合同已经履行的，其已经履行部分的债权债务关系仍然有效，并不因为合同的解除而失去效力。当事人可以根据合同履行的情况和合同的性质，能够恢复原状的可以请求恢复原状，不能恢复原状的可以采用其他补救措施，造成损失的受害方有权要求损害赔偿。

1.1.6　违约责任

1. 违约责任的概念

(1)违约行为与违约责任

违约行为又称违反合同行为，是指合同当事人不履行合同义务或者履行合同义务不符合合同约定的行为。违约责任是合同当事人对其违约行为所造成的后果依法应承担的民事责任。

违约责任与其他法律责任相比所具有的特征是：①违约责任是不履行合同或不适当履行合同引起的民事法律后果，其前提是合同为有效合同。②违约责任只发生在特定的当事人之间，是因合同的当事人出现违约行为而产生的，不是特定的当事人不存在违约责任。③违约责任的方式和范围一般应事先在合同中约定。④违约责任一般限于财产责任，对违约行为的合同当事人不适用非财产责任或精神赔偿。

(2)违约行为的分类

依据不同角度，可以将违约行为分为如下几类：

①单方违约和双方违约。一方当事人违约的，称为单方违约，违约方应对其违约责任负责；双方当事人都违约的，称为双方违约，应各自承担相应的责任。

②预期违约和届期违约。预期违约是指合同当事人在合同履行期届满之前所发生的违约行为。合同当事人预期违约通常是在债务履行期届满之前明确表示不履行合同义务，或者以自己的行为表明不履行合同义务。对这种合同履行期尚未开始的违约行为如何对待，《合同法》规定另一方当事人可以在合同履行期届满之前请求预期违约的一方承担违约责任。违约行为发生于合同履行期届满之后称其为届期违约。对于届期违约，对方当事人可及时要求违约方履行义务。

③根本违约和非根本违约。完全违背缔约目的的违约为根本违约。例如工程经验收达不到验收标准。部分违背缔约目的的为非根本违约。

④合同的不履行和不适当履行。合同不履行是指当事人不履行合同约定的义务行为。包括拒不履行和履行不能：拒不履行指当事人能够履行合同却无正当理由而故意不履行；履行不能指因不可归责于债务人的事由致使合同的履行在事实上已经不可能。合同的不适当履行，又称不完全给付，指当事人履行合同义务不符合合同约定的要求。

⑤一般瑕疵履行和加害履行。这是根据当事人违约行为是否造成侵权损害来划分

的。一般瑕疵履行是指当事人履行义务存在着缺欠和不足，例如数量不足、质量不符、履行方法不当、履行地点不对、履行时限延迟等，这些现象可称做瑕疵。若当事人履行合同不仅出现瑕疵，而且还造成对方当事人的其他财产、人身损害，则称此违约行为为加害履行。

⑥债务人履行延迟和债权人受领延迟。债务人超过合同约定的履行期限的，为债务人履行延迟；债权人超逾履行期限受领的，为债权人受领延迟。

⑦因第三人原因造成的违约和当事人原因造成的违约。

2. 违约责任

违反合同义务，就要承担违约责任。《合同法》规定：当事人一方不履行合同义务或者履行合同义务不符合约定的，应承担继续履行、采取补救措施或者赔偿损失等违约责任。根据《合同法》的有关规定，承担违约责任的方式主要有以下几种：①继续履行；②支付违约金；③赔偿损失；④承担侵权责任；⑤单方面解除合同；⑥定金制裁；⑦价格制裁；⑧其他措施，如修理、更换、退货、减少价款或者报酬、支付预期利息、承担防止损失扩大费用、中止履行等。下面仅就几个方面加以介绍：

(1)支付违约金。违约金是指按照当事人的约定或者法律直接规定，一方当事人违约的，应向另一方支付的一定数额的货币。违约金有法定违约金和约定违约金之分：由法律直接规定的违约金为法定违约金；由合同当事人经协商在合同中约定的，为约定违约金。违约金具有惩罚和赔偿双重性。惩罚性是指只要一方当事人违约，则应向对方支付违约金；赔偿性是指如果违约并造成了损失，除了支付违约金外，还要赔偿全部损失。适用惩罚性违约金的合同，需当事人具有过错。虽然当事人违约，但不是其过错造成的，也不导致惩罚性违约金合同的生效。当事人约定的惩罚性违约金的数额不得超过合同标的额的一倍，否则，合同无效。惩罚性违约金的支付，需与违约程度相适应，当事人为根本性违约的，应支付全额违约金；为非根本性违约的，只需支付与违约部分相适应的违约金。赔偿性违约金是以加害履行为条件的，造成实际损失的，则支付；否则，不支付。赔偿性违约金的适用需按合同的约定。另外，违约金是采用担保方式还是承担违约责任方式或两者兼而有之，应需在合同中约定。

(2)赔偿损失。赔偿损失是指一方当事人违反合同给另一方造成财产等损失的赔偿。当事人承担赔偿损失的条件是：一是有违约行为；二是有损失后果；三是违约行为与财产等损失之间有因果关系；四是违约人有过错，或者虽无过错，但法律规定应当赔偿。赔偿损失属于补偿性的，一般不是惩罚性的，除非针对欺诈行为，仅用于弥补非违约人所遭受的损失。赔偿损失分法定赔偿和约定赔偿。法定赔偿指法律直接规定损害赔偿的数额或者赔偿损害的计算方法。约定赔偿是指当事人在约定赔偿合同中约定损失的赔偿数额或其计算方法。一般是以主合同的从合同形式存在的。

(3)定金制裁。定金具有惩罚性。如付定金人根本违约，无权请求返还定金；受定金人根本违约，双倍返还定金。承担违约责任的几种方式在合同中均可并用。

1.2　建设工程发承包模式与合同类型

1.2.1　工程发承包模式

所谓工程发承包模式是发包人根据自身条件和建设投资管理的需要，将投资项目的建设任务按项目组成或建设阶段通过招标或其他委托方式选择承包人，与其签订承包合同并由其实施的工程项目采购与建设的方式。

工程建设发承包的模式有如下几种：

1. 平行发承包模式

平行发承包模式也称设计或施工分别承包模式。即发包人根据工程特点和管理需要，将设计项目或施工项目按单位工程或专业工程划分成独立的几个标段；然后编制相应的招标文件，通过招标选择若干个承包人；每个承包人单独承包一个设计或施工项目。发包人分别与这些承包人签订承包合同（设计或施工合同），并依据承包合同分别进行项目管理包括合同管理。同时发包人需要担负总协调人的角色，对各个发包合同以及承包人进行监督管理和总体协调。其模式如图1-1所示。

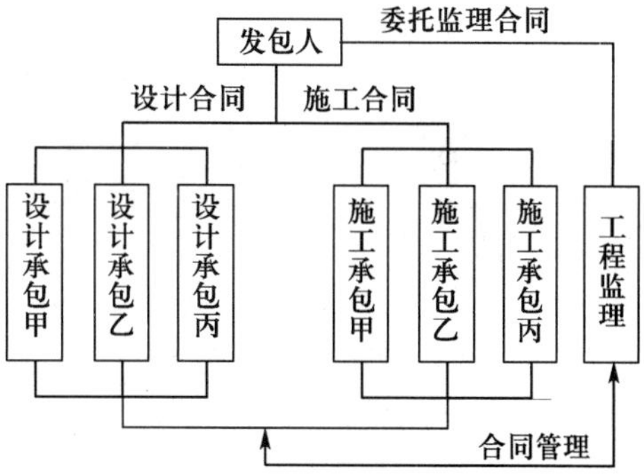

图1-1　平行发承包模式

2. 设计/施工总承包模式

设计或施工总承包模式是发包人将整个设计项目或施工项目作为一个标段，通过招标方式选择一个总承包人进行工程承包，并与之签订设计/施工总承包合同，并以此进行项目管理的方式。这种方式是阶段总成包。承包人负责履行承包合同，完成合同规定的设计/施工任务，必要时可以进行分包，承包人对分包人依据分包合同实施主、分包管理。发包人仅对总包合同负责，不再充当总协调人角色。其模式如图1-2所示。

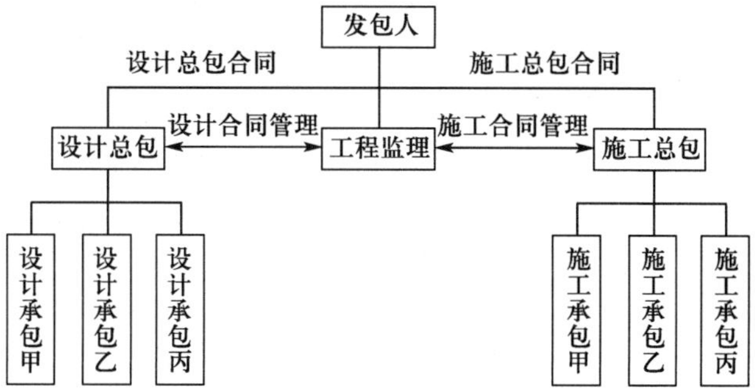

图1-2　设计/施工总承包模式

3. 总承包模式

总承包模式根据承包地方位和内容可分为工程总承包和项目总承包。工程总承包模式一般是指设计施工总承包模式(D-B 模式)。即发包人在可行性研究报告和招标设计文件的条件下,通过招标将工程项目的设计与施工全过程发包给具有工程总承包资质的承包人并与之签订工程总承包合同的一种建设组织方式。这种模式下对承包人的组织管理能力要求高,发包人的项目管理职能相对减弱。可以聘请监理工程师或咨询工程师进行管理咨询和总体协调。

项目总承包模式是工程项目建设全过程承包。按照 FIDIC 模式和建设部发布的《关于培育发展工程总承包和工程项目管理企业的指导意见》(建市【2003】30 号)的定义,工程项目总承包主要有两种形式:设计采购施工总承包(Engineering Procurement Construction,简称 EPC 模式)和交钥匙工程(Turnkey Projects)总承包。EPC 模式是项目决策立项后,由业主通过招标选择 EPC 从承包人,由总承包人负责项目的设计、工艺设备采购、安装调试试运行及移交。交钥匙工程总承包是完整的全过程总承包。顾名思义是业主希望得到一个完整配套的工程项目,"转动钥匙"即可使得项目投入使用或生产。因此,这种模式除了 EPC 的承包范围内的工作外,还包括向前延伸到项目的可行性研究、工程勘察;中期的动迁与移民及建设用地准备;后期的生产运营准备以及相关的各种综合服务工作等。

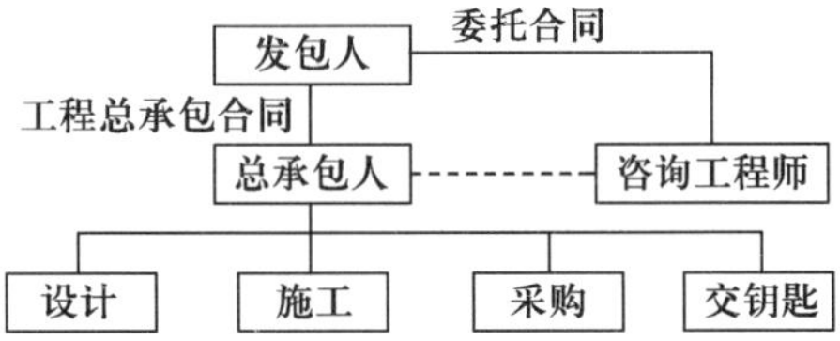

图 1-3 工程(项目)总承包模式

1.2.2 建设工程合同种类

1. 建设工程合同的概念

建设工程合同,也叫建设工程承包合同,是发包人(业主)为了实现投资目的,与承包人(勘察、设计人,施工承包人或总承包人)依法订立的、以完成建设工程为内容的、明确双方权利义务的协议。

在计划经济时期,所有建设工程项目都由国家调控,工程建设中的一切活动均由政府统筹安排,建设行为主体都按政府指令行事,并且只对政府负责。行为主体之间没有权利与义务的关系存在,因此也无须签订合同。但在市场经济的条件下,政府只对工程建设市场进行宏观调控,建设行为主体均按市场规律平等参与竞争,各行为主体的权利、义务皆由当事人通过签订合同自主约定。因此建设工程合同就成为明确承发包双方责任,保证工程建设活动得以顺利进行的主要调控手段之一,其重要性已随着市场经济体制的进一步确立而日益明显。

建筑工程项目是一个十分复杂的生产过程,一个建设项目从立项开始一直到项目建成运行,需要经过建筑、土建、水电、机械设备、通讯等多个阶段的专业设计和施工活动,并且还需要各种材料、设备、资金和劳动力的供应。一个稍微大一点的工程,其参加单位就可能有十几个、几十个甚至成百上千个，他们之间形成各种各样的经济关系，而维系这种关系的纽带就是合同。在工程建设过程中，除了前面所提到的建设工程合同以外，还会涉及到许多其他合同。如设备、材料的购销合同，货物运输合同，工程建设资金的借贷合同，机械设备的租赁合同，保险合同等等，这些合同同样也是十分重要的，它们分属于不同的合同种类，分别由《合同法》和相关法规进行调整。

2. 建设工程合同的特征

建设工程合同除了具有一般合同共有的特征之外，还具有以下几个特征：

(1)合同标的的特殊性

建设工程合同的标的涉及建设工程的服务，而建设工程本身又具有以下几个特点：

①建筑产品的固定性和生产的流动性是区别于社会其他产品的根本特点。

②建筑产品的个体性和生产的单件性。建筑产品由于其使用功能不同、技术要求不同、建筑性质不同、等级标准不同以及受地形地貌、水文地质、气候条件等自然条件和原材料、能源等资源条件的影响，都要单独设计和施工。即使重复利用标准设计，重复使用图纸，也要根据当地的地质、水文、朝向等条件重新计算，采取必要的修改设计，才能施工。

③建筑产品体积庞大，消耗的人力、物力、财力多，一次性投资数额巨大。建筑产品的体积都是相对庞大的，在建造中要消耗大量的原材料，因此建设项目造价都很大，占用资金很多。在进行工程建设前，必须落实资金来源。

以上这些都决定了建设工程合同的重要性，也使得建设工程合同具有了一些有别于一般合同的法律特征。

(2)合同主体的特殊性

工程建设技术含量较高、社会影响很大，所以，法律对建设工程合同主体的资格有严格的限制，只有经国家主管部门审查，具有相应资质等级，并经登记注册，领有营业执照的单位，才具有签约承包的民事权利能力和民事行为能力。任何个人及其他单位都不得承包工程，也不具有签约资格。

(3)合同形式的特殊性

工程建设过程周期长，涉及因素多，专业技术强。当事人之间的权利、义务关系十分复杂，不是简单的口头约定就能解决问题的，所以，我国法律规定，建设工程合同必须采用书面形式。另外，为使合同内容更为严谨周密，双方当事人的权利、义务更为平等合理，相关国际组织及各国政府或行业协会都组织专家进行研究，制定出了一批合同样本或示范文本，我国建设部和国家工商行政管理局先后制定了《建设工程勘察合同示范文本》、《建设工程设计合同示范文本》、《建设工程施工合同示范文本》等，这些范本对节省当事人的时间和精力，保证当事人权利、义务的平等提供了极大的便利。

(4)合同监督管理的特殊性

由于建设工程合同本身的特殊性，所以，国家对建设工程合同的监督管理也十分严格。如工程承发包双方的资质要接受有关部门的审查；建设工程合同签订以后，必须报有关建设行政主管部门审查批准后才能生效；合同履行的过程，也要接受有关部门的监督检查；建设工程的拨款、贷款、结算要接受银行的监督等等。

3. 建筑工程合同的基本要求

建筑工程合同经历了一个比较漫长的发展过程。以前，建筑工程合同一般都比较简单，常常仅一两页纸。但由于现代的建筑工程规模越来越大，合同关系越来越复杂，以及建筑工程本身的特点，人们对合同提出了许多新的要求：

(1)完备性。要求合同条款内容齐全、完整，不能漏项。虽然合同是在工程施工前起草和签订的，但应该对工程实施过程中的各种情况都要做出预测、说明和规定，以防止在实施过程中发生扯皮和争执。合同内容必须具体、详细。

(2)定义清楚、准确，合同双方责任的界限要明确，不能含混不清。合同条款应该是肯定性的、具体的、可执行的。对具体问题，各方应该做什么，不该做什么，谁负责，谁承担责任，谁承担费用都应该十分明确，而且双方对合同条款的解释应该统一。

(3)公平性。过去人们过多地强调合同双方利益的不一致性，常常导致许多非理性的行为。例如过于苛刻的单方面约束性条款，不合理的单方面免责条款，责权利不平衡条款等。许多工程实践证明，这样的合同容易导致工程失败。现在人们对合同的策划、招标投标、合同的实施控制和索赔处理越来越显示出理性，越来越显示出双方的合作和利益的一致性，强调诚实信用，互相信任，强调发挥各方面的积极性、创造性，保护双方利益，合理分配风险，公平分担工作和责任，工程和报酬之间应平衡。这一切有助于项目总目标的实现。

4. 建设工程合同类型

建设工程合同是《合同法》中记名合同的一种。按建设工程承包的项目建设内容分有工程勘察合同、工程设计合同、工程施工或安装合同；按承包的范围分有总承包合同和单项承包合同；按承包的合同的连带关系分为主包合同和分包合同；按承包合同的计价方式分为总价合同、单价合同和成本加酬金合同。一般情况下所说的建设工程合同指的是工程勘察、设计、施工合同。由于建设工程委托监理合同与建设工程的实施与管理密切相关，尽管监理合同属于委托合同类，一般情况下，也将其归为建设工程合同一并介绍。具体内容详见第2章。

5. 建设工程合同承包价格类型

一般来说，业主都要求承包商保证工程质量优良的同时，尽可能降低造价、缩短工期。为了满足这些条件，产生了各种各样的合同形式，业主可以根据工程性质决定采用哪种形式。我国现行的《建设工程施工合同(示范文本)》把承包价格的确定方式分为三种：固定价格合同、可调价格合同、成本加酬金合同。不同类型的合同在招标文件编制时重点和技巧不同。

(1)固定价格合同

根据风险范围的不同，固定价格合同还可以分为固定总价合同和固定单价合同。

①固定总价合同

固定总价合同即不可调值或不变总价合同。是指承包商以约定的固定合同金额，完成设计、规范规定的工作的合同。这种合同的价格计算是以招标文件中的有关规定和图纸资料、规范为基础，合同总价不能变更。承包商在报价时对一切费用的上升因素都已作了估计并已包含在合同总价之中。合同总价一经双方同意确定之后，承包商就一定要完成合同规定的全部工作，承担一切不可预见的风险责任，而不能因工程量、设备、材料价格、工资等变化而提出调整合同价格。对于业主，则必须按合同总价付给承包商款项而不问实际工程量和成本的多少。

但是，如果委托项目内容、设计、规范发生变更时，相应的合同金额也会发生变更。采用固定总价合同的方式，要求工程的设计、规范在招标时就非常明确，明确得足以估算其合同金额，如果有不明确的部分，投标人因为存在风险而不得不提高不可预见费，从而增加报价。

固定总价合同对于承包人来说风险相对较大，如果承包人误解了业主招标时设计、规范的要求，遗漏了部分承包范围，则有亏损的风险，但如果承包人能够合理地组织施工，降低成本则有可能盈利。这种合同对于发包人来说，由于工程造价一次包死，简单省事，使发包人对工程总开支的计划更准确，在施工过程中也可以更有效地控制资金的使用。但前提是必须在招标时就明确工程的设计、规范，需要有充足的准备时间。

此类合同的招标文件有如下特点：

a. 各部分表述清晰、关联严密，对可预见的或应预见的索赔事件均应意思明确地表达，避免由此使该类索赔事件发生；对于不可预见的，亦将工程量和单价计价规则确定，一旦发生，可按事先约定的方式计价，防止承包人漫天要价。投标人在投标报价时应仔细研究招标文件的各部分，考虑周详后报价。

b. 工程范围、图纸、规范表述详尽，特别是对发包的工程范围的边界限定必须严密，发包工程与另行发包的相关工程或甲供材料与乙方采购材料应分界明显，合同的责权利表达清晰、完整。

c. 可提供有子目名的工程量清单表，也可提供工程量清单表格式，而子目名由投标人根据图纸、定额子目或工程量清单说明子目按施工顺序填写。

d. 工程量清单表的工程量和单价均由投标人按工程量清单格式填写和计算，最后汇出总价，作为开标评标的依据，任何中间报价清单和计算过程仅作为分析投标文件时的参考，投标人应为任何中间过程的漏项、计算失误负责，在中标后合同履行中不得以此作为索赔依据。

②固定单价合同

这种方式是把工程细分为单位单项工程子目，业主在招标前估算出每个单位单项工程子目的数量，即工程量清单，投标人只需要估算出每个单位单项工程子目的价格，实际支付是在每月(或每阶段)工程结算时，根据实际完成的工程量结算，在工程全部完成时以竣工图的工程量最终结算工程总价款。

例如建筑基础工程，可细分为挖土方、浇筑混凝土基础等若干分项工程子目。招标文件的工程量清单中给出挖土方为 $200m^3$，混凝土为 $100m^3$。某承包商经过市场调查并分析自身能力，估算挖土方价格为 15 元/m^3、混凝土价格为 500 元/m^3。所以该承包商的报价为：

挖土方 $200m^3 \times 15$ 元/$m^3 = 3000$ 元

混凝土 $100m^3 \times 500$ 元/$m^3 = 50000$ 元

中标后业主和该承包商经过现场实际测量，确认挖掘的土方量为 $220m^3$，浇筑的混凝土量为 $92m^3$。所以实际支付的工程款：

挖土方 $220m^3 \times 15$ 元/$m^3 = 3300$ 元

混凝土 $92m^3 \times 500$ 元/$m^3 = 46000$ 元

固定单价合同的各项单价在工程实施期间不因价格变化而调整。因此对于业主来说，招标时不像固定总价合同那样必须提供详细的设计、规范，从而可以缩短招标准备时间。但需要提供足够的技术资料给投标人，以推断工程的性质和技术难度，一般为国际工程中以初步设计文件招标的工程采用。

采用这种合同形式时由于工程量是按实际完成的数量结算，所以，通常情况下要求实际完成的工程量与原估计的工程量不能相差太大，否则，会造成原定单价的不合理。因此，一般在订立合同时规定，当实际工程量比招标文件所列的工程量相差量超过一定百分比（如15%或20%）时，双方可以讨论调整单价。单价的调整比例最好在订立合同时明确约定，以免以后发生纠纷。目前，国内除世界银行贷款项目外，国内招标的水利交通、市政等子目较少的工程多采用此类合同，FIDIC 合同条件下的合同均为单价合同。该类工程招标文件的工程量清单必须有工程量清单表。采用此类合同形式的招标文件有以下侧重点：

a. 工程量清单中应有按施工顺序、依据图纸列出的无漏、错项的分部分项工程子目名和预估的工程数量及报价格式的工程量清单表和汇总表。

b. 有对各子目工作内容进行详细完整描述的工程量计算规则和计量说明，这类工作的漏缺项是导致合同履行中索赔的主要因素，因此必须完整、清晰、严密，特别是辅助用工、料、机应表达完全。

c. 明确规定合同单价为固定单价，不得申请变更单价调整的幅度范围以及新增子目的单价确定方法。

d. 投标人报价必须按工程量清单格式和先后顺序报价，其所报总价仅为评标依据，而合同履行中总价供参考，单价固定不变，工程量依据计算规则按实计算，最后由实际工程量与相应单价乘积的累计作为合同价款的结算价，并以此进行工程款支付和结算。

这种方式能鼓励承包商通过提高工效等手段从成本节约中提高利润，业主只按工程量清单的项目开支，可减少意外开支，只需对少量遗漏的项目在执行合同过程中再报价，结算比较简单。

(2)可调价格合同

可调价格合同是指在约定的合同价格基础上，如果在合同执行过程中，由于通货膨胀而使所使用的工料成本增加，可根据合同约定的调价方法对合同价格进行相应的调整。发包人须承担通货膨胀引起的不可预见费用增加的风险。需要注意的是可调价格合同中，必须列有调价条款才可进行调值。可调价格合同一般适用于工程内容和技术经济指标规定明确且工期较长的工程项目。

我国的大部分省市确定合同价格的依据是当地的定额，与定额相配套有各种各样的调价方式:月或季度的调价系数、竣工期调价系数、材料信息价或市场价与招标文件规定的基期价的差额等。由于我国的物价比较平稳,一般来说调价系数也比较小,可以在合同价格中预计风险系数的方式,把可调价格合同转变为固定价格合同。

(3)成本加酬金合同

成本加酬金合同,是约定业主支付工程必要的成本和酬金的承包合同方式。其工程成本部分是按现行计价依据计算的、承包商为完成工程项目和合同所规定的任务实际支付的费用,主要包括材料设备费、劳务费、施工机械费、临时设施费和税金等完成工程所必要的成本。酬金部分一般包括管理费和利润。将两者相加,确定出合同价。一般分为以下几种形式:

①成本加固定百分比酬金确定的合同价。这种合同价是指约定的酬金为成本的一定比例(如 10%~15%)。其结算可以用下式说明:

$$C = C_A + C_A \times p_1 = C_A(1 + p_1)$$ (其中 p_1 为双方商定的百分比)

这种合同价使得工程总造价及付给承包商的酬金随工程成本而水涨船高,不利于鼓励承包人降低成本,对业主不利,因此很少被采用。

②成本加固定金额确定的合同价。这种合同价与上述成本加固定百分比酬金合同价相似。其不同之处仅在于不论成本如何变化,发包人付给承包商的酬金是一笔固定金额的酬金。这种方式消除了承包商企图增加成本,以获得较多酬金的弊端,并可以鼓励承包商在尽可能短的时间内完成工程,以尽快赚取酬金。但是,由于成本完全是由业主承担的,所以仍然不能充分调动承包商节约成本的积极性。有时可采取根据工程质量好坏、工期缩短情况和降低成本等条件,另外给一笔分档次的奖金的补充条件,以鼓励承包商更好地完成工程。

③目标成本加奖罚措施的合同价。采用这种合同价,首先要根据图纸资料估算出工程造价,将其作为目标成本 C_0,目标成本应随工程设计的逐步深入作相应的调整。在此基础上,根据目标成本来确定酬金数额的百分比。然后,根据工程实际成本支出情况另外确定一笔奖金,当实际成本低于目标成本时,承包商除从发包人获得实际成本、酬金补偿外,还可以根据成本降低得到一笔奖金。当实际成本高出目标成本时,承包商仅能从发包人处得到成本和酬金的补偿。此外,视实际成本高出目标成本情况,若超过合同价的限额,还要处以一笔罚金。除此之外,还可设工期奖罚。其结算可用下式说明:

$$C = C_A + (C_0 - C_A) \times p_1 + C_A \times p_2$$ (p_1、p_2 为双方商定的百分比)

由上式可以看出:

当 $(C_0 - C_A) > 0$ 时,即实际成本低于目标成本时,酬金增加以示奖励;

当 $(C_0 - C_A) = 0$ 时,即实际成本等于目标成本时,酬金为原商定数值;

当 $(C_0 - C_A) < 0$ 时,即实际成本超过目标成本时,酬金降低以示惩罚。

这种合同形式可以促使承包商降低成本,缩短工期,而且目标成本随着设计的进展而加以调整,承发包双方都不会承担太大风险,故应用较多。缺点是目标成本较难确定。

④ 预期成本加浮动酬金合同。签订这种合同时,应先商定工程的预期成本、酬金和酬金的增减部分,工程价款的结算则按以下关系式:

当 $C_A < C_0$ 时，$C = C_A + F + \Delta F$

当 $C_A = C_0$ 时，$C = C_A + F$

当 $C_A > C_0$ 时，$C = C_A + F - \Delta F$

这种合同的优点是业主和承包商所冒风险都不大，还可促使承包商注意降低成本和缩短工期。

⑤工时及材料补偿合同。用一个综合的工时费率来计算工作人员在工作完成后的价格并予以支付。这个综合工时费率，包括基本工资、保险、纳税、工具、监督管理、现场办公室各项开支以及利润等，材料则以实际支付材料费为准。

这种形式一般用于招标聘请咨询专家或建设监理等。

成本加酬金合同适用于工期紧迫的工程，如抢险救灾、保密等工程，还有在装饰工程中用的比较多。一般承包人承担设计和施工，招标时通过对管理费和利润进行议标的方式确定承包人。该类合同发包时没有或很少有招标文件和工程量清单。

上述各种不同计价方式合同的采用，主要根据发包时设计文件的准备情况、项目规模、技术复杂程度、工期长短等决定。一项工程招标前，发包人选用适当的合同形式是制定发包策略及发包计划的一个重要组成部分。

1.2.3 建设工程合同示范文本

1. 建设工程合同书面形式

根据《合同法》的规定，建设工程合同的订立应采用书面形式。书面形式按照法律性质分为普通书面形式和特殊书面形式两类。普通书面形式又有自拟式、专业式（格式条款）和规范式三种类型，由于规范式合同是由合同管理机关单独制定的，并以行政规章的方式公布，已达到规范当事人订立合同行为的目的，因此，具有一定的约束力。如果对合同文本格式进行规范化，此类合同文本就成为示范文本；特殊书面形式是根据《合同法》及相关法规的规定，当事人应当采用并具有形式约束力的书面形式，包括鉴证、公证、登记和备案。

2. 建设工程合同示范文本的概念与特点

在工程建设合同管理的实践中，把大量的、相同种类的合同文书加以归纳、提炼，从中选出每一种合同文书都必须具备的项目和内容，制定出适合于该类工程承发包需要的，具备比较固定的合同条款项目和内容，并且可以为当事人根据工程实际情况填写一些具体的数字、方式和具体要求等内容。这种依照合同法和相关法规、规章的要求，就某一类建设工程合同制定的具备必要合同条款项目和标准内容，以备当事人在签订该类建设工程合同时作为依据并加以使用的标准合同文书样式，就叫建设工程合同示范文本。国外一般称之为合同条件。如著名的国际咨询工程师联合会（FIDIC）编制发行的，并被大多数国家或国际组织认可的各类合同条件。

建设工程合同示范文本具有完备性、概括性、规范性和可靠性等特点，同时又经过国家建设管理部门和工商行政管理部门颁布，具有一定的示范性、指导性和约束力。

3. 建设工程合同示范文本的种类

目前，我国的合同示范文本按适用范围分为三类：第一类是由国务院建设主管部门和工商行政管理局联合制定发布的统一示范文本；第二类是由国务院行业管理部门（如交通部、水利部、铁道部等）制定发布的行业合同示范文本；第三类是由省市自治区制定发布的区域性示范文本。由建设部、国家工商行政管理局发布的建设工程类主要合同示范文本如下：

(1)建设工程施工合同示范文本(GF—1999—0201)；

(2)建设工程委托监理合同示范文本(GF—2000—0202)；

(3)建设工程勘察合同示范文本：

①建设工程勘察合同(一)(GF—2000—0203)，[岩土工程勘察、水文地质勘察(含凿井)、工程测量、工程物探]；

②建设工程勘察合同(二)(GF—2000—0204)，[岩土工程设计、治理、监测]；

(4)建筑装饰工程施工合同示范文本：

①建筑装饰工程施工合同(甲种本)(GF—96—0205)；

②建筑装饰工程施工合同(乙种本)(GF—96—0206)；

(5)家庭居室装饰装修工程施工合同示范文本(GF—2000—0207)；

(6)建设工程设计合同示范文本：

①建设工程设计合同(一)(GF—2000—0209)，[民用建设工程设计合同]；

②建设工程设计合同(二)(GF—2000—0210)，[专业建设工程设计合同]；

(7)建设工程造价咨询合同示范文本(GF—2002—0212)；

(8)建设工程分包合同示范文本：

①施工专业分包合同示范文本(GF—2003—0213)；

②建设工程施工劳务分包合同示范文本(GF—2003—0214)；

(9)建设工程招标代理合同示范文本 (GF—2005—0215)；

另外，还有由水利部、国家电力公司、国家工商行政管理局颁发的《水利水电土建工程施工合同(通用合同条款)》(GF—2005—0208)，由水利部、国家工商行政管理局颁发的《水利工程建设监理合同书》(GF—2003—0211)。

1.3　建设工程招标投标概述

1.3.1　建设工程招标投标的概念、目的和特点

1. 建设工程招标投标的概念

招标投标是在市场经济条件下所进行的一种有组织的大宗商品特殊的交易行为，是一种通过充分竞争获得工程、货物和服务的采购方式。

建设工程招标投标是市场经济条件下进行工程建设项目的发包与承包过程中所采用

的一种交易方式，是建设工程的发包人通过招标以合同方式获得工程、投标人通过投标以合同方式获得报酬的交易行为，是建设市场中一对相互依存的活动。招标投标的过程其实质也是合同成立的过程，是要约邀请（招标）、要约（投标）、承诺（定标）合同成立过程的一种特殊方式的体现。

工程建设招标是指招标人（即发包人）在发包建设项目之前通过公共媒介告示或直接邀请潜在的投标人，由投标人根据招标文件所设定的以功能、质量、数量、期限及技术要求等为主要内容所构成的标的，提出实施方案及报价进行投标，经开标、评标、决标等环节，从众多投标人中择优选定中标人（即承包人）的一种经济活动。

工程建设投标是指具有合法资格能力的投标人根据招标文件要求，提出实施方案和报价，在拟定的期限内提交标书，并参加开标，如果中标，则与招标人签订承包协议的经济活动。

建设工程采用招标投标方式进行建设工程项目的交易既是国际上通用的一种工程发承包方式，也是我国市场经济条件下建设工程项目采购的主要方式，同时也是我国投资项目管理所实行的一种制度，即用法律形式固化下来的一种约束机制，被称之为招标投标制。

为了规范招标投标的行为，我国制定了专门的法律《中华人民共和国招标投标法》和一系列法规和规章，把招标投标活动纳入法制化轨道，做到有法可依，有章可循。

2. 建设工程招标投标的目的和特点

建设工程招标投标的目的就是通过在工程建设中引进竞争机制，为招标人择优选定中标人（勘察、设计、设备安装、施工、装饰装修、材料设备供应、监理或工程总承包等单位），按照合同约定完成规定的建设任务，保证缩短工期、提高工程质量和节约建设投资等建设目标得以顺利实现。

作为一种交易方式，招标投标具有以下特点：

（1）通过竞争机制，实行交易公开；

（2）鼓励竞争、防止垄断、优胜劣汰，可较好地实现投资效益；

（3）通过科学合理和规范化的监管制度与运作程序，可有效地杜绝不正之风，保证交易的公正和公平。

作为建设工程的交易方式，除去一般招标投标的特点外，还具有建设工程项目本身的特点，如体现在先交易后生产、特定的计价方式（如采用工程量清单计价）和结算方式以及项目的特殊性与复杂性等带来的对招标投标活动的策划、组织、管理带来的特殊要求上。

3. 招标投标活动应遵循的原则

我国《招标投标法》第五条规定：“招标投标活动应当遵循公开、公平、公正和诚实信用的原则。”

（1）公开原则

公开是指招标投标活动应当有较高的透明度，招标投标活动中所遵循的公开原则要求招标活动信息公开，开标活动公开，评标标准公开，定标结果公开。

(2)公平原则

招标投标属于民事法律行为,公平是指民事主体的平等。招标人要给所有的投标人以平等的竞争机会,这包括给所有投标人同等的信息量、同等的投标资格要求,不设倾向性的评标条件。例如不能以某一投标人的产品技术指标作为标的要求,否则就有明显的授标倾向,而使其他投标人处于竞争的劣势。另外还应当杜绝一方把自己的意志强加于对方,招标压价或订立合同前无理压价以及投标人恶意串通、提高标价损害对方利益等违反平等原则的行为。

(3)公正原则

公正原则是指招标人在执行开标程序,评标委员会在执行评标标准时都要严格照章办事,尺度相同,不能厚此薄彼,尤其是处理迟到标、判定废标、无效标以及质疑过程中更要体现公正,要实事求是地进行评标和决策,不偏袒任何一方。

(4)诚实信用原则

诚实信用是民事活动的基本原则,诚实是指真实和合法,不可用歪曲或隐瞒真实情况去欺骗对方。信用是指遵守承诺,履行合约,不见利忘义,弄虚作假甚至损害他人、国家和集体的利益。

招标投标的双方都要诚实守信,不得有欺骗、背信的行为。招标人不得搞内定承包人的虚假招标,也不能在招标中设圈套损害承包人的利益。投标人不能用虚假资质、虚假标书投标,投标文件中所有各项都要真实。合同签订后,任何一方都要严格、认真地履行。

1.3.2 我国工程建设项目招标的范围、类别及招标条件

1. 建设工程招标的范围

(1)必须招标的工程建设项目

依照我国《招标投标法》及有关规定,在我国境内建设的以下项目必须通过招标投标选择承包人:

① 关系社会公共利益、公众安全的大型基础设施项目。

a. 煤炭、石油、天然气、电力、新能源项目;

b. 铁路、公路、管道、水运、航空以及其他交通运输业等交通运输项目;

c. 邮政、电信枢纽、通信、信息网络等邮电通讯项目;

d. 防洪、灌溉、排涝、引(供)水、滩涂治理、水土保持、水利枢纽等水利项目;

e. 道路、桥梁、地铁和轻轨交通、污水排放及处理、垃圾处理、地下管道、公共停车场等城市设施项目;

f. 生态环境保护项目;

g. 其他基础设施项目。

② 关系社会公共利益、公众安全的公用事业项目。

a. 供水、供电、供气、供热等市政工程项目;

b. 科技、教育、文化等项目;

c. 体育、旅游等项目；

d. 卫生、社会福利等项目；

e. 商品住宅，包括经济适用房；

f. 其余公用事业项目。

③全部或部分使用国有资金投资的项目。

a. 使用各级财政预算资金的项目；

b. 使用纳入财政管理的各种政府性专项建设基金的项目；

c. 使用国有企业事业单位自有资金，并且国有资产投资者实际拥有投资权的项目。

④全部或部分使用国家融资的项目。

a. 使用国家发行债券所筹资金的项目；

b. 使用国家对外借款或者担保所筹资金的项目；

c. 使用国家政策性贷款的项目；

d. 国家授权投资主体融资的项目；

e. 国家特许的融资项目。

⑤使用国际组织或者外国政府贷款的项目。

a. 使用世界银行、亚洲开发银行等国际组织贷款资金的项目；

b. 使用外国政府及其机构贷款资金的项目；

c. 使用国际组织或者外国政府援助资金的项目。

以上范围内总投资超过3000万元人民币的各类工程建设项目，包括项目的勘察、设计、施工、监理以及与工程建设有关的重要设备、材料等的采购必须进行招标。另外，投资虽然低于3000万元人民币，但合同估算价达到下列标准之一的也必须进行招标：

①施工单项合同估算价在200万元人民币以上的；

②重要设备、材料等货物的采购，单项合同估算价在100万元人民币以上的；

③勘察、设计、监理等服务的采购，单项合同估算价在50万元人民币以上的。

(2)可以不进行招标的项目

依照我国《招标投标法》及有关规定，在我国境内建设的以下项目可以不通过招标投标来确定承包人：

①涉及国家安全、国家机密、抢险救灾或者属于利用扶贫资金实行以工代赈、需要使用农民工等特殊情况，不适宜进行招标的项目；

②建设项目的勘察设计，采用特定专利或者专有技术的、或者其建筑艺术造型有特殊要求的，经项目主管部门批准，可以不进行招标。

2. 建设工程招标的分类

工程建设招标，按标的的内容可分为建设工程总承包招标，工程勘察设计招标，工程建设施工招标，建设工程设备、材料招标和工程建设监理招标。

(1)建设工程总承包招标

建设工程总承包是指承包人受业主委托，按照合同约定对工程建设项目的设计、采购、施工(含竣工试验)、试运行等实行全过程或设计与其他阶段的工程承包。

建设工程总承包招标是指在建设项目立项之后，对包括勘察设计、设备材料采购、工程施工、生产准备、投料试车直至竣工投产、交付使用的建设全过程进行的招标。国际上称之为 EPC（设计、采购、施工）或“交钥匙”工程招标。承包人提出的实施方案应是从勘察设计开始到工程项目交付使用的全过程的方案，提出的报价也应是包括勘察、设计服务费和实施费在内的全部费用的报价。总承包招标对投标人来说利润高，但风险也大，因此要求投标人要有很强的技术力量和相当高的管理水平，并有可靠的信誉。

（2）工程勘察设计招标

工程勘察设计招标是招标人就拟建的工程项目的勘察设计任务发出招标信息或投标邀请，由投标人根据招标文件的要求，在规定的期限内向招标人提交包括勘察设计方案及报价等内容的投标书，经开标、评标，从中择优选定勘察设计单位（即中标人）的活动。

在我国有的设计单位并无勘察能力，所以勘察和设计分别招标也是常见的。一般是设计招标之后，根据设计单位提出的勘察要求再进行勘察招标，或由设计单位承包后，分包给勘察单位，或者设计、勘察单位联合承包。

（3）工程建设施工招标

工程建设施工招标是招标人就建设项目的施工任务发出招标信息或投标邀请，由投标人根据招标文件要求，在规定的期限内提交包括施工方案和报价、工期、质量等内容的投标书，经开标、评标、决标等程序，从中择优选定施工承包人的活动。

根据承担施工任务的范围大小及内容的不同，施工招标又可分为总承包招标、单项工程施工招标、单位工程施工招标及专业工程施工招标等。

（4）建设工程设备、材料招标

工程建设项目的设备、材料招标，是一项面广量大的招标工作，是招标人就设备、材料的采购发布信息或发出投标邀请，由投标人投标竞争获得采购合同的活动。但适用招标采购的设备、材料一般都是用量大、价值高，对工程的造价、质量影响大的，并非所有的设备、材料均由招标采购而得。国家对材料、设备的采购尚无具体的规定，但各建设单位往往会规定一个必须招标的最低估计采购合同价。

我国与世界银行约定，凡单项采购合同额达到 100 万美元以上的世行项目，就应采取国际招标来确定中标人。

（5）工程建设监理招标

工程建设监理招标是建设项目的招标人为了加强对设计、施工阶段的管理，委托有经验有能力的建设监理人对建设项目的设计、施工进行监督管理而发布监理招标信息或发出投标邀请，由监理人竞争承接此建设项目的监理任务的过程。

3. 建设工程招标的条件

建设项目招标应具备的基本条件是：

（1）建设项目按现行规定已履行审批或核准、备案手续，项目概算已经批准；

（2）招标范围内所需资金已经落实；

（3）已经向招标投标管理机构办理报建登记。

对不同性质的工程招标的条件除基本条件外，还可有其他条件，具体可参照表 1-1：

表 1-1　　建设工程招标条件

招标类型	招标条件中宜侧重的事项
勘察设计招标	(1)设计任务书或可行性研究报告已批准 (2)已取得可靠的设计资料
施工招标	(1)建设工程已列入年度投资计划 (2)建设资金已按规定存入银行 (3)施工前期工作已基本完成 (4)有正式设计院设计的施工图纸和设计文件
建设监理招标	(1)设计任务书或初步设计已经批准 (2)建设项目的主要技术工艺要求已经确定
材料设备供应招标	(1)建设项目已列入年度投资计划 (2)建设资金已按规定存入银行 (3)已有批准的初步设计或施工图设计所附的设备清单
工程总承包招标	(1)设计任务书已批准 (2)建设资金和场地已落实

1.3.3　建设工程招标方式

招标方式是采购的基本方式，决定着招标的竞争程度，也是防止不正当交易的重要手段。依照我国《招标投标法》第十条规定，招标分为公开招标和邀请招标两种方式。

1. 公开招标

公开招标又称竞争性招标，是指招标人以招标公告的方式邀请不特定的法人或者其他组织投标。招标的公告必须在国家指定的报刊、信息网络或者其他媒介发布。招标公告应当载明招标人的名称、地址、招标项目的性质、数量、实施地点和时间以及获得招标文件的办法等事项。如果要进行投标资格预审的，则在招标公告中还应载明资格预审的主要内容及申请投标资格预审的办法。

公开招标的最大特点是一切有资格的承包商或供应商均可参加投标竞争，都有同等的机会。公开招标的优点是招标人有较大的选择范围，可在众多的投标人中选到报价合理、工期较短、技术可靠、资信良好的中标人。但是公开招标资格审查及评标的工作量大、耗时长、费用高，且有可能因资格审查不严导致鱼目混珠的现象发生，这是需要特别警惕的。

招标人选用了公开招标方式，就不得以不合理的条件限制或者排斥潜在的投标人。例如，不得限制或者排斥本地区、本系统以外的法人或者其他组织参加投标。

2. 邀请招标

邀请招标也称有限竞争性招标或选择性招标，是指招标人以投标邀请书的方式邀请特定的法人或者其他组织投标。我国《招标投标法》规定："国务院发展计划部门确定的国家重点项目和省、自治区、直辖市人民政府确定的地方重点项目不适宜公开招标的，经国务院发展计划部门或者省、自治区、直辖市人民政府批准，可以进行邀请招标。"投标邀请书上同样应载明招标人的名称、地址，招标项目性质、数量、实施地点和时间以及获取招标文件的办法等内容。招标人采取邀请招标方式的，应邀请三个以上具备承担招标项目的能力且资信良好的潜在投标人投标，一般以 3～10 个参加者较为适宜。邀请招标虽然能保证投标人具有可靠的资信和完成任务的能力，能保证合同的履行，但由于受招标人自身的条件所限，不可能对所有的潜在投标人都了解，可能会失去技术上、报价上有竞争力的投标人。

邀请招标一般邀请的都是招标人所熟悉的或在本地区、本系统拥有良好业绩、建立了良好形象的投标人，所以较之公开招标的投标人资格审查，工作量就要少得多，招标周期就可缩短，招标费用也可以减少，同时还可减少合同履行过程中承包人违约的风险。因此，在一般工程建设招标中，大量采用的招标方式是邀请招标。

1.4　建设工程合同管理

1.4.1　建设工程合同管理的性质、任务与作用

1. 建设工程合同管理的概念与性质

建设工程合同是发包人与承包人为完成特定的工程项目的建设任务依法订立的关于双方权利义务的协议。为了实现合同约定的标的，合同当事人除自觉地履行合同外，还必须对合同订立和履行的全过程进行管理，这就是合同管理。而对建设工程合同的管理属于建设工程项目管理的范畴，所以也称工程项目合同管理。虽然建设工程合同是发包人与承包人为完成某项工程建设任务而订立的规定当事人双方权利和义务的协议，似乎合同的订立与履行只是当事人双方的事情，但在合同的订立、履行和管理过程中，还要涉及到其他几个方面，尤其是合同管理机关。因此就一般意义上的合同管理是指两个层次的管理：一个是管理合同的政府有关部门，如工商行政管理部门和其他有关行政主管部门；另一个是履行合同的当事人双方对合同的管理，如发包人的合同管理和承包人的合同管理。这样合同管理的概念就有广义和狭义之分。广义的合同管理泛指合同的主体、利益相关方、政府有关部门等对合同的管理；狭义的合同管理仅是合同当事人或委托人作为项目管理的组成部分的合同管理。基于此，我们可以把工程项目的合同管理定义为：订立建设工程合同的一方当事人或其委托人为更好地实现工程建设的管理目标，运用管理职能和管理方法，对工程承包合同的订立和履行的行为及过程所进行的全部管理活动。如规划、组织、协调、检查、监督及问题处理等。

建设工程合同的当事人有发包人、承包人以及监理人、裁决人、担保人等，由于身份的不同、分工的不同、参与的阶段不同、利益的不同，他们对合同管理的出发点、目标、要求和具体内容也不尽相同。因此很难以一种观点、内容、要求和方式对合同管理进行叙述。只能以一方的合同管理为主线进行分析。而发包人是建设项目的投资人或组织者、管理者，也是建设合同的设计者和全过程的管理者，因此，本节和后面有关管理内容的阐述，如不特意注明，则是指发包人的合同管理。根据国际惯例，在工程合同中赋予了谁具有合同管理的职责，谁就是项目的主要管理者。如 FIDIC 合同条件下的工程师，以及英国 ICE 合

同条件下的项目经理。在我国的工程建设施工过程中，按我国的工程建设管理制度和合同示范文本的约定，监理工程师（在合同中也称为工程师）在项目管理中承担着主要的管理职责，包括合同管理。监理工程师受发包人委托对承包人的行为和工程建设的过程进行监理，其主要依据是建设工程合同。承包人与工程建设有关的施工活动，应符合建设工程合同的约定。与此同时，发包人亦应承担合同约定的责任并履行其义务，即当事人双方均应按合同办事。因此就广义来说，监理工程师在施工阶段的监理工作，都属于合同管理的范畴。

所谓监理工程师的合同管理就是指监理工程师受发包人委托，根据监理委托合同的要求和所赋予的权限，为实现监理目标，运用管理职能和管理方法，对工程承包合同的订立和履行的行为及过程所进行的全部管理活动。如规划、组织、协调、检查、监督及问题处理等。这里所要指出的是监理工程师进行合同管理时，对当事人双方的所有合同行为都要进行管理，不只是对承包人的管理。履行合同是当事人双方的义务。

监理工程师的合同管理既不同于政府有关部门的监督管理，也不同于合同当事人的管理，其性质有：①合同管理属于合同内部的、横向的管理，而政府有关部门的管理是外部的、纵向的管理；②合同管理具有微观性，是针对合同履行过程中的具体问题进行的管理，例如工程延期问题、工程质量问题、工程分包问题、工程变更问题、计量支付问题、中间验收和竣工验收问题以及索赔问题等；③合同管理具有监理行业特性，即首先具有委托性，其合同管理需要发包人的委托和授权，应在委托范围内从事合同管理并行使权利；第二具有服务性，合同管理是在监理工程师为发包人提供技术和管理服务中进行的，寓合同管理于技术服务之中；第三具有公正性，监理工程师在合同管理过程中要坚持“双维护”原则，即既要维护发包人的合法利益，同时又要维护承包人的合法权益，应站在公正的立场上，当好公正的第三方；第四具有相对独立性，即监理工程师在合同管理中应站在第三方的立场上，独立行使发包人所赋予的合同管理权限，依据合同和事实，提出自己的意见，自主地进行合同管理；第五具有科学性，监理工程师在进行合同管理时，是以科学的监理手段、监理方法、监理程序对工程进行监理的。是以事实为依据，坚持用数据说话，用文字档案作凭证，容易分清责任，更能有效地进行合同管理，减少合同纠纷；④合同管理具有目的性，监理工程师的合同管理是为了实现发包人的工期、质量和投资目标而采取的手段，其工作具有明确的目的性。此外在 FIDIC 合同条件下，监理工程师的合同管理还具有权威性，表现为：一是监理工程师下达的指令是承包人施工的依据之一；二是在对合同条款有歧义时，应以监理工程师的解释为准。

2. 建设工程合同管理的主要任务

项目管理者对建设工程项目合同管理的主要任务是为了实现工程建设管理目标，保证合同能够依法订立，顺利履行。通过对合同条款的拟订或选择、合同谈判、合同签订进行咨询和组织；通过加强合同分析和合同文件及档案管理；通过采取组织措施、经济措施、信息管理手段以及其他管理方法，进行认真、有效的项目实施控制；通过对合同的履行、变更等进行组织、指导、督促、检查、协调、控制以及对合同纠纷进行调解和处理，充分保证当事人各自的合法权益，防止和制止违约行为的发生等一系列合同管理工作，以促进工程建设顺利进行和合同标的完整的实现。

为完成上述任务，发包人的项目管理者应做好如下几个方面的工作。

(1)对于大型建设工程项目，现场项目管理班子中要设有专门的合同管理人员，建立健全的合同管理制度、程序和工作流程，为发包人提供合同及其管理方面的咨询意见和信息，代表发包人对合同条款进行解释，并做好合同档案的管理和合同分析工作。

(2)依据合同对工程建设的过程和参建者的行为进行有效的控制，督促和监督承包人严格执行和全面履行合同，督促和协调发包人全面履行合同规定的义务，保障当事人双方的合法权益。

(3)严格控制和正确处理合同变更，尽量防止合同争执的出现。若此种情况一旦发生，应及时协调和处理，减少损失，并做好有关索赔的管理工作。

(4)定期向发包人提供合同实施报告，为发包人提供可靠的、及时的资料、建议和意见，以便使发包人做出正确的决策。

3. 建设工程合同管理的作用

在工程建设中，承发包双方为了完成建设任务，依法签订了规定当事人双方权利义务的协议——合同，因此当事人双方在工程建设过程中，都应严格按合同规定的权利来履行各自的义务。由于工程建设自身的特点，合同履行的环境是经常发生变化的，加之当事人双方主观意识、各自利益的驱动以及管理不善等因素作用，使得合同在履行中遇到障碍而发生变更，甚至引起争议和纠纷，因此需要加强合同控制和管理。除了当事人双方应加强合同管理，保障履约的可靠性外，作为受发包人委托进行工程建设监理的监理工程师，在合同管理方面更有着不可替代的作用。

(1)加强合同管理有助于工程建设目标的顺利实现。工程项目管理的目的是实现发包人所要求达到的目标，即费用目标、时间目标和质量目标。而这三个目标的实现均与建设工程合同有关。合同是实现目标的约束条件，是项目管理者进行目标控制的法律依据和强有力的手段。通过加强合同管理，就可以有效地保障工程建设的顺利进行，有助于工程建设目标的顺利实现。

(2)加强合同管理，有助于充分维护发包人的经济利益，也有利于保障承包人的权益。建设工程合同规定了当事人双方的经济关系，合同一经签订，当事人双方的经济利益就通过合同联系在一起。由于发包人的经济利益与承包人的经济利益是有差别的，各自都有其追求的目标，例如承包人可能通过降低成本来获取收益，增加利润收入。但这样做就有可能损害工程的质量；而发包人则期望在有限的费用下能获得质量尽可能高的工程建筑物。双方利益不一致，就会出现矛盾，甚至引起合同争执和纠纷，使其得不到很好的履行。如何调解双方的利益冲突，主要应依据建设工程合同。加强合同管理，有助于减少矛盾，避免冲突，降低损失和防止(或减少)索赔的发生。这样就会更好地维护当事人双方的合法权益。

(3)加强合同管理，可以维护合同执行的严肃性和合同的法律地位，提高履约效力。我国实行的是社会主义市场经济，市场经济是法制经济，各项经济活动都要依法办事。在建设工程建设中，承发包双方所依据的基本法律文件就是依法签订的工程承包合同。任何一方不按合同规定的义务履行合同，就是违约，就应承担相应的法律和经济责任。如果不加强合同管理，违约行为就会时有发生，而发生违约行为后不进行处理，合同就失去了法律的严肃性，成为一张废纸，合同的标的就无法实现。我国工程建设中的经验和教训足以说明此点。

(4)加强合同管理，有利于项目管理工作的规范化、科学化、标准化和程序化。

另外，委托监理工程师进行合同管理具有其特殊地位和作用，更有利于合同标的的实现。监理单位是建设市场主体中独立的第三方，具有独立性、公正性、科学性和服务性。尽管监理工程师是受发包人委托进行监理和合同管理，但他是站在公正的立场上，依据合同约定，坚持实事求是的原则，公平对待双方当事人。监理工程师加强合同管理，不但要管理承包人，而且要使发包人的管理规范化，使双方都能守约，充分履行合同。监理工程师对发包人的合同管理，防止其违约，实质上是维护发包人的利益，使其不因违约引起承包人索赔而造成损失。

1.4.2 建设工程合同管理模式

合同管理的直接依据是建设工程合同。不同的合同类型就会有不同的合同管理要求，其管理的内容、方式和流程就不会相同。而选用什么样的合同类别是与工程项目的发承包模式有关的。不同的发承包模式，就会采用不同的合同模式，从而带来不同的项目管理模式。

前节述及的工程发承包模式在实施中是用两个文件表述并固定下来的，即工程招标文件和合同文件。在招标文件和合同文件中明确阐述了不同的发承包模式下进行工程管理的原则、方式流程、各方职责和要求，这就构成了合同管理模式。因此可以说，有什么样的发承包模式就会需要什么样的合同条件，从而就会带来相应的合同管理模式。

1. 施工合同管理模式(Construction Model)

施工合同是为完成特定的施工项目或任务订立的关于发包人与施工承包人双方权利义务关系的协议。它可以是总价合同也可以是单价合同。该种合同约定由发包人提供设计图纸，承包人依照图纸施工，发包人委托监理机构进行工程监理。发包人与监理人协同对承包人的履行合同的过程和行为进行监督、评价，按约定支付合同款项，监督承包人按合同约定的合同价格、质量标准和工期要求完成施工任务，完整实现合同约定的标的。

2. 设计-施工总承包合同管理模式(Design-Build Model)

设计-施工总承包合同也称工程总承包合同，是由发包人与总承包人订立的为完成特定工程项目的设计与施工任务而明确双方权利与义务关系的协议。这种合同一般为总价合同；发包人提供设计要求和资料，由承包人负责设计与施工并竣工交付使用；发包人可以聘请咨询工程师进行设计和管理咨询，聘请监理工程师负责施工监理，并对承包人的履约过程和行为进行监督、评价，验收图纸和工程，按合同约定支付合同款项；监督承包人按约定的工期、质量标准和合同价格完成建设任务，完整实现合同标的。

3. 项目总承包合同管理模式(EPC/Turnkey Model)

这种模式是由业主与总承包人签订总承包协议，大部分或全部工程项目实施阶段的建设与管理工作均由总承包人负责实施。该协议既是目标合同，又是总价合同；既是建设承包合同，又是管理合同。建设过程的风险由总承包人承担，包括融资、采购、建设、管理、移交中的各种风险。业主只负责特殊情况下必须由业主办理的事项，对总体合同的履行委托代表负责协调与监督，按合同约定接受工程，支付合同价款。FIDIC 规定此类合同不需委托工程师管理。对业主来说，需要时可聘请咨询工程师顾问。此种模式在国内工程建设中很少，是由总承包人聘请监理机构对施工过程进行监理还是由业主委托，目前我国相关规定没有明确。

1.4.3 建设工程合同管理的主要内容

1. 建设工程合同管理的种类

对发包人或监理工程师来说，合同管理的内容分成几个方面。

(1)按合同存在过程分为合同签订管理和合同执行管理。

合同签订管理包括合同签订前管理和合同谈判签订管理两方面内容。合同签订前管理，对监理工程师来说，主要是受发包人委托对投标人的资格、资信和履约能力进行预审，替发包人或协助发包人草拟合同条款或选择适用的标准合同文本。在合同谈判签订中的管理工作，主要是帮助发包人准备谈判所用的资料和文件，主要的合同条款的分析，有关投标人的意图及可能讨价还价的内容，为发包人应采取的策略提供咨询意见，在合同谈判过程中进行协调，维护发包人的权益，使得合同条款能满足双方当事人的要求，通过谈判使各方意见一致。这个阶段监理工程师的工作主要应保证两条，一条是在条款上应维护发包人的正当权益，二是使合同成为有效合同。此外还要对合同成立的条件加以管理，如鉴证或公证，承包人的履约担保等。更确切地说，此阶段的管理工作主要是咨询和服务工作。

合同执行中的管理主要是合同控制，处理有关合同变更、纠纷及索赔事宜等，是监理工程师的合同管理的主要阶段。

(2)按管理内容分为合同履约管理(合同控制)和合同文档管理。

合同履约管理亦称合同控制，就是根据合同条款的规定，在工程施工过程中，对当事人双方的建设行为和工程建设的过程进行有效的控制和监督，保证合同顺利执行。

合同文档管理亦称合同档案管理，属监理档案管理的一部分，是对包括合同在内的，以及与合同有关的文件、信函、电报、电传、传真、电子数据交换和电子邮件，各种记录、证明、录像、照片、纪要、报告、图纸以及说明等进行的归类、编码、整理、存放、保管、检索、分析和使用等系统管理工作。合同档案是工程技术档案的组成部分，是合同履行的真实记录和有效的法律证据，因此，合同档案管理非常重要。

2. 施工阶段合同管理的主要内容

对建设工程来说，发包人的合同管理工作主要是在施工阶段。在此阶段中，合同管理的主要工作如下：

(1)工程分包管理；

(2)工程变更管理；

(3)工程延期管理；
(4)合同索赔管理；
(5)质量与费用管理；
(6)合同纠纷的调解；
(7)合同档案管理。

1.4.4 监理工程师合同管理的主要职责与权限

根据我国有关监理制度和施工合同条件的规定，监理工程师受业主委托进行监理工作的职责范围中包含了合同管理。监理工程师在工程监理中的基本职责与权限，一般应在工程监理委托合同和建设工程合同中给出明确的规定。正如前面述及的那样，监理工程师在施工阶段的监理工作都是与合同管理密切相关的。因此，监理工程师在质量控制、进度控制与费用控制方面的权限与职责亦为合同管理所必备的。但就狭义的合同管理方面的权限与职责来说，主要体现在如下几个方面：

监理工程师合同管理的主要权限：
(1)批准工程分包内容及分包人；
(2)批准工程延期和费用索赔；
(3)发布工程变更令；
(4)签证竣工文件及工程保修证明文件(FIDIC 为颁发移交证书与缺陷责任证书)；
(5)解释合同中有关文件及合同条款。

监理工程师合同管理的主要职责：
(1)熟悉、理解和掌握建设工程合同条款及有关合同文件的内容，认真执行监理合同；
(2)监督承包人和发包人按合同规定的内容履行各自的义务；
(3)加强合同控制，维护发包人的正当利益；
(4)加强合同档案管理，做好合同分析工作，及时、准确地为发包人提供合同履行的信息。

1.4.5 合同管理与建设目标控制

对项目管理者来说，其主要工作是通过采取经济的、技术的、组织的和合同的措施或使用此类手段，对承包人的建设行为和工程施工的过程实施管理，最终实现工程建设目标。因此，一般讲工程项目管理必讲目标控制，似乎项目管理的主要工作就是目标控制。对项目管理而言，目标控制非常重要，但就发包人在施工阶段管理工作的本质而言，其主要的或基本的工作是合同控制及合同管理，而衡量合同标的实现或完成好坏的标准是管理的目标。项目管理三大目标(投资、质量、进度)既产生于合同的约定又受合同执行的制约。所以，项目管理目标控制除了采取科学的和有效的方法和手段外，主要是取决于合同控制或管理的好坏。按照 FIDIC 的管理理念，满足合同要求的行为和过程是可行的，既满足合同要求又达到目标要求的建设行为及施工过程是令工程师满意的，达到这样要求的工程师的工作又是令发包人满意的，因此是理想的。所以合同管理与目标控制相互联系，相互制约，相互依赖，相互作用，相辅相成，统一于工程建设和管理工作的全过程。合同管理是工程项目管理的核心，是工程项目管理的最高层次。项目管理的模式是按合同管理的方式来划分的。合同管理与监理目标控制关系图，如图1-4所示。

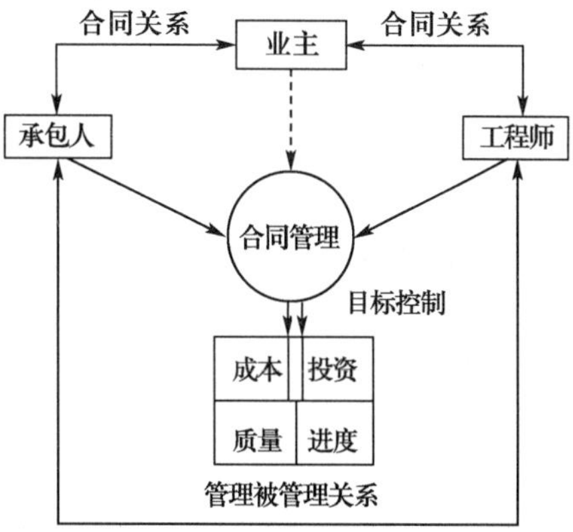

图1-4　合同管理与监理目标控制关系图

需要说明的是，由于我国的有关法律法规对合同当事人的称谓在不同的情况下是不同的，因此在本书的不同章节中将会出现不同的名称。如我国习惯称之为建设单位的一方，在不同的情况下其名称可能有业主（雇主）或项目法人、发包单位或发包人、招标单位或招标方或招标人；与建设单位签订建设工程合同的另一方其名称可能有承包商或承包单位或承包人、投标单位或投标方或投标人，或直接称为勘察单位、设计单位、施工单位、安装单位以及设备供应单位等。这些名称在不同的场合是有差别的。而业主（雇主）和承（分）包商的称谓是借用国外的合同语言。

思考题

1. 试述合同的概念及种类。
2. 试述合同法的概念及调整范围。
3. 试述合同的基本内容及条款。
4. 试述邀约与承诺的概念、特点及法律效力，邀约与邀约邀请的区别。
5. 试述合同的成立与合同的效力。
6. 试述无效合同、可撤销合同和效力待定合同的概念。
7. 试述合同履行的原则与合同欠缺的补救。
8. 试述合同履行中的抗辩权、代位权和撤销权。
9. 试述承担违约责任的方式。
10. 试述建设工程几种承发包模式的特点对比。
11. 如何理解招标、投标和中标与合同订立过程中的邀约邀请、要约和承诺的关系？
12. 公开招标与邀请招标的特点是什么？
13. 为什么“议标”不属于招标的范畴？
14. 采用邀请招标的条件有哪些？
15. 在什么情况下可以自行招标？
16. 为什么说承发包模式决定了合同管理模式，合同管理模式也决定了项目管理模式？
17. 比较几种合同价格模式的使用条件？
18. 如何发挥监理工程师在合同管理中的作用？
19. 阐述合同管理与目标控制的辩证关系。

第 2 章 建设工程招标与投标

学习要点 本章叙述了建设工程招标的一般程序和规定,重点介绍了施工招标和监理招标的做法,也对设计招标、货物采购招标以及国际工程招标做了简单的介绍。通过本章的学习,使读者能够了解建设工程招标的基本概念和流程,熟悉招标投标主要环节和有关法律规定,重点掌握施工招标文件、投标文件的编制要点和评标方法的设计。

2.1 工程建设招标程序与相应规定

工程建设招投标一般要经历招标准备、招标邀请、发售招标文件、组织现场勘察、召开标前会议、投标、开标、评标、定标、签约等过程,如图 2-1 所示。与邀请招标相比,公开招标程序仅是在招标准备阶段多了发布招标公告,进行资格预审的内容。

1. 招标准备

招标准备阶段的工作由招标人单独完成,投标人不参与。主要工作包括以下几个方面:

(1)招标组织准备

招标活动必须有一个机构来组织,这个机构就是招标组织。我国的招标组织主要有三种形式:

①由建设单位的基本建设主管部门(处、科、室、组)或实行建设项目业主责任制的业主单位负责有关招标的全部工作。这些机构的工作人员一般是从各有关部门临时抽调的,项目建成后往往转入生产或其他部门工作。这些机构属于非专业化机构。

②由政府主管部门设立"招标领导小组"或"招标办公室"之类的机构,统一处理招标工作。这种机构常常因政府主管部门过多干预而使其具有较多行政特征。

③如果招标人不具有自行编制招标文件和组织评标的能力,则可以选择招标代理机构,与其签订招标委托合同,委托其代为办理招标事宜。招标代理机构主要是承担招标的

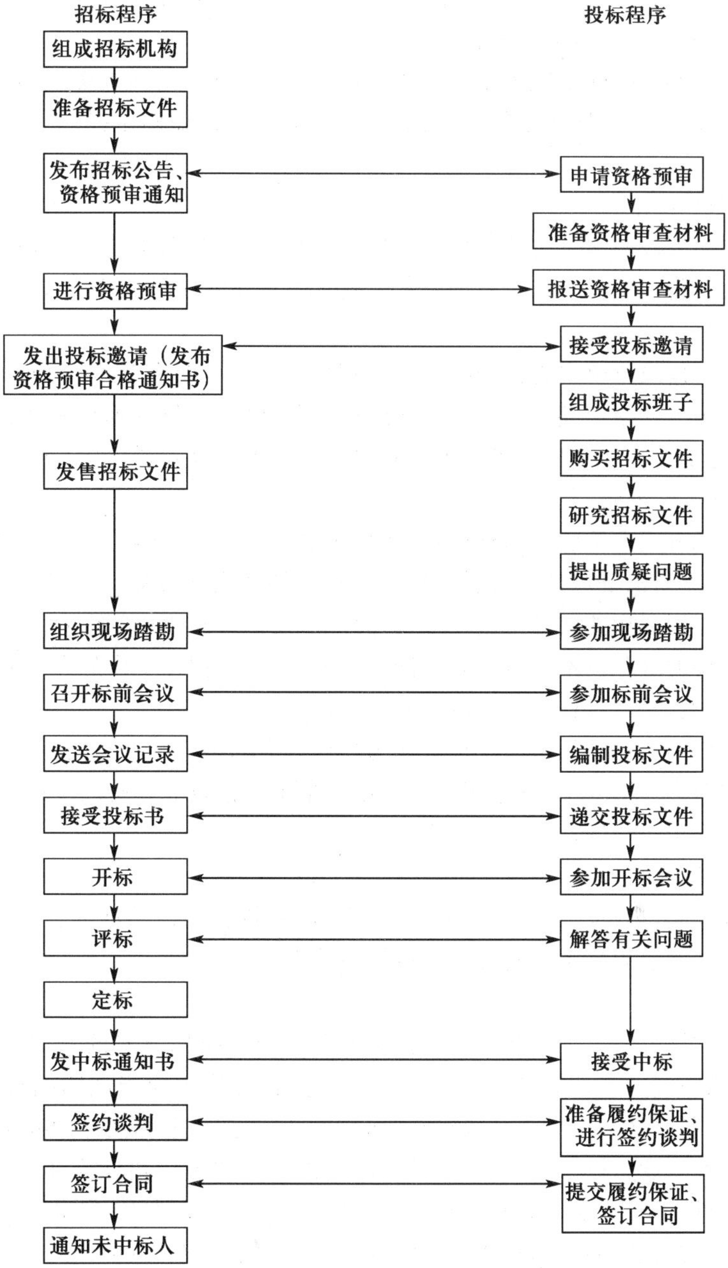

图 2-1　招投标程序图

技术性和事务性工作，决策仍由建设单位做出。目前，这种形式的工作机构由于具有节省人力、提高质量、讲求效率、节省开支等优点而较受欢迎。

所谓的招标代理机构是依法成立的组织，具有从事招标代理业务的营业场所和相应的资金，与行政机关和其他国家机关没有隶属关系，为了保证圆满地完成代理业务，必须取得建设行政主管部门的资质认定。招标代理机构要拥有能够编制招标文件和组织评标的相应专业力量，并建有从事相关工作满八年并具有高级职称或者具有同等专业水平的技术、经济等方面的专家组成的评标专家库。

无论是自行办理招标事宜还是委托招标代理机构办理，招标人都要组织招标领导班子如招标委员会、招标领导小组等，以便能够对招标中的诸如确定投标人、中标人等重大问题进行决策。

(2)招标条件的准备

招标项目如果按照国家有关规定需要履行项目审批手续的，应当先履行审批手续取得批准。同时，项目的现场条件、基础资料及资金等也要能满足相应阶段招标的要求。

(3)办理招标备案

招标人要向建设行政主管部门办理申请招标手续。招标备案文件应说明：招标工作的范围；招标方式；计划工期；对投标人的资质要求；招标项目的前期准备工作的完成情况；自行招标还是委托代理招标等内容。获得认可后才可以开展招标工作。

(4)招标文件的准备

不同的招标方式和不同的招标内容，招标用的文件是不一样的，如公开招标用的文件准备就包括招标公告、资格预审、投标邀请、招标文件乃至中标通知书等在内的全部文件的准备。而邀请招标用的文件中就不含招标公告、投标资格预审等内容。

招标用文件的准备也不一定要全部同时完成，可以随招标工作的进展而跟进，例如中标通知书、落标通知书就可以在评标的同时准备。

招标用文件的核心是发售给投标人作为投标依据的招标文件。招标文件编制的好坏攸关招标的成败，要予以特别的重视。最好由具备丰富招投标经验的工程技术专家、经济专家及法律专家合作编制。

2. 招标邀请

招标方式不同，邀请的程序也不同。公开招标一般要经过招标公告、资格预审、投标邀请等环节。而邀请招标则可直接发出投标邀请书。

(1)招标公告

我国《招标投标法》第十六条规定："招标人采用公开招标方式的，应当通过国家指定的报刊、信息网络或者其他媒介发布招标公告。招标公告中应当载明招标人的名称、地址，招标项目的名称、性质、数量、实施地点和时间，以及获得招标文件的办法等事项。"

在建有工程建设用投标有形市场的地方，建设项目的公开招标应在工程建设招投标有形市场(如建设工程交易中心)发布信息，同时也可通过报刊、广播、电视等新闻媒介发布公告。进行资格预审的，刊登"资格预审通告"。按规定，有审批程序的，应先报招标投标有权管理部门批准，然后才能对外公布。

从国际上招标信息发布的规定来看，大多数国家都有政府指定的媒体发布公共采购的信息，如欧盟的"官方刊物"、亚行及世界银行发布采购信息的"联合国商业发展论坛"，这样可以极大地方便投标人寻找相关信息，使得招标活动能够引起有效的竞争。我国国家发展计划委员会于 1998 年创建了"中国采购与招标信息网(www. chinabidding. gov. cn)"，是官方指定的发布招标信息的网站。

(2)投标资格预审

通过招标公告获得招标信息并有意参加投标竞争者,按照招标公告中关于资格预审要求向招标人申请资格预审,领取资格预审文件,并按资格预审文件的时间、地点及内容要求提交资质证明文件、业绩材料及资格审查表。资格预审的目的就是对潜在的投标人进行资格审查,主要考察该企业总体能力是否具备完成招标工作所要求的条件。公开招标时设置资格预审程序,一是保证参与投标的法人或组织在资质和能力等方面能够满足完成招标工作的要求;二是通过评审,从中择优选出综合实力较强的一批申请投标人,再请他们参加投标竞争,以减小评标的工作量。

招标的内容不同,投标资格预审的内容就会不同;招标的内容相同,但招标对象的规模大小不同,投标资格预审的内容也会有所不同。不过,资格预审的基本内容是一样的,即投标人签约资格和履约能力。

投标资格预审的主要内容包括:

①签约资格。是指投标人按国家有关规定的承接招标项目必须具备的相应条件,如投标人是否是合法的企业或其他组织,有无与招标工程内容相适应的资质,是否正处于被责令停业或财产被接管、冻结或暂停参加投标的处罚期。这是潜在投标人应满足的最低标准。

②履约能力。是指投标人完成招标项目任务的能力,如投标人的财务状况、商业信誉、业绩表现、技术管理水平、人员设备条件、完成类似项目的经验、履行中的合同数量等。

投标资格预审程序包括以下步骤:

①招标人依据项目的特点编写资格预审文件。

投标资格预审文件的内容应包括以下几个方面:

a.资格预审通知。资格预审通知一般都包含在公开招标的公告中。通知内容包括工程项目的名称、建设地点、工程规模、资金来源;对申请资格预审单位的要求;招标人和招标代理机构的名称、工程承包方式、工程招标的范围、工程计划开工和竣工的时间;要求投标人就工程的施工、竣工、保修所需的劳务、材料、设备和服务的供应提交资格预审申请书;获取进一步信息和资格预审文件的机构名称和地址、负责人姓名、购买资格预审文件的时间和价格;资格预审申请文件递交的截止日期、地址和负责人姓名等。

b.资格预审须知。资格预审须知应包括以下内容:

i.总则:在总则中分别列出工程招标人的名称、资金来源、工程名称和地理位置、工程概述(其中包括“初步工程量清单”中的主要项目和估计数量、申请人有资格执行的最小合同规模,以及资格预审时间表等,可用附件形式列出)。

ii.投标人应提供的资料和证明:一般包括申请人的身份及组织机构(包括该公司、合伙人或联合体各方的章程、法律地位、注册地点、主要营业地点、资质等级等原始文件的复印件);申请人在近三年内完成的与本工程相似的工程情况和正在履行的合同的工程情况;管理和执行本合同所配备的主要人员的资历和经验;执行本合同拟采用的主要施工机械设备情况;提供本工程拟分包的项目及拟承担分包项目分包人情况;提供近两年(或按资格预审文件规定的年限)经审计的财务报表,今后两年的财务预测以及申请人出具的允许招标人在其开户银行进行查询的授权书；申请人近两年(或按资格预审文件规定的年限)介入的诉讼情况。

c.资格预审通过的强制性标准：强制性标准以附件的形式列入。它是通过资格预审对列入工程项目一览表中各主要项目提出的强制性要求。包括强制性经验标准(指主要工程一览表中主要项目的业绩要求)，强制性财务、人员、设备、分包、诉讼及履约标准等。达不到标准者，资格预审则不能通过。

d.对联合体提交资格预审申请的要求：对于一个合同项目能凭一家的能力通过资格预审的，应当鼓励以单独的身份参加资格预审。但在许多情况下，对于一个合同项目，往往一家不能单独通过资格预审，需要两家或两家以上组成的联合体才能通过，因此，在资格预审须知中应对联合体通过资格预审做出具体规定，一般规定如下：

对达不到联合体要求的，或企业单位既以单独身份又以所参加的联合体身份向同一合同投标时，资格预审申请将遭到拒绝。

每个联合体的成员应满足的要求是，联合体的每个成员必须各自提交申请资格的全套文件；对于通过资格预审后参加投标的投标文件和以后签订的合同，对联合体各方都产生约束力；联合体协议应随同投标文件一起提交，该协议要规定出联合体各方对项目承担的共同义务和各自的义务，并声明联合体各方提出的参加并承担本项目的责任和份额以及承担其相应工程的足够能力和经验；联合体必须指定某一成员作为主办人负责与招标人联系；资格预审结束后，如新组成的联合体或已通过资格预审的联合体内部发生变化，应征得招标人的书面同意，新的组成或变化不允许从实质上降低竞争力。申请并接受资格预审的联合体不能在提出申请后解体或与其他申请人联合。

e.资格预审评分表。如果资格预审是通过招标领导班子或邀请专家采用评分法来选投标人的，则需要有一个评分表。评分的内容是资格预审表中所列的反映企业资信和能力的内容。招标人根据招标项目的要求确定各评分项目的权重或最高分值，并将每一个评分项目分成若干个评分等级或从最高分到最低分确定若干分值。评分项目的权重或最高分大小反映该评分项目对确定投标人投标资格的重要程度，而评分等级则反映潜在的投标人对该评分项目的满足程度。

f.资格预审合格通知书。对资格预审合格的潜在投标人，要签发资格预审合格通知书，并邀请其参加投标，所以也可称之为投标邀请书。资格预审合格通知书的内容主要告知其资格预审已通过，正式邀请其参加投标，并于何时到何地索购招标文件。

g.致谢信。是发给资格预审不合格的资格预审申请人的通知书，主要内容有告知其本次资格预审工作已经结束，投标人已经选定但其未能入选，致以歉意并感谢支持和参与，希望下次有机会合作。

按规定要审批的，编制好的资格预审文件应报招标投标有权管理部门批准。审查的主要内容为招标项目的合法性，对投标人资格要求的合理性、合法性。如国家对投标人的资格条件有规定的，招标人应以此为标准审查投标人的投标资格。国家规定有强制性标准的，投标人必须符合该标准。但招标人不得以不合理的条件限制或者排斥潜在投标人，不得对潜在投标人实行歧视待遇。

②发布投标资格预审通知。

投标资格预审通知应在招标投标有权管理部门指定的报刊、信息网络或其他媒介上发布，所选的媒介要有足够大的传播面，确保能让招标人所希望范围的潜在投标人获得此信息。

一般情况下，投标资格预审通知是包含在公开招标公告中、作为公告的一项内容发布的。

③发售资格预审文件。

资格预审通知发布后要在指定的时间、地点出售资格预审文件。资格预审文件的发放可以是有偿的，也可以是无偿的，还可以是先收取押金待申请人提交全套的资格预审申请文件后退还押金。如果是有偿的，售价以收取工本费为宜。无论收费还是收押金都是一个目的：要求申请人事先认真考虑，以免出现索取资格预审文件的很多，提交正式资格预审申请文件的却很少的情况。资格预审文件发售的持续时间多为开始发售至接受资格预审申请时间为止。

④对资格预审文件的答疑。

资格预审文件发售之后，购买资格预审文件的投标人可能对资格预审文件提出各种疑问，这种疑问可能是由于投标人对资格预审文件理解困难，也可能是资格预审文件中存在着疏漏或需进一步说明的问题。投标人应将这些疑问以书面方式提交招标人，招标人应以书面方式回答，并同时通知所有购买资审文件的投标人。

⑤申请人填写、递交资格预审申请文件。

申请人完成资格预审表的填写和相关文件、资料的准备后，要写一个致招标人的函件，要求对提交的资格预审表和相关文件资料进行审查，并对其真实性负责。最后不要忘记表示：希望能够通过资格预审，有机会参加投标竞争。一旦投标资格通过预审，一定参加投标。同时还要表示一定尊重招标人的选择，且不要求招标人作出解释。落款由申请人的法定代表人或其代理人签字，并加盖公章。实际上，这是真正意义上的资格审查申请书。

至此，投标资格预审申请文件就编制完成了。按投标资格预审须知上规定的时间地址将资格预审申请文件送达招标人。已报送的资格预审文件在规定的截止日期之后不得做任何修改。

⑥审查与评议。

一般项目招标的投标资格评审工作由招标人内部组成的招标工作班子完成，大项目招标的投标资格评审工作由招标人主持，邀请监理工程师及有关职能管理部门的专家参加，组成评审委员会来完成。

a. 评审标准。资格预审是为了检查、评估投标人是否具备能令人满意的执行合同的能力。只有表明投标人有能力胜任，公司机构健全，财务状况良好，人员技术、管理水平高，施工设备适用，有丰富的类似工程经验，有良好的信誉，才能被招标人认为是资格预审合格。

b. 评审方法。招标人首先要对资格预审申请文件的完整性和真实性进行审查，看是否对资格预审文件作出了实质性的响应，即是否满足资格预审文件的要求。在可能的条件下需作一些调查。只有对资格预审文件作出实质性响应的申请才有资格进一步评审。

资格预审的评审办法可以事先拟订在资格预审通知中公布，也可由评审委员会在评审前确定。采取事先拟订和资格预审通知一并报批、一并公布的办法更有助于资格预审的公正性。

评审可以采用简单多数法或评分法来确定投标人，但首先要确定计划选多少个申请人参加投标。简单多数法是按申请人得票的多少优先入选；而评分法则是按申请人得分高低，从高到低优先入选。如果资格预审采用评分法，就应按一定的评分标准逐项打分。例如，对于满足填报资格预审文件要求的投标人按组织机构与经营管理、财务状况、技术能力、施工经验四个方面逐项打分，并且还应该确定入选的最低资格评议分，只有每项得分超过最低分数线，而且四项得分之和高于最低资格评议分的投标人才能通过资格预审。否则即使名额未满，未达最低资格评议分的申请人，也不得入选。考虑到被批准的投标者不一定都来参加投标这一因素，所以要掌握分寸，不宜过严，选定的投标人一般以 5～9 个为宜。

资格预审时，上述评分的四个方面的每一方面还可以细分为若干因素分别打分。对于施工招标，可参考如下因素：

i. 机构与管理(10 分)：包括公司管理机构的情况；经营方式；以往履约的情况，获得的各种奖励或处罚等；目前和过去涉及诉讼案件的情况。

ii. 财务状况(30 分)：包括平均年营业额或合同额；财务投标能力；流动资金；信贷能力；流动资产与负债比值。

iii. 技术能力(30 分)：包括现场主要管理人员的经验与胜任程度；现场专业技术人员的经验与胜任程度；施工机械的适用性、来源与已使用时间；工程分包情况。

iv. 施工经验(30 分)：包括类似工程的施工经验；类似现场条件下的施工经验；完成类似工程中特殊工作的能力；过去完成类似工程的合同额。

上述各个方面各因素所占评分权重应根据项目的性质以及它们在项目实施中的重要性而定。如复杂的工程项目，人员素质与施工经验应占较大比重，一般的工程则施工设备占较大的比重。

资格预审评审委员会对评审结果要写出书面报告。评审报告的主要内容包括：工程项目概要、资格预审工作简介、资格预审评价标准、资格预审评审程序、资格预审评审结果、资格预审评审委员会名单、资格预审评分汇总表、资格预审分项评分表、资格预审评审细则等。

⑦通知资格预审结果。

对于获得投标资格者，发给资格预审合格通知书或投标邀请书。

对于未能获得投标资格者，发出致谢信。

对于一些开工期要求比较早、工程不算复杂的工程项目，可将资格审查安排在开标后进行(称资格后审)。这样做要基于一个基本估计，即能满足招标公告中要求的资格条件，且有意参加投标的潜在投标人不会太多，否则开标后的资格审查工作量就会很大，费用也高。

不进行资格预审的公开招标，投标人按照招标公告中规定的时间地点直接索购招标文件。

(3)发出投标邀请

无论是公开招标还是邀请招标，被邀请参加投标的法人或者其他组织都不能少于三家，且发出邀请投标的前提都是一样的，即被邀请人的履约能力及资信都是得到招标人认可的。因此，招标人发出投标邀请书必须是严肃的、负责任的行为，一般情况下是不能拒绝被邀请人投标的。

公开招标的投标邀请书是在投标资格预审后向合格的投标人发出的，所以也可以投标资格预审合格通知书的形式代替。但无论是投标邀请书还是投标资格预审通知书都要简单复述招标公告的内容，并突出关于获取招标文件的办法。

在邀请招标的情况下，被邀请人是通过投标邀请书了解招标项目的。所以投标邀请书对项目的描述要详细、准确，保证有必要的信息量，以利于被邀请人决定是否购买招标文件，参加投标竞争。

投标人收到投标邀请书后要以书面形式回复参加投标与否。若决定参加招标，就要立即组成投标班子并开始作投标准备。

3. 发售招标文件

招标文件是招标人编制的，是投标人编制投标文件、进行报价的主要依据。所以招标文件应当根据招标项目的特点和需要编制。招标文件应当包括招标项目的技术要求、对投标人资格审查的标准、投标报价要求和评标标准等所有实质性要求和条件以及拟签订合同的主要条款。

国家对招标项目的技术、标准是有规定的，招标人应当按照其规定在招标文件中提出相应要求。

招标项目需要划分标段、确定工期的，招标人应当合理划分标段、确定工期，并在招标文件中载明。

招标文件一般都包括投标须知、合同条件、标的说明、技术规范要求、各种文件格式等主要内容。但不同的招标对象，具体内容也不一样，如施工招标，还有图纸及工程量清单等。

招标文件的发放有两种形式：一是售给有投标资格的，也即受到投标邀请的投标人。另一种是无偿发给有投标资格的投标人。但习惯做法是收取一定的招标文件押金，待招标结束退还。

投标人收到招标文件，核对无误后要以书面形式确认。投标人要认真研究，若有疑问或对不清楚的问题，应在规定的时间里以书面形式要求招标人作澄清解释。招标人对已发出的招标文件进行必要的澄清或者修改的，应当在招标文件要求提交投标文件截止时间至少 15 日前以书面形式通知所有招标文件收受人。该澄清或者修改的内容为招标文件的组成部分。

4. 组织现场勘察

现场勘察是到现场进行实地考察。招标人组织投标人进行勘察现场的目的在于使投标人了解工程场地和周围的情况，获取其认为有用的信息，核对招标文件中的有关资料和数据并加深对招标文件的理解，以便对投标项目作出正确的判断，对投标策略、投标报价作出正确的决定。为便于解答投标人提出的问题，勘察现场一般安排在投标预备会之前，投标人的问题应在预备会之前以书面形式向招标人提出。

投标人的现场踏勘人员一般可由投标决策人员、拟派现场实施项目的负责人及投标报价人员组成。招标人应向投标人介绍有关施工现场的如下情况：

(1)是否达到招标文件规定的条件；

(2)地形、地貌；水文地质、土质、地下水位等情况；

(3)气候条件，包括气温、湿度、风力、降雨、降雪情况；

(4)现场的通讯、引水、污水排放、生活用电等；

(5)工程在施工现场中的位置；

(6)可提供的施工用地和临时设施等。

招标人通过组织投标人进行现场踏勘可以有效避免合同履行过程中投标人以不了解现场，或招标文件提供的现场条件与现场实际不符为由推卸本应承担的合同责任。

5. 召开标前会议

标前会议也称投标预备会或招标文件交底会，是招标人按投标须知规定时间和地点召开的会议。标前会议上招标人除了介绍工程概况外，还可对招标文件中的某些内容加以修改或予补充说明，以及对投标人书面提出的问题和会议上即席提出的问题给予解答。会议结束后，招标人应将会议记录用书面通知的形式发给每一位投标人。

投标人研究招标文件和现场考察后会以书面形式提出某些质疑问题，招标人可以及时给予书面解答，也可以留待标前会议上解答。但标前会议上招标人可以和投标人共同商讨招标文件中或编标中遇到的共性问题，并达成共识，形成统一的处理办法或统一的编标口径，这将有利于评标，这也是标前会议的重要之处。

无论是会议纪要还是对个别投标人的问题的回答，都应以书面形式发给每一个获得招标文件的投标人，以保证招标的公平和公正。但对问题的答复不用说明问题的来源。无论是招标人以书面形式向投标人发放的任何资料文件，还是投标人以书面形式提出的问题，均应以书面形式予以确认。会议纪要和答复函件形成招标文件的补充文件，是招标文件的组成部分，与招标文件具有同等的法律效力。当补充文件与招标文件的规定不一致时，以补充文件为准。

为了使投标人在编写投标文件时充分考虑招标人对招标文件的修改或补充内容，以及投标预备会会议记录内容，招标人可根据情况在标前会上确定延长投标截止时间。

6. 投标

投标人在获得招标文件后要组织力量认真研究招标文件的内容，并对招标项目的实施条件进行调查。在此基础上结合投标人的实际，按照招标文件的要求编制投标文件。投标文件应当对招标文件提出的实质性要求和条件作出响应。投标文件是投标活动的一个书面成果，它是投标人能否通过评标、决标而签订合同的依据。

两个以上法人或者其他组织可以组成一个联合体，以一个投标人的身份共同投标。联合体各方均应具备承担招标项目的相应能力。国家有关规定或者招标文件对投标人资格条件有规定的，联合体各方均应当具备规定的相应资格条件。由同一专业的单位组成的联合体，按照资质等级较低的单位确定资质等级。联合体各方应当签订共同投标协议，明确约定各方拟承担的工作和责任，并将共同投标协议连同投标文件一并提交招标人。联合体中标的，联合体各方应当共同与招标人签订合同，就中标项目向招标人承担连带责任。但招标人不得强制投标人组成联合体共同投标，不得限制投标人之间的竞争。

投标人应当在招标文件要求提交投标文件的截止时间前，将投标文件送达招标文件规定的投标地点。招标人收到投标人所递送的投标文件后，应当签收或通知投标人，并记录收到日期和时间，并采取措施保证投标文件不会被启封或遗失。在招标文件要求提交投标文件的截止时间后送达的投标文件，招标人应当拒收。投标人在招标文件要求提交投标文件的截止时间前，可以补充、修改或者撤回已提交的投标文件，并书面通知招标人。补充、修改的内容为投标文件的组成部分。

7. 开标

公开招标和邀请招标均应举行开标会议。开标是同时公开各投标人报送的投标文件的过程。这是招标投标公开性、公平性原则的重要体现。

开标应当在招标文件中确定的提交投标文件截止时间的同一时间公开进行，开标地点应当为招标文件中预先确定的地点，由招标人主持开标会议。已建立建设工程交易中心的地方，开标应当在建设工程交易中心举行。所有投标人均应参加开标会议，并邀请项目建设有关代表出席，招标投标管理机构派人监督开标活动。开标时，由投标人或其推选的代表检验投标文件的密封情况。确认无误后，如果有标底应首先公布，然后由工作人员当众拆封，宣读投标人名称、投标价格和投标文件的其他主要内容，这一过程称之为唱标。所有在投标致函中提出的附加条件、补充声明、优惠条件、替代方案等均应宣读。如果有标底也应公布。开标过程应当记录，并存档备查。开标后，任何人都不允许更改投标书的内容和报价，也不允许再增加优惠条件。如果招标文件中没有说明评标、定标的原则和方法，则在开标会议上应予以说明，投标书经启封后不得再更改评标、定标的办法。

如果在开标会议上发现有下列情况之一者，应当作为无效投标文件，宣布投标书为废标，不再进入评标：

(1)投标书未按招标文件中要求予以密封；

(2)投标文件逾期送达；

(3)投标文件未加盖投标人企业及企业法人印章，或者企业法定代表人委托代理人没有合法、有效的委托书及委托代理人印章；

(4)投标文件的关键内容字迹模糊、无法辨认；

(5)投标人不参加开标会议的标书；

(6)投标人未按照招标文件的要求提供投标保证金或者投标保函。

8. 评标

（1）评标委员会

评标由招标人依法组建的评标委员会负责。评标委员会的负责人由招标人的法定代表人或者其代理人担任。评标委员会的组成由招标人、上级主管部门和受聘的专家组成，如果委托招标代理或者工程监理的，应当有招标代理、工程监理单位的代表参加，成员人数为五人以上单数，其中技术、经济等方面的专家不得少于成员总数的三分之二。

评标专家须由从事相关领域工作满8年，并具有高级职称或者具有同等专业水平的工程技术、经济管理人员担任，并实行动态管理。依法必须进行招标的项目，其技术、经济方面的专家由招标人从国务院有关部门或省、市、自治区、直辖市人民政府有关部门提供的专家名册或者招标代理机构的专家库内的相关专业的专家名单中确定；一般招标项目可以采取随机抽取方式，特殊招标项目可以由招标人直接确定。评标专家库应当拥有相当数量符合条件的评标专家，并且可以根据需要，按照不同的专业和工程分类设置专业评标专家库。

工程招标投标监督管理机构依法实施监督。专家评委与该工程的投标人不得有隶属或者其他利害关系，以保证评标的公平性和公正性。专家评委在评标活动中有徇私舞弊、显失公正行为的，应当取消其评委资格。评标委员会成员的名单在中标结果确定之前应当保密。

（2）评标方法

评标时，首先要对投标文件进行符合性审查，一般由招标工作人员协助评委会完成。重点是审查投标书是否实质上响应了招标文件的要求。主要审查内容包括投标资格（适用于采取资格后审招标的评标）、投标文件完整性、与招标文件有无显著的差异和保留。如果投标文件实质上不响应招标文件的要求，将作无效标处理，不得进行下一阶段的评审，且不允许投标人通过修改或撤销其不符合要求的差异或保留，使之成为实质性响应招标文件的投标书。

此外还要审查投标担保的有效性、报价计算的正确性等。对于报价计算错误，通常的修正原则是阿拉伯数字表示的金额与文字大写金额不一致的，以文字表示的金额为准；单价与数量的乘积之和与总价不一致的，以单价计算值为准；标书副本与正本不一致的，以正本为准。计算错误的修改一般由评标委员会负责，但改正后一定要投标人的代表签字确认。投标人拒绝确认，按投标人违约对待，没收其投标保证金。没有通过符合性审查的投标书不得进入下一阶段的评审。

符合性审查结束后，就进入详细评审阶段，这是评标的核心工作。评标方法可由招标人决定，并在招标文件中载明。对于大型或技术复杂的工程，可以采用技术标、商务标两阶段评标法。一般中小型招标项目则技术评审和商务评审合在一起进行。对于大型的尤其是技术复杂的招标项目，技术评审和商务评审是分开进行的，且技术评审耗时长。

（3）评标报告

评标委员会完成评标后，汇总技术评审和商务评审的结果，即可得出一个综合评审意见，形成评标报告，交招标人作为日后选择中标人的决策依据。

评标报告由评标委员会编写，一般包括下列主要内容：

(1)招标情况，包括工程概要、招标范围和招标的主要过程。

(2)开标情况，包括开标的时间、地点、参加开标会议的单位和人员，以及唱标等情况。

(3)评标情况，包括评标委员会的组成人员名单、评标过程、评标依据、评审内容、评审方法、评审结论等。

(4)对投标人的评标结果排序，提出推荐的中标候选人及评委会存在的主要分歧点。中标候选人一般推荐2～3名，并说明理由。

评标报告须经评标委员会全体成员签字确认。

如果评标委员会经过评审，认为所有投标都不符合招标文件的要求，可以否决所有投标。出现这种情况后，招标人应认真分析招标文件的有关要求以及招标过程，对招标工作范围或招标文件的有关内容作出实质性修改后重新进行招标。

评标的过程要保密。评标委员会成员和评标有关的工作人员不得私下接触投标人，不得透露评审、比较标书的情况，不得透露推荐中标候选人的情况以及其他与评标有关的情况。

评标委员会成员应当客观、公正地履行义务，遵守职业道德，对所提出的评审意见承担个人责任。

9. 定标

定标是招标人享有的选择中标人的最终决定权、决策权。招标人应当根据评标委员会的评标报告，在推荐的中标候选人名单中确定中标人。对于特大型、特复杂且标价很高的招标项目，也可委托咨询机构对评标结果再作评估，在此基础上招标人再作决策。这样做无疑提高了定标的正确性，减少了招标人的风险，但也带来招标时间长、费用大等问题。对于中、小型招标项目，招标人可以授权评标委员会直接选定中标人。

实行合理低标价法评标的，在满足招标文件各项要求的前提下，投标报价最低的投标人应当成为中标人；实行综合评议法的，一般由得票最多或者得分最高的投标人中标。

招标人保留定标审批权和中标通知书的签发权。但评委会在评标定标中无明显的失误和不当行为时，招标人应尊重评标委员会的选择。

招标人不得在评标委员会依法推荐的中标候选人以外确定中标人，也不得在所有投标书被评标委员会依法否决后自行确定中标人，否则所作的中标决定无效，并要被处以中标价5‰到10‰的罚款，且责任人将依法受到处罚。

在评标委员会提交评标报告后，招标人应当在招标文件规定的时间内完成定标。

10. 签发中标通知书、订立书面合同

定标之后招标人应及时签发中标通知书。投标人在收到中标通知书后要出具书面回执，证实已经收到中标通知书。

中标通知书的主要内容有中标人名称，中标价，商签合同时间、地点，提交履约保证的方式、时间。中标通知书的实质内容应当与中标人投标文件的内容相一致。

中标通知书对招标人和中标人具有法律效力。自中标通知书发出之日30日内，招标人应当与中标人签订合同，合同价应当与中标价相一致，合同的其他主要条款，应当与招标文件、中标通知书相一致。招标人和中标人不得再行订立背离实质性内容的其他协议。

中标后，除不可抗力外，中标人拒绝与招标人签订合同的，招标人可以不退还其投标保证金，并可以要求其赔偿相应的损失；如果招标人拒绝与中标人签订合同，应当双倍返还其投标保证金，并赔偿相应损失。

中标人与招标人签订合同时，应当按照招标文件要求，向招标人提交履约保证。履约保证可以采用银行履约保函（一般为合同价的5%至10%），或者其他担保方式（一般为合同价的10%至20%）。招标人应当向中标人提供工程款支付担保。在中标人按规定提供了履约担保后，招标人应及时将未中标的结果通知其他投标人，并退还他们的投标保证金或投标保函。

依法必须进行招标的项目，招标人应当自确定中标人之日起15日内向有关行政监督部门提交招标投标情况的书面报告，并且中标通知书应由招标监管部门确认后发出。

2.2 建设工程施工招标与投标

2.2.1 施工招投标概述

1. 施工招标的特点

施工招标是指招标人通过适当的途径发出确定的施工任务发包的信息，吸引施工企业投标竞争，从中选出技术能力强、管理水平高、信誉可靠且报价合理的承包商，并以签订合同的方式约束双方在施工过程中行为的经济活动。施工招标的最明显特点是发包工作内容明确具体，各投标人编制的投标书在评标中易于横向对比。虽然投标人是按招标文件的工程量表中既定的工作内容和工程量编制报价，但报价高低一般并不是确定中标人的唯一条件，投标实际上是各施工单位完成该项目任务的技术、经济、管理等综合能力的竞争。

2. 施工合同数量的划分

对于大型工程建设项目的施工招标，由于有能力参与竞争的投标人很少，因此可以分成几个部分招标，也即分成几个标段招标。如果招标人有足够的管理能力，也可以将全部施工内容分解成若干个单位工程和特殊专业工程分别发包。这样可以发挥不同投标人的专业特长，从而增强投标的竞争性，而且每个独立的合同要比总承包合同更容易落实。即使出现问题也是局部的，易于纠正或补救。但招标发包的数量多少要适当，否则会给招标工作和施工阶段的管理工作带来麻烦或不必要的损失。

依据工程特点和现场条件划分合同包的工作范围时，主要应考虑以下因素的影响：

(1)施工内容

由于工程项目中部分内容专业性要求较高，例如既有土建工程又有设备安装工程的，则可以分开招标。土建施工可采用公开招标，在较广泛的范围内选择技术水平高、管理能力强而报价又合理的投标人实施。设备安装工程则由于专业技术要求较高，可采用邀请招标的方式选择有能力的施工单位。

(2)施工现场条件

划分合同包时应充分考虑施工过程中几个独立承包人同时施工可能发生的交叉干扰。如果准备招标的工程场地比较集中，工程量不大，技术上不是特别复杂，一般不宜分标。如果工作场地分散，工程量较大，有一些特殊的工程技术要求时则可以考虑分标。现场施工应尽可能避免平面或不同高程作业的干扰，还需要考虑各合同施工中在空间和时间的衔接，避免两个合同交界面工作责任的推诿或扯皮，以及关键线路上的施工内容划分在不同合同包时要保证总进度计划目标的实现。

从现场布置角度看，承包商越少越好。分标时一定要考虑施工现场的布置如何才能减少干扰。对各个承包商的料场分配、附属企业、生活区安排、交通运输甚至弃渣场地等都应作出细致的安排。

(3)对工程造价的影响

合同数量划分的多少对工程总造价的影响不可以一概而论，应根据项目的具体特点进行客观分析。一般来说，一个工程由一家承包商施工，不但干扰少、便于管理，而且由于临时建筑工程少，人力、机械设备可以统一调配使用，可以获得比较低的工程报价。划分合同数量较多时，各投标书的报价均要分别考虑动员准备费、施工机械闲置费、施工干扰的风险费等。但是，对于一个大型的、复杂的工程项目(如大型水电站工程)，对承包商的施工经验、施工能力、施工设备等方面都要求很高，在这种情况下，如果不分标就可能使有能力参加此项目投标的承包商数大大减少，投标竞争对手的减少，很容易导致报价的上涨，反而不能获得比较合理的报价。

(4)其他因素

其他影响工程分标的因素也很多，例如资金问题，当资金筹措不足时，只有实行分标，先进行部分工程招标。

总之，分标时对上述因素要综合考虑，可以拟订几个分标方案，进行综合比较后确定。但根据我国法律法规规定，不允许将单位工程肢解成分部、分项工程进行招标。

2.2.2 工程施工招标文件

1. 招标文件的编制

招标文件的编制是招标准备工作中最重要的一个环节。招标文件是提供给投标人的投标依据，投标人要根据招标文件介绍的工程情况、合同条款等内容进行投标报价。而且招标文件是签订工程合同的基础，招标文件将成为合同文件的组成部分。尽管招标过程中，招标人可能对招标文件进行补充和修改，但基本内容是不会改变的。因此，要求招标文件编制得完整、系统、准确、明了，使投标人能够充分了解自己应尽的职责和享有的权益。招标文件的主要内容与通用格式如下。

工程施工招标文件一般包含十个方面的内容，即：投标邀请书、投标人须知、合同条件、技术规范、投标书和投标保证金格式、工程量清单、合同协议书、各类保证、资料表、图纸等。

(1)投标邀请书

投标邀请书是用来邀请资格预审合格的投标人,按照招标人规定的条件和时间前来投标。

(2)投标人须知

在投标须知中应写明:招标项目的资金来源;对投标的资格要求;招标文件和投标文件澄清程序,对投标文件的内容、使用语言的要求;投标报价的具体项目范围及使用币种;投标保证金的规定;投标的程序、截止日期、有效期;开标的时间、地点;投标书的修改与撤回的规定;评标的标准及程序等等,便于投标人做好投标工作安排。

(3)合同条件

合同条件也称合同条款,它是合同中商务条款的重要组成部分。合同条件主要是论述在合同执行中当事人双方的职责范围、权利和义务、监理工程师的职责和授权范围,遇到各类问题时,各方应遵循的原则及采用的措施等。一般国内工程施工合同都采用标准合同文本,如国家工商行政管理局和建设部新颁发的《建设工程施工合同文本》(GF—1999—0201)中的“合同条件”。

(4)工程技术要求与工程技术规范

工程技术要求和技术规范、图纸和工程量清单三者都是投标人在投标时必不可少的资料。投标人依据这些资料才能拟定施工规划,包括施工方案、进度计划、施工工艺等,并据之进行工程估价和确定投标价。它是招标文件中一个非常重要的组成部分。因此,在拟定技术要求和规范时,既要满足设计要求,保证工程的施工质量,又不能过于苛刻。因为太苛刻的技术要求必然导致投标人提高投标价格。

工程技术要求一般包括:①一般规定,如对工程承包的范围、项目、内容,图纸,现场测量、现场试验等的技术说明和要求;②工程量及计算说明;③主要材料、设备规格与技术要求。这些对投标人正确理解招标文件和图纸,准确报价至关重要,也为施工管理和监理提供依据。

工程技术规范是施工中必须严格遵守或执行的具有约束力的技术规定性和标准性文件。技术规范和图纸两者反映了招标人对工程项目应达到的技术要求,也是施工过程中承包人控制质量和监理工程师检查验收的主要依据。严格按规范施工与验收才能保证最终获得合格的工程产品。

编写技术规范时一般可以引用国家有关各部正式颁布的规范,往往还需要由咨询工程师再编制一部分具体适用于本工程的技术要求和规定。正式签订合同之后,承包人必须遵循合同列入的规范要求。技术规范一般包含下列内容:工程的全面描述、工程所采用材料的要求、施工质量的要求、工程计量方法、验收标准和规定、其他不可预见因素的规定。

(5)图纸

图纸是招标文件和合同的重要组成部分,是投标人在拟订施工方案、确定施工方法以及提出替代方案、计算投标报价必不可少的资料。图纸的详细程度取决于设计的深度与合同的类型。详细的设计图纸能使投标人比较准确地计算报价。实际上，在工程施工中常常需要陆续补充和修改图纸，这些补充和修改的图纸均须经监理工程师签字后正式下达，才能作为施工及结算的依据。

(6)工程量清单

工程量清单是将合同规定要实施的工程全部项目和内容，按工程部位、性质等列在一系列表内。工程量清单实际上是表明分部分项工程工程量、但尚未填入单价的预算书。采用工程量清单组织招标时，招标人在编写招标文件时，必须同时编制工程量清单，提供给投标人用于投标报价。工程量清单由具有编制招标文件能力的招标人或其委托的具有相应资质的工程造价咨询机构、招标代理机构编制。编制工程量清单的主要工作是根据设计资料确定拟建工程需要计算的分部分项工程项目，并且计算填写每个分项工程的工程量。

采用工程量清单组织招标，是国际工程招标的惯例做法。但在我国，近年来才开始使用这种方法，目前正在逐步推行。推行这种方法是为了与国际惯例接轨，允许投标人根据工程量自主报价，平衡发包人与承包人对工程量和价格的风险分担，实现企业自主报价、市场确定价格的改革目标。我国于2003年2月颁发了《建设工程工程量清单计价规范》(GB50500—2003)，规定工程量清单应由分部分项工程量清单、措施项目清单、其他项目清单组成。其中在分部分项工程量清单中，招标人应按规范的规定确定每一分项工程工程量。措施项目清单由投标人根据拟建工程项目的具体情况，参照规范列项。

①分部分项工程量清单的编制

a. 分部分项工程量清单包括的内容，应满足两方面的要求，一是满足规范管理、方便管理的要求；二是满足计价的要求，要做到四个统一，即：工程项目编码统一、工程项目名称统一、计量单位统一和工程量计算规则统一。

b. 分部分项工程量清单编码以12位阿拉伯数字表示，前9位为全国统一编码，编制分部分项工程量清单时应按附录中的相应编码设置，不得变动，后3位是清单项目名称编码，由清单编制人根据设置的清单项目编制。

c. 分部分项工程量清单项目名称的设置应考虑：计价规范附录中的名称、项目特征和拟建工程实际情况。凡附录中没有的项目，分部分项工程量清单编制人可作补充并标识“补”字。

d. 注意分部分项工程量清单项目的划分是以“综合实体”考虑的，一般包括了多项工程内容，其工程量计算规则与以往的按“预算定额”计算工程量的规则是有区别的。

②措施项目清单的编制

a. 措施项目清单除工程本身外，还涉及地质、水文、气象、环境保护、安全与文明施工等因素和承包人的企业实际情况。

b. 设置措施项目的影响因素很多，可能在措施项目一览表中不能一一列出，可允许清单编制人补充项目并标识“补”字。

③其他项目清单的编制

a. 其他项目清单是指分部分项工程量清单、措施项目清单内容以外的，因招标人的特殊要求而发生的与拟建工程有关的其他费用项目和相应数量的清单。包括招标人部分的预留金、材料购置费，属于承包人部分的总包服务费和零星工作费等。除此之外的，编制人可做补充，分列在清单最后并标识“补”字。

b. 预留金项目是为可能发生的工程变更而设置的预留金额，包括工程量清单的漏项、设计缺陷引起的工程量增加或设计变更造成的标准提高或数量增加。

c. 为了准确计价，零星项目应详细列出人工、材料、机械名称和相应数量。

(7)投标书格式和投标保证金格式

投标书是由投标人充分授权的代表签署的一份投标文件。投标书是对招标人和承包人均有约束力的合同的一个重要组成部分。投标书包含投标书及其附录，一般由招标人或咨询工程师拟定好固定的格式，由投标人填写。投标保证金格式可在招标文件的附录中给出。

(8)补充资料表

补充资料表是招标文件的一个组成部分，其目的是通过投标人填写招标文件中拟定好格式的各类表格，得到所需要的相当完整的信息。通过这些信息既可以了解投标人的各种安排和要求，便于评标进行比较，又便于在工程准备和施工过程中做好各种计划和安排。常用的各类补充资料表包括：项目经理简历表；主要施工管理人员表；主要施工机械设备表；项目拟分包情况；劳动力计划表；现金流动表；施工方案或施工组织设计；施工进度计划表；临时设施布置及临时用地表；其他。

(9)合同协议书

由招标人在招标文件中拟定好具体的格式，然后在中标人与招标人谈判达成一致协议后签署，投标时不需填写。常见的合同协议书格式如下：

合同协议书

本协议由______(以下简称发包方)与______(以下简称承包方)于______年______月______日商定并签署。

鉴于发包方拟修建______(工程简述)，并通过______年______月______日的中标通知书接受了承包方以人民币______元为本工程施工、竣工和保修所作的投标，双方达成如下协议：

1. 本协议中所用术语的含义与下文提到的合同条件中相应术语的含义相同。

2. 下列文件应作为本协议的组成部分：

合同协议书

中标通知书

投标书及其附录

合同专用条件

合同通用条件
投标人须知
技术规范
图纸
已标价的工程量清单
辅助资料表
其他

3.上述文件应互为补充和解释，如有不明确或不一致之处，以上面所列顺序在前者为准。

4.考虑到发包方将按下条规定付款给承包方，承包方在此与发包人立约，保证全面按合同规定承包本工程的施工、竣工和保修。

5.考虑到承包方将进行本工程的施工、竣工和保修，发包方在此立约，保证按合同规定的方式和时间付款给承包方。

为此双方代表在此签字并加盖公章。

发包方代表：(签字、盖章)	承包方代表：(签字、盖章)
发包方：(盖章)	承包方：(盖章)
地址：	地址：
法定代表人：	法定代表人：
委托代理人：	委托代理人：
开户银行	开户银行
账号：	账号
电话：	电话：
电传：	电传：
邮政编码：	邮政编码：

建设行政主管部门意见：
经办人：审查机关(盖章)

______年______月______日

---

(10)履约保证金和动员预付款保函

履约保证金一般有两种形式，即银行保函和履约担保。银行保函又分为无条件银行保函和有条件银行保函。无条件银行保函无须招标人提供任何证据，招标人在任何时候提出声明，认为承包人违约而提出索赔的日期和金额，在保函有效期和保证金额限额之内，银行即无条件履行保证，进行支付，承包人不能要求银行止付。当然，招标人也要承担由此引起的争端、仲裁或诉讼的法律后果。有条件银行保函是银行在支付之前，招标人必须提出理由，指出承包人不能履行其义务或违约并出示证据，提供所受损失的计算数值等。一般来讲，银行不愿意承担这种履约保函，招标人也不喜欢这种保函。

银行保函格式和履约担保格式如下：

银行履约保函(无条件)

_______________________:(建设单位名称)

鉴于______(下称“承包单位”)已保证按______(下称“建设单位”)______工程合同施工、竣工和保修该工程(下称“合同”)。

鉴于你方在上述合同中要求承包单位向你方提交下述金额的银行开具的保函作为承包单位履行本合同责任的保证金;

本银行同意为承包单位出具本保函;

本银行在此代表承包单位向你方承担支付人民币______元的责任,承包单位在履行合同中,由于资金、技术、质量或非不可抗力等原因给你方造成经济损失时,在你方以书面形式提出要求得到上述金额内的任何付款时,本银行即予支付,不挑剔、不争辩、也不要求你方出具证明或说明背景、理由。

本银行放弃你方应先向承包单位要求赔偿上述金额,然后同意向本银行提出要求的权利。

本银行进一步同意在你方和承包单位之间的合同条件、合同项下的工程或合同发生变化、补充或修改后,本银行承担本保函的责任也不改变,有关上述变化、补充和修改也无须通知本银行。

本保函直至保修责任证书发出后28天内一直有效。

银行名称:(盖章)

银行法定代表人:(签字、盖章)

地址:

邮政编码:

______年______月______日

履约担保书

根据本担保书,投标人______作为委托人和______(担保单位名称)作为担保人向债权人______(下称“建设单位”)承担支付人民币的责任,承包单位和担保人均受本履约担保书的约束。

鉴于承包单位已于______年______月______日向建设单位递交了______工程的投标文件,愿为投标人在中标后(下称“承包单位”)同建设单位签署的工程承包合同担保。下文中的合同包括合同规定的合同协议书、合同文件、图纸、技术规范等。

本担保书的条件是:如果承包单位在履行上述合同中,由于资金、技术、质量或非不可抗力等原因给建设单位造成经济损失时,当建设单位以书面形式提出要求并在上述金额内的任何付款时,担保人将迅速予以支付。

本担保人不承担大于本担保书限额的责任。

除建设单位外,任何人都无权对本担保书的责任提出履约要求。

本担保书直至保修责任证书发出后 28 天内一直有效。

承包单位和担保的法定代表人在此签字、盖公章，以资证明。

担保单位：(盖章)

法定代表人：(签字、盖章)

投标人：(盖章)

法定代表人：(签字、盖章)

______年______月______日

如果在招标文件中规定了招标人向承包人提供动员预付款(一般为合同总价的 10% 到 15%)，则承包人应开具银行动员预付款保函，招标人得到此保函后，才能支付预付款。

2. 编制招标文件的原则

(1)招标文件在编制时应遵守国家的法律和法规。

(2)招标文件应公正地处理招标人和承包人的权益，要使承包人能获得合理的利润。如果不恰当地将过多的风险转移给承包人一方，势必迫使承包人加大风险金，提高投标报价，最终还是招标一方增加支出。

(3)招标文件应正确地、详细地反映项目的客观情况，以使投标人的投标能建立在可靠的基础上，最大限度地减少履约过程中可能产生的争议。

(4)招标文件包括的众多内容应力求统一，尽量减少和避免相互矛盾，招标文件的矛盾有可能为承包人创造索赔机会。招标文件用语应力求严谨、明确，以便在产生争端时易于根据合同条件判断解决。

2.2.3　标底

1. 标底的概念

标底是建筑安装工程造价的表现之一，它是由招标人自行编制或委托具有编制标底能力的工程造价咨询机构或招标代理机构编制，并按规定经审定后的招标工程预期价格。

2. 标底的作用

标底是招标人编制的评标依据。从广义上讲，招标标底不仅包括标底价格，还包括标底工期和标底质量等级；狭义上讲，招标标底专指标底价格。

招标标底是招标人对拟建工程的期望价格，也是招标人用来衡量投标人投标报价的基准价格。和施工图预算一样，招标标底由成本(直接费、间接费)、利润和税金构成。

招标的评标可以采取有标底评标方式，也可以采取无标底评标的方式。招标标底不是招标过程中必备的文件。我国的《招标投标法》并没有规定必须编制招标标底。如果招标人编制招标标底，评标时要参考招标标底对投标人的投标报价进行评议。如果招标人不编制招标标底，则称为无标底招标。

所谓无标底招标是指招标人在开标前不编制招标标底，不以招标人事先准备好的招标标底为基准来评标的一种招标方法。我国自实行工程量清单报价以来，越来越多的地方开始淡化标底，实行无标底招标。采用这种方法招标，一般是采用以经评审的最低投标价格中标的方法，或采用以投标报价的平均价为基准来进行评标的方法。推行无标底招标的目的是为了防止标底泄露妨碍招标的公正进行，也为了避免标底不准确影响招标的公正进行。

3. 编制标底的原则

招标标底的编制应当遵循以下原则：

（1）根据国家公布的《工程量清单计价规范》，统一工程项目划分、统一计量单位、统一计算规则以及施工图纸、招标文件，并参照国家、行业、地方规定的技术标准规范确定工程量，同时参考各地的预算定额以及主要材料的市场价格确定标底价格。

（2）标底作为建设单位的期望价格，应力求与市场的时间变化吻合，要有利于竞争和保证工程质量。要按照市场价格行情客观、公正地确定标底价格，绝不能故意低估或高估标底价格。

（3）标底应由成本、利润、税金等组成，应控制在批准的总概算及投资包干的限额内。

（4）标底应考虑人工、材料、设备、机械台班等价格变化因素，还应包括不可遇见费（特殊情况）、预算包干费、措施费（赶工措施费、施工技术措施费）、现场因素费、保险以及采用固定价格的工程风险金等。工程要求优良的还应增加相应的费用。

（5）一个工程只能编制一个标底，绝不能编制多个标底和评标时任意选择标底。

（6）标底编制完成后，应密封报送招标管理机构审定。审定后必须及时妥善封存，直至开标时，所有接触过标底价格的人员均负有保密责任，不得泄露。招标人或其委托的标底编制单位泄露标底的，要按《招标投标法》的有关规定处罚。

4. 编制标底的主要依据

招标标底的编制依据，与施工图预算的编制依据基本相同。根据《建设工程施工招标文件范本》规定，标底的编制依据主要有：

（1）招标文件的商务条款。

（2）工程施工图纸、工程量计算规则。

（3）施工现场地质、水文、地上情况的有关资料。

（4）施工方案或施工组织设计。

（5）现行工程预算定额、工期定额、工程项目计价及取费标准、国家或地方价格调整文件规定等。

（6）招标时建筑安装材料及设备的市场价格。

5. 招标标底的编制方法

当前，我国建设工程施工招标标底主要采用工料单价法和综合单价法来编制。

（1）工料单价法

采用此种方法时，分部分项工程量的单价为直接费单价。直接费单价以人工、材料、机械的消耗量及其相应价格确定。间接费、利润、税金按照有关规定另行计算。

（2）综合单价法

采用综合单价法编制标底，其各分部分项工程的单价为全费用单价。全费用单价应包括人工费用、材料费、机械费、间接费、有关文件规定的调价、利润、税金以及风险金等全部费用。综合单价确定后，再与各分部分项工程量相乘汇总，即可得标底价格。如果采用工程量清单计价方式应采用综合单价法。

①一般住宅和公用设施工程中，以平方米包干为基础编制标底。这种标底主要适用于采用标准图大量建造的住宅工程。一般做法是由地方工程造价管理部门经过多年实践，对不同结构体系的住宅造价进行测算分析，制定每平方米造价包干标准。在具体工程招标时，再根据装修、设备情况进行适当的调整，确定标底综合单价。考虑到基础工程因地基条件不同而有很大差别，平方米造价多以工程的±0.00以上为对象，基础及地下室仍以施工图预算为基础编制标底，二者之和构成完整标底。

②在工业项目工程中，尽管其结构复杂、用途各异，但整个工程中分部工程的构成则大同小异，主要有土方工程、桩基工程、砌筑工程、混凝土及钢筋混凝土工程、防腐防水工程、管道工程、金属结构工程、机电设备安装工程等。按照分部工程分类，在施工图、材料、设备及现场条件具备的情况下，经过科学的测算，可以得出综合单价。有了这个综合单价即可计算出该工业项目的标底。

如果采用总价合同，招标标底的编制可以根据招标文件的要求选择工料单价法或综合单价法，如果采用单价合同，招标标底的编制应该采用综合单价法。

6. 拦标价与最高限价

拦标价是在招标投标活动中，为防止投标人的报价超出招标人设定的价格控制范围导致招标失败而预先设定的投标报价限额。拦标价是根据地方消耗量定额及地方工程造价主管部门或网刊发布的指导价格，并考虑市场价格的波动等风险因素，按给定的工程量清单计算得出的，比社会平均水平稍高，是投标报价的上限，投标人不能随意超过，否则其投标将被招标人拒收或由评标委员会判定为废标；拦标价也是政府或招标人控制投资的一种手段。

最高限价是招标文件事先规定的一个投标报价不能突破的最高限额，与拦标价作用相同。区别在于拦标价可以在开标时与投标报价一同公布。若事先写入招标文件，则为最高限价。

设立拦标价的目的是为了防止投标人围标、串标并借此抬高标价等违背法律法规规定和背离招标投标活动公平竞争行为原则的事件发生，将报价控制在合理的范围内，保障招标人的合法利益。

拦标价可以参照标底或按标底的编制方法考虑投资概算限额与社会价格水平以及竞争状态设定。但要在招标文件中事先告知评标方法。至于招标中是否设立拦标价与是否编制标底一样，不是招标活动中法定内容，完全由招标人自主设定。

2.2.4 施工投标

工程施工投标，是指施工企业根据业主或招标人发出的招标文件的各项要求，提出满足这些要求的报价及各种与报价相关的条件。投标是建筑企业取得工程施工合同的主要途径，投标文件就是对业主发出的要约的承诺。投标人一旦提交了投标文件，就必须在招标文件规定的期限内信守自己的承诺，不得随意反悔或拒不认账，因为投标是一种法律行为，投标人必须承担中途反悔撤出的经济和法律责任。施工投标的主要工作包括如下内容：

1. 投标前期准备工作

投标前期的准备工作主要包括获取投标信息与前期投标决策。目的是从众多市场招标信息中确定选择哪个项目作为决策对象。

（1）查证信息并确定信息的可靠性

要参加投标的企业，在决定投标对象时，必须认真分析验证所获得信息的可靠性。我国目前在建筑市场上有一些被称为“空手道”的“中介人”或“信息公司”颇为活跃，他们往往利用施工企业由于任务不足而饥不择食的心理，使用虚假信息进行欺骗活动。我国有些建筑公司为了跟踪这些信息，耗费了大量的人力与财力。因此，作为投标企业，必须保持头脑冷静，不能听任中间人的摆布，更不能以先付一笔资金为代价换取查询有关资料的许可。对于政府工程、国有单位的发包项目，都必须先获得立项批准并落实了资金后方可获准招标。

（2）对业主进行必要的调查分析

对业主的调查了解是确信实施工程的酬金能否回收的前提。许多业主单位倚仗手中的权势，蛮不讲理，长期拖欠工程巨款，致使承包企业不仅不能获取利润，甚至连成本都无法回收。还有些业主单位的管理人员利用工程发包索取巨额回扣，甚至挟制建设单位使用其指定的高价劣质建材和设备，再从物资供应商那里索取回扣，这些都令承包企业苦不堪言。因此，工程承包商必须对实施项目的利弊进行认真的评估，防止遇到不良的业主使其陷入泥潭而不能自拔。

2. 研究招标文件

投标人报名参加或接受邀请参加某一工程的投标，通过了资格审查，取得招标文件之后，首要的工作就是认真仔细地研究招标文件，充分了解其内容和要求，以便有针对性地安排投标工作。研究招标文件，重点应放在投标人须知、合同条款、设计图纸、工程范围及工程量表上，当然对技术规范要求也要看清楚有无特殊要求。

投标人应认真落实要求投标的报价范围，不应有含糊不清之处，应将工程量清单与投标人须知、合同条件、技术规范、图纸等共同认真核对，以保证在投标报价中不“错报”，不“漏报”。

对于招标文件中的工程量清单，投标者一定要进行校核。核算工程量，不仅为了便于计算投标价格，而且是未来在实施工程中核对每项工程量的依据，同时也是安排施工进度计划、选定方案的重要依据。投标人应结合招标图纸，认真仔细地核对工程量清单中的每个分项。若发现工程量清单中的工程量与实际工程量有较大差异时，特别是漏项的，应向招标人提出质疑，要求业主核对，并给予书面声明，这对于总价固定合同，尤为重要。

3. 调查投标环境

这是投标前极其重要的一项准备工作。所谓投标环境，就是招标工程施工的自然、经济和社会条件，这些条件都是工程施工的制约因素，必然会影响到工程成本，是投标人报价时必须考虑的，所以在报价前要尽可能了解清楚。主要包括：

(1)当地自然条件调查

①当地气象资料：包括年平均气温、年最高气温和年最低气温，风向图、最大风速和风压值，日照，年降雨量和降雪量情况，湿度情况。其中比较重要的是要分析全年不能和不宜施工的天数。

②当地水文资料：包括地下水位、潮汐、风浪等。

③地震、洪水及其他灾害情况等。

④地质情况：包括地质构造及特征，承载能力，冬季冻土层厚度等。

(2)施工现场踏勘

现场踏勘主要指的是去工地现场进行考察，招标人一般在招标文件中要注明现场踏勘的时间和地点，在文件发出后就应安排投标者进行现场踏勘的准备工作。

施工单位在现场踏勘前，应先仔细地研究招标文件，特别是文件中的工作范围、专用条款以及设计图纸和说明，然后拟定出调研提纲，确定重点要解决的问题，做到事先有准备。

现场踏勘费用均由投标者自费，业主应为现场踏勘创造一切条件。进行现场踏勘应从以下几个方面进行调查了解：

①工程的性质与其他工程之间的关系。

②拟投标的那部分工程与其他承包商或分包商之间的关系。

③ 工地地貌、地质、气候、交通、电力、水源等情况，有无障碍物等。

④工地附近有无住宿条件、料场开采条件、其他加工条件、设备维修条件等。

⑤工地所在地的社会治安情况等。

4. 编制施工组织设计，制定施工方案和施工进度计划

施工组织设计是构成投标文件中技术标的核心内容，是反映投标人对投标项目的全面理解、技术把握、施工部署与组织、施工控制与管理的综合技术文件，是主要评标对象之一。投标人应该认真编写，使其具有针对性和可信性。

施工方案是施工组织计划的核心内容之一，是投标报价的一个前提条件，也是招标人评标时要考虑的因素之一。施工方案应由投标人的技术负责人主持制订，主要应考虑施工方法、主要施工机具的配置、各工种劳动力的安排及现场施工人员的平衡、施工进度及分批竣工的安排、安全措施等。施工方案的制订应在技术、工期和质量保证等方面对招标人有吸引力，同时又有助于降低施工成本。

(1)选择和确定施工方案

制订施工方案应从工期要求、技术可行性、保证质量、降低成本等方面综合考虑，主要应包括以下几个方面的内容：

①根据工程类型，研究和确定各项工程可以采用的施工方法和适用、经济的施工方案。

②选择施工设备和施工设施。根据上述各类工程的施工方法，选择相应的机器设备。

在工程估价过程中还要不断进行施工设备和施工设施的比较，利用旧设备还是采购新设备，在国内采购还是在国外采购，设备的型号、配套、数量(包括使用数量和备用数量)，还应研究哪些类型的机械可以采用租赁办法，特殊的、专用的设备折旧率要单独考虑，订货设备清单中还要考虑辅助和修配用机械及备用零件，在订购外国机械时也应注意这一点。

③研究和决定哪些工程由自己组织施工，哪些分包，提出分包的条件和设想，以便询价。

④估算工程所需不同工种人工的数量，并安排其进场时间。

⑤估算主要建筑材料的需用量，考虑其来源和分批进场的时间安排，估算现场用于存储、加工的临时设施。

⑥根据现场设备、高峰人数和一切生产和生活方面的需要，估算现场用水、用电量，确定临时供电和供水设施。

⑦提出某些特殊条件下保证正常施工的措施。如冬、雨季施工措施等等。

⑧其他现场临时设施的安排。

(2)编制施工进度计划

编制施工进度计划应紧密结合施工方法和施工设备的选定。施工进度计划中应提出各时段内应完成的工程量及限定日期。施工进度计划可用网络图或横道图表示，根据招标文件要求而定。在投标阶段，一般用横道图即可满足要求，但目前国内大型工程招标多要求用网络计划表示进度。

5. 编制投标报价

投标报价是投标人对拟建工程的期望价格，也是投标人用来参与投标竞争的竞争价格。建设工程投标报价是构成投标文件商务标的核心内容，是影响投标人投标成败的关键因素，因此正确合理地编制投标报价非常重要。

(1)投标报价的编制依据

投标报价的编制依据主要包括以下内容：

①招标人提供的招标文件。招标文件对投标人的投标价格有明确的要求，投标人在编制投标价格时，必须满足招标文件的要求，否则将被认定为废标。投标人在编制投标价格以前应认真研究招标文件的有关要求，并对此做出实质性的响应。

②企业定额。企业定额是指由施工企业自主制定的用于本企业的分项工程实物消耗量标准。按企业定额确定各分部分项工程的实物消耗量，体现了施工企业以本身的实力参与竞争。投标人应该根据本企业的实际情况制定本企业的实物消耗量定额。如果施工企业尚未制定企业定额，可参照国家及地区颁发的现行建筑、安装工程预算定额及与之相配套执行的各种费用定额等。

③市场价格信息。按照工程所在地的市场价格信息来编制投标价格，可以真实、准确地反映拟建工程的成本价，也体现了通过市场竞争来确定价格的原则。投标人应该随时注意搜集、整理与应用市场价格信息。

④按国务院和各省、自治区、直辖市人民政府建设行政主管部门发布的工程造价计价办法、建设行政主管部门统一发布的计价办法编制投标价格，可以使各个投标人提交的投

标价格口径一致，便于互相比较。

(2)投标报价的编制方法

投标人编制投标价格时，其基本原理与标底的编制原理基本是相同的。不同之处在于投标人是以投标价格参与竞争，因此应该贯彻企业自主报价的原则。具体地说，投标人的投标价格，要反映企业本身的实力、反映市场行情、反映企业的投标策略，既不能低于企业的成本价，又要有足够的竞争力。

①编制方法。投标人编制投标价格，可以采用工料单价法，也可以采用综合单价法。

如果招标文件规定采用工料单价法，投标人利用分项工程直接费单价来计算直接费，各项费用另行按规定计算；如果招标文件规定采用综合单价法，投标人利用综合单价直接计算投标价格，不另行计算各项费用。编制方法的选用取决于招标文件的规定。

招标人采用工程量清单组织招标，应该提供工程量清单。目前我国正在积极推行采用工程量清单组织招标。

②投标报价的费用构成。按照我国现行的建筑安装工程费用项目组成(建标[2003]206 号关于印发《建筑安装工程费用项目组成》的通知)，见表 2-1，建筑安装工程费用主要由直接工程费、措施费、规费、企业管理费、利润和税金组成。在投标报价时，除应包括上述费用外，还应考虑不可预见费。

表 2-1 建筑安装工程费用项目组成表

项目			计算方法
直接费	直接工程费	人工费	人工费 $=\sum$(工日消耗量 $\times$ 日工资单价)
		材料费	材料费 $=\sum$(材料消耗量 $\times$ 材料基价) + 检验试验费
		施工机械使用费	施工机械使用费 $=\sum$(施工机械台班消耗量 $\times$ 机械台班单价)
	措施费		
间接费	规费		
	企业管理费		
利润			
税金			

上述各项费用简述如下：

a. 直接工程费。是施工过程中耗费的构成工程实体的各项费用，包括人工费、材料费和施工机械使用费。

b. 措施费。是指为完成工程项目施工，发生于该工程施工前和施工过程中非工程实体项目的费用。包括环境保护费、文明施工费、安全施工费、临时设施费、夜间施工增加费、二次搬运费、大型机械进出场及安拆费、模板费、脚手架费等等，要按照工程量清单计价规范中列项，每一项按照规定单独计算。

c. 规费。是指政府有关权力部门规定必须缴纳的费用。包括工程排污费、工程定额测定费、社会保障费、住房公积金费、危险作业意外伤害保险费等。

d. 企业管理费。是指建筑安装企业组织施工生产和经营管理所需的费用。包括管理人员工资、办公费、差旅交通费、固定资产使用费、工具用具使用费、劳动保险费、职工教育经费、财产保险费、财务费、税金等等。

e. 利润。是指施工企业完成所承包工程获得的盈利。

f. 税金。是指国家税法规定的应计入建筑安装工程造价内的营业税、城市维护建设税及教育费附加等。

当招标工程采用总价合同形式时，投标人应该按规定对整个工程报出总价。当招标工程采用单价合同形式时，投标人应该按规定对每个分项工程报出综合单价。综合单价包括完成工程量清单中一个规定计量单位项目所需的人工费、材料费、机械使用费、管理费和利润，并考虑风险因素。工程量乘以综合单价就直接得到分部分项工程费用，再将各个分部分项工程的费用与措施项目费、其他项目费和规费、税金加以汇总，就得到工程的投标价。

按《建设工程工程量清单计价规范》方式报价其综合单价与单位工程费用组成如表2-2、表2-3所示。

表 2-2　　分部分项工程量清单综合单价组成表

工程名称：　　　　第　页共　页

序号	项目编码	项目名称	工程内容	综合单价组成(元)					综合单价(元)
				人工费	材料费	机械使用费	管理费	利润	

表 2-3　　工程量清单计价单位工程费用组成

工程名称：　　　　第　页共　页

序号	项目名称	金额(元)
1	分部分项工程量清单计价合价	
2	措施项目清单计价合价	
3	其他项目清单计价合价	
4	规费	
5	税金	
	合计	

(3)影响投标报价的因素和投标报价策略

①影响投标报价的因素

投标报价以投标人估算的投标价格为基础，但估算的投标价格并不等于投标报价。在投标人最终决定报价时，要考虑各种影响投标报价的因素。这些因素包括：

a. 合同形式。如果采用单价合同形式，投标人必须按工程量清单的要求以综合单价来投标报价；如果采用总价合同形式，投标人可以以总价的形式来投标报价，而不必提供每个分项工程的综合单价。

b. 评标方式。如果采用最接近标底者中标的评标方式，投标人的投标报价就应该尽可能设法接近标底；如果采用在标底一定浮动范围内最低价中标的评标方式，投标人的投标报价就应该在规定的浮动范围内尽可能适当下浮；如果采用评标价最低的投标者中标的评标方式，投标人的投标报价就应该以本企业的成本价为基础，尽可能以较低的报价来参与竞争。总之，采用不同的评标方法，直接影响到投标人投标报价的高低。

c. 竞争程度。参与投标竞争的对手多少，体现了竞争的激烈程度。竞争对手的实力的高低，也影响到竞争的激烈程度。投标人在投标报价时必须考虑到竞争的激烈程度。在竞争激烈时，应该以较低的价格来争取中标，反之，则应该报以较高的价格。

d. 企业实力。如果本企业的其他条件较为优越时，可以报以较高的价格，尤其是在采用综合评分的评标方式时更是如此，反之应报以较低的价格以争取中标。

e. 施工条件。施工条件的好坏，直接影响到投标人的施工成本，因而影响到投标人投标报价的高低。当施工条件较好时，可以报以较低的价格。

f. 施工任务。如果本企业当前的施工任务饱满，不急于承揽新的施工任务时，可以报以较高的价格，反之应当报以较低的价格以争取中标

g. 工期长短。工期长的工程，投标人可能承担的风险大，尤其是市场价格行情不稳定的条件下更是如此，投标人可以报以较高的价格来防范风险。

影响投标报价的因素很多，投标人在决定投标报价时必须充分考虑各种因素对报价的影响，适当地确定投标报价的高低。

②投标报价的策略

a. 不平衡报价法

不平衡报价，指在总价基本确定的前提下，如何调整项目的各个子项的报价，以期既不影响总报价，又在中标后可以获取较好的经济效益。通常采用的不平衡报价有下列几种情况：

i. 对能早期结账收回工程款的项目（如土方、基础等）的单价可报以较高价，以利于资金周转；对后期项目（如装饰、电气安装等）单价可适当降低。

ii. 估计工程量可能增加的项目，其单价可提高；而工程量可能减少的项目，其单价可降低。

上述两点要统筹考虑，对于工程量计算有错误的早期工程，如不可能完成工程量表中的数量，则不能盲目报高单价，需要具体分析后再确定。

iii. 图纸内容不明确或有错误，估计修改后工程量要增加的，其单价可提高；而工程内容不明确的，其单价可降低。

iv. 没有工程量而只需填报单价的项目（如疏浚工程中的开挖淤泥工作等），其单价宜高。这样，既不影响总的投标价，又可多获利。

v. 对于暂定项目，其实施可能性大的项目，价格可定高价；估计该工程不一定实施的项目则可定低价。

vi. 零星用工（计日工）。零星用工一般可稍高于工程单价表中的人工单价。原因是零星用工不同于承包总价的范围，发生时实报实销，可多获利。

b. 多方案报价法

若业主拟定的合同条件要求过于苛刻，为使业主修改合同要求，可准备“两个报价”，

并阐明按原合同要求规定，投标报价为某一数值；倘若合同要求作某些修改，则投标报价为另一数值，即比前一数值的报价低一定百分点，以此吸引对方修改合同条件。

另一种情况是自己的技术和设备满足不了原设计的要求，但在修改设计以适应自己施工能力的前提下仍希望中标，于是可以报一个原设计施工的投标报价（高报价）；另一个则按修改设计后的方案报价，它比原设计施工的标价低得多，以诱导业主采用合理的报价或修改设计。但是，这种修改设计，必须符合设计的基本要求。

c. 视不同情况对待报价

i. 以下情况报价可高些。

施工条件差的，如场地狭窄，地处闹市的工程；专业要求高的技术密集型工程，而本公司这方面有专业力量，声望也高时；总价低的小工程，以及自己不愿意做而被邀请投标时，不便于不投标的工程；特殊的工程，如港口码头工程、地下开挖工程等；业主对工期要求急的；投标对手少的；支付条件不理想的。

ii. 在下列情况下报价应低一些。

施工条件好的工程，工作简单、工程量大而一般公司都可以做的工程，如大量的土方工程，一般房建工程等；本公司目前急于打入某一市场、某一地区或虽已在某地区经营多年，但即将面临没有工程的情况，机械设备等无工地转移时；附近有工程而本项目可利用该项工程的劳务、设备时或有条件短期内突击完成的；投标对手多、竞争力强时，非急需工程；支付条件好的，如现汇支付。

d. 突然袭击法

由于投标竞争激烈，为迷惑对方，有意泄漏一点假情报，如不打算参加投标或准备投高报价标，表现出无利可图不想参与的假象。然而，到投标截止之前数小时，突然前往投标，并压低投标价，从而使对手措手不及而败北。

e. 无利润标

缺乏竞争优势的承包商，在不得已的情况下，只好不考虑利润去夺标。这种办法一般是处于以下条件时采用：i. 有可能在得标后，将大部分工程分包给索价较低的一些分包商，ii. 对于分期建设的项目，先以低价获得首期工程，而后赢得机会创造第二期工程中的竞争优势，并在以后的实施中赚得利润；iii. 较长时期内，承包商没有在建的工程项目，如果再不得标，就难以维持生存。因此，虽然本工程无利可图，只要能有一定的管理费维持公司的日常运转，就可设法渡过暂时的困难，以图将来东山再起。

f. 低投标价夺标法

这是一种非常手段，如：企业大量窝工，为减少亏损，或为打入某一建筑市场，或为挤走竞争对手保住自己的地盘，于是制定严重亏损标，力争夺标。

6. 编制投标文件

（1）投标文件的内容。

投标文件应严格按照招标文件的各项要求来编制，一般包括下列内容：①投标书；②投标书附录；③投标保证金；④法定代表人；⑤授权委托书；⑥具有标价的工程量清单与报价表；⑦施工组织设计；⑧辅助资料表；⑨资格审查表；⑩对招标文件中的合同条款内容的确定和响应;⑪按招标文件规定提交的其他资料。

(2) 投标文件编制的要点。

①招标文件要研究透彻,投标文件必须采用招标文件规定的文件表格格式,填写表格时应根据招标文件的要求,否则在评标时就认为放弃此项要求。重要的项目或数字,如质量等级、价格、工期等如未填写,将作为无效或作废的投标文件处理。

②所编制的投标文件"正本"、"副本"的分数应按要求提供,正本与副本不一致,以正本为准。

③按照招标文件中规定的各种因素和依据计算报价,并仔细核对,消除算术计算错误,确保准确,在此基础上正确运用报价技巧和策略,并用科学方法作出报价决策。

④填写各种投标表格。招标文件所要求的每一种表格都要认真填写,尤其是需要签章的一定要按要求完成,否则有可能会因此而导致废标。

⑤投标文件的封装。投标文件编写完成后要按招标文件要求的方式分装、贴封、签章。

7. 投标文件的递送

投标文件应在招标文件规定的投标截止日期以前送达招标人指定的地点,否则即不接受,但也不宜过早投递,以免泄漏信息。投标文件的正本、副本和其他文件应密封装在内层投送函内,再密封装在一个外层包封内。内层和外层封皮上应写明招标人名称、地址、合同名称、工程名称、招标编号,并注明开标时间以前不得拆封。

标书发出后,如果发现有遗漏或错误,允许进行补充修正,但必须在投标截止期以前以正式函件送达招标人,否则无效。凡符合条件的补充修订文件,应视为投标书附件,招标人必须承认,并作为评标、决标的依据之一。

2.2.5　施工招标的评标

1. 评标办法的选用

按《招标投标法》规定,一般情况下评标的方法有两种,即综合评估法和经评审后的最低投标价法。

(1)综合评估法是以投标文件能否最大限度地满足招标文件规定的各项综合标准为前提,在全面评审投标报价的合理性、技术标的有用性和可信性、投标人和项目经理等主要技术管理人员的业绩等投标文件内容的基础上,评判投标人对于具体招标项目的施工技术、施工组织、施工管理、目标控制以及资源使用方面能力、水平、业绩、适用、合理、充分程度,通过综合确定各投标人投标文件优劣,最后形成中标候选人的排序。综合评估法一般使用设立若干评价项目进行量化打分方式进行,一般也称综合评分法。

综合评估法适用于建设规模较大,履约工期较长,技术复杂,质量、工期和成本受不同施工方案影响较大,工程管理要求较高,不宜仅凭价格定标的施工招标评标。

(2)经评审后的最低投标价法是以投标文件是否能完全满足招标文件的实质性要求和投标报价是否低于成本为大前提,已经评审的、不低于成本的最低投标价为标准,由低到高排序确定中标候选人的一种评标方法。一般技术部分采用合格制或符合性标准来评审。报价的评审主要看是否存在重大偏差，是否低于投标人个别成本。但企业个别成本的认定有一定难度。

经评审后的最低投标价法适用于具有通用技术、性能和标准，或招标人对其技术、性能没有特殊要求，工期较短，质量、工期和成本受不同施工方案影响较小，工程管理要求一般的施工招标评标。

2. 综合评估法

综合评估法又依据其分析方法分为定性和定量综合评估法两种。

(1)定性评估法是由评标委员对各投标书依据既定评审因素，分项进行定性比较和综合评审。在进行了认真的比较分析后，以协商和投票的方式确定中标人。这种方法的优点是评标过程简单，在短时间内即可完成，且评标委员会成员间可以直接对话与交流，缺点是科学性较差，而且当评标委员会成员间评标意见悬殊时，定标比较困难。

(2)定量评估法又称打分法，是专家在对标书认真审阅的基础上，采用综合评分法或评标价法对各标书的各项内容进行量化比较。

①综合评分法。综合评分法的做法是先在评标办法中确定若干评价因素，并确定各评价因素所占的比例和评分标准。评标时，评标委员依据评分标准对各类细分的小项进行相应的打分，最后计算的累计分值反映投标人的综合水平，以得分最高的投标书为最优。有时最高得分者和次高得分者的总得分相差不大，且得分次高者的报价比得分最高者的报价低到一定程度时，则可选取得分次高者为中标人。

下面给出一种在评标实践中使用的评标方法：

本工程评定标，依据《建筑法》第二十、二十一条之规定，结合本工程具体情况，评标内容共分五项，即投标报价、工期、工程质量、社会信誉、施工方案及保证措施。

评标采用综合评分法，以得分最高的投标者中标，各项分值的分配为：投标报价 30 分，工期 20 分，工程质量 20 分，社会信誉 13 分，施工方案及保证措施 17 分，合计 100 分。

各项分值取小数点后三位，不四舍五入，投标企业之间如果出现并列最高得分相同者，由评委投票表决排列名次或由招标人从中任选一名中标。

各项证书加分时，就高不就低，不重复计算。质量加分以拟投入施工的项目经理部所交验的工程为准。

表 2-4　　评标记分表

评标项目	分值分配	评标内容
投标报价 30 分	1. 基本分＋20 分	投标报价与标底相比在±5%范围内得基本分
	2. 浮动分＋10 分	投标报价与标底相等得 10 分，每上下浮动 1%，减 2 分，最高浮动 5%。上下浮动超过 5%投标报价计 0 分
工期 20 分	1. 基本分＋10 分	投标工期符合招标书规定工期要求的得基本分
	2. 增加分＋10 分	投标工期比招标书规定工期每提前 1%加 2 分，提前最高为 5%，加满 10 分
	3. 工期延误	投标工期比招标书规定工期延长者，每延长 1%扣 2 分

（续表）

评标项目	分值分配	评标内容
工程质量 20分	1.基本分+10分	投标书所报质量等级符合招标文件规定等级的得基本分
	2.增加分+10分	(1)近三年来，每交验一项市、省、部优工程，分别加0.5、1.0、1.5分，最高加满5分 (2)优良品率得分=5(个数优良率+面积优良率)×2%
社会信誉 13分	1.基本分+6分	由评委根据投标企业近三年来生产经营服务，安全生产情况综合评定
	2.增加分+7分	近三年荣获一项生产经营荣誉称号市、省、部级分别加1.0、1.5、2.0分，最高加满7分
施工方案及保证措施 17分	1.基本分+10分	其中：综合进度计划、施工平面图、保证优良措施、工期保证措施、安全措施、劳动力机具计划各1分，主要项目施工方法及消除质量通病措施各2分，共10分。
	2.评议分+7分	由评委根据方案措施综合评议，分别计4至7分。

②评标价法。评标价法也称合理低标价法，是指评审过程中以该标书的报价为基础，将报价之外需要评定的要素按预先规定的折算办法换算为货币价值，根据对招标人有利或不利的影响及其大小，在投标报价上扣减或增加一定金额，最终构成评标价格。评标价低的标书为优。可以折算成价格的评审要素一般包括：

a.投标书承诺的工期提前给项目可能带来的超前收益，以月为单位按预定计算规则折算为相应的货币值，从该投标人的报价内扣减此值；

b.实施过程中必须发生而标书中漏项的部分，给予相应的补项，增加到报价上去；

c.技术建议可能带来的实际经济效益，按预定的比例折算后，在投标价内减去该值；

d.投标书内提出的优惠条件可能给招标人带来的好处，以开标日为准，按一定的方法折算后作为评审价格因素之一；

f.对其他可以折算为价格的要素，按照对招标人有利或不利的原则，增加或减少到投标报价上去。

评价指标量化是一件复杂而困难的工作，定得不好就会导致评标的结论错误，使招标人选不到真正优秀的承包人。目前尚无统一的、公认的科学量化手法。小型招标项目的评标一般采用定性比较法，中型以上项目则一般都采用量化评标法。

在评标过程中，如果技术评审和商务评审分开进行，则技术评审主要由评委中的技术专家负责进行，主要是对投标书的技术方案、技术措施、技术手段、技术装备、人员配置、组织方法和进度计划的先进性、合理性、可靠性、安全性、经济性进行分析评价，这是投标人按期保质保量完成招标项目的前提和保证，必须高度重视。尤其是大型、特大型、非常规、工艺复杂、技术含量高的项目，如果招标文件要求投标人派拟任招标项目负责人参加答辩，评标委员会应组织他们答辩，这对于了解投标人的项目负责人的工作能力、工作经验和管理水平都有好处。没有通过技术评审的标书，不能得标。

商务评审主要由评委中的经济专家负责进行。商务评审的目的是从工程成本、财务和经验分析等方面评审投标报价的准确性、合理性、经济效益和风险等，商务评审的主要内容包括：审查全部报价数据计算的正确性(通过对投标报价数据全面审核，看是否有计算上或累计上的算术错误);分析报价构成的合理性(通过分析工程报价中直接费、间接费、利润和其他费用的比例关系,主体工程各专业工程价格的比例关系等,判断报价是否合理);如果有建议方案的话,还应对建议方案进行商务评估。

必要时,为了有助于投标文件的审查、评价和比较,评标委员会可以约见投标人对其投标文件予以澄清,以口头或书面形式提出问题,要求投标人回答,随后在规定的时间内,投标人以书面形式正式答复。澄清和确认的问题必须由授权代表正式签字,并声明将其作为投标文件的组成部分,但澄清问题的文件不允许变更投标价格或对原投标文件进行实质性修改。澄清的内容可以要求投标人补充报送某些标价计算的细节资料,对其具有某些特点的施工方案进一步解释,补充说明其施工能力和经验,或对其提出的建议方案作详细说明等等。

2.3 工程建设监理招标与投标

工程建设监理招标投标是工程建设招标投标的一个重要组成部分。经验表明,工程建设的成败在很大程度上取决于建设单位能否选择好并聘用合格的监理工程师。工程建设监理招标投标作为建设工程的招标投标,与基本的招标投标程序是一样的,都要经过招标公告到投标、开标、评标、决标签约的全过程。本节主要阐述监理招投标中特有的问题。

2.3.1 建设监理招标概述

1. 监理招标的特点

监理招标的标的是"监理服务",与工程项目建设中其他各类招标的最大区别表现为监理单位不承担物质生产任务,只是受招标人委托对生产建设过程提供监督、管理、协调、咨询等服务。鉴于标的的特殊性,FIDIC 鼓励招标人选择中标人的基本原则是"基于能力的选择"(ABS)或"根据质量选择咨询服务"(QBS)。

(1)招标宗旨是对监理单位能力的选择

监理服务是监理单位的高智能投入,监理工程师的能力,完成工作所消耗的时间,公正客观的工作态度,管理能力、专业经验、技术水平,以及与建设单位、承建单位之间的合作是能否提供高水平监理服务的关键条件。因此,招标选择监理单位时,鼓励的是能力竞争,而不是价格竞争。如果对监理单位的资质和能力不给予足够重视,只依据报价高低确定中标人,就忽视了高质量服务,报价最低的投标人不一定就是最能胜任工作之人。

(2)报价在选择中居于次要地位

工程项目的施工、物资供应招标选择中标人的原则是,在技术上达到要求标准的前提下,主要考虑价格的竞争性。而监理招标对能力的选择放在第一位,当价格过低时,监理单位势必为了维护自己的经济利益而减少监理人员的数量或多派业务水平低、工资低的人员,其后果必然导致对工程项目的损害。另外,监理单位提供高质量服务,往往能使招标人获得节约工程投资和提前投产的实际效益,因此,过多考虑报价因素得不偿失。

(3)邀请投标人较少

选择监理单位一般采用邀请招标,且邀请数量以 3 到 5 家为宜。因为监理招标是对知识、技能和经验等方面综合能力的选择,每一份标书内都会提出具有独特见解或创造性的实施建议,但又各有长处和短处。如果邀请过多投标人参与竞争,不仅要增大评标工作量,而且定标后还要给予未中标人以一定的补偿费,反而事倍功半。

2. 监理招标的分类

依法必须招标的工程建设项目,其总投资达到 3000 万元人民币以上或监理合同估算价在 50 万元人民币以上的建设监理服务,委托监理任务必须进行招标。

建设监理招标投标按照招标项目的范围可以分为不同的类型。

(1)全过程监理招标

全过程监理招标是从项目立项开始到建成交付的全过程监理。这对投标人的要求很高,不仅要有会设计懂施工的监理人才,还要有能从事建设前期服务的高级咨询人才。这个意义上的全过程监理招标,在我国目前还很少。而常说的全过程监理招标,一般是指从设计开始到竣工交付过程中的监理。设计施工全过程监理最大的优越性是监理工程师了解设计过程、熟悉设计内容及设计人员,这对协调设计与施工关系,处理施工中的设计问题非常有利。但也存在施工中发现设计的问题被掩饰的可能,因为设计中的问题隐含了监理的责任,有时可能施工人员不便指出,或被监理人员有意回避。不过随着监理行为的规范化程度和监理人员素质的提高,设计施工全过程监理将是发展的方向。

(2)设计监理招标

招标人仅是将工程项目设计阶段的监理服务发包。设计监理投标人一般都有设计方面的背景或特长。设计监理中标人在完成设计监理任务后有的也被邀请参加施工监理投标,但前提是前段的监理服务让业主满意。

(3)施工监理招标

施工阶段的建设监理是我国开展建设监理最早、最普通的建设阶段,也是开展监理招标最早的建设阶段。我国是从 1988 年才开始试行监理制度,至 1996 年以后才在全国普遍开展。虽然从理论上讲工程建设监理可以在项目的决策阶段、实施阶段及保修阶段为项目业主提供技术服务及咨询,但就我国目前的现实情况而言,监理主要发生在实施阶段,尤其以施工阶段监理居多。目前,建设监理队伍迅速壮大,监理市场初步形成,并具有买方市场的特征。建设监理市场尤其是施工监理市场竞争日趋激烈,促进了监理招标在施工阶段监理委托中被广泛采用。

2.3.2 监理招标文件的内容

监理招标文件一般包括下列内容:投标邀请书、投标人须知、合同条件、合同格式、工程技术文件、投标书及投标保证金格式、监理大纲、各类附表、评标标准和方法等。

1. 投标人须知

投标人须知是投标人进行投标的主要依据之一,对投标人的投标具有重要的指导意义。一般包括答疑、投标、开标的时间、地点规定、投标有效期、投标书编写及封装要求、招标文件、投标文件澄清与修改的时限以及无效标的规定等。

2. 监理合同与合同条件

一般项目均可采用国家颁布的工程建设委托监理合同标准文本。特殊项目或国际招标的监理项目也可以使用境外的监理合同文本，如国际咨询工程师联合会（FIDIC）颁布的雇主与咨询工程师项目管理协议书国际范文和国际通用规则。

3. 工程技术文件

工程技术文件是招标文件的重要组成部分，是监理工程师在工程实施过程中进行监督检查，以便实现项目目标的主要依据。招标人一般根据委托的监理范围和内容的需要，在招标文件中向投标人提供相关的工程技术文件和资料，一般包括：可行性研究报告及审批文件；工程相关的技术标准、规范、必要的图纸；水文地质资料；施工招标文件中的工程量清单；设备订货合同；有关工程进度、质量、投资的控制目标；其他的具体监理工作需要的资料。

4. 投标文件

工程建设监理投标文件由投标书格式、投标保证金格式、监理大纲、各类附表和证明文件组成。

（1）投标书格式、投标保证金格式。通常在招标文件中给出投标书及投标保证金的指定格式。其中投标书格式要求投标人按照格式填写、签署并加盖监理单位公章；投标保证金通常要求按照格式由招标人认可的银行开具投标保函。

（2）监理大纲。监理大纲是实施监理任务的全面规划与部署。从招标人角度，招标文件中的监理大纲是以拟委托监理单位承担的监理服务的任务大纲；从投标人角度，投标文件中的监理大纲是投标文件的要求，是实现监理目标、完成监理任务制定的技术方案和保障措施以及人员配备等的说明。监理大纲是监理投标书的核心。招标文件中的监理大纲主要包括以下内容：

①工程概况；

②监理工作依据；

③监理范围与工作内容；

④工程项目监理目标；

⑤工程项目监理措施；

⑥监理工作机构及人员配备情况，并介绍总监人员的资历；

⑦监理工作制度；

⑧监理费用计算及报价。

（3）各类附表与证明文件。监理招标通常要求提交投标资料表和必要的证明文件，在招标文件中列出附表格式。其中包括：

①已完成的类似工程项目监理情况表；

②正在实施的工程项目监理情况表；

③投标人组织机构表；

④计划用于实施本监理合同主要人员资历表；

⑤近年来(招标文件规定年限)受到奖励与处罚情况表;

⑥投标人的营业执照、资质等级证书复印件、投标人委托授权书;

⑦联合体协议及表明各成员单位在监理合同中共同的和各自责任的有关文件等。

5. 评标文件

说明评标机构、评标标准、评标指标设置以及评标方法等。这是能不能选到合适的中标人的关键。

(1)评标标准

评价标准是体现投标人的能力和报价的一种综合,使招标人能在投标人的能力和报价中取得一种平衡。因此,评价指标应包括投标人能力、投标人承诺的在本监理项目上的投入及监理费报价三个方面的内容。

①能力包括资质、信誉、经验、财务状况、设备仪器;

②投入包括监理班子、总监理工程师情况、监理规划、装备条件;

③监理费报价。监理取费通常可以按照工程预算造价的比例或按服务时间确定,还可以按固定总价计算。采用何种方法计算监理报价,应在招标文件中写明。

评价标准则应根据招标目标和原则来确定。如果是基于能力的比较,则把投标人的能力项的权重加大,降低报价权重即可体现这个原则。

(2)评标方法

常用的方法是评议法、综合评分法及最低评标价法。

①评议法。是由评标委员会成员集体讨论达成一致或进行表决,取简单多数来确定中标人的方法。当监理项目较小、技术难度及复杂程度低而投标人特点明确时,可采用此法。

②综合评分法。综合评分法通过量化的方式对投标人的综合能力进行对比。可依据招标项目的特点设置评分指标和分值的权重。由评标委员会对各投标人满足评价指标的程度给出评分,再考虑预先确定的各指标相对的权重得到综合分。比较各投标人的得分高低选定中标人或中标候选人。可采用的评分指标见表 2-5:

表 2-5 施工监理招标的评分指标及分值分配

评审内容	分值
投标人资质等级及总体素质	10～15
监理规划或监理大纲	10～20
监理机构:	
总监理工程师资格及业绩	10～20
专业配套	5～10
职称、年龄结构等	5～10
各专业监理工程师资格及业绩	10～15
监理取费	5～10
监测仪器、设备	5～10
监理单位业绩	10～20
企业奖惩及社会信誉	5～10
总　计	100

从上表可以看出,监理招标的评标主要侧重于监理单位的资质能力、实施监理任务的

计划和派驻现场监理人员的素质。

③最低评标价法。当招标的监理项目小、技术含量低、施工简单，而监理投标人的资信能力旗鼓相当时，可选用此法。

2.3.3 监理投标文件的编制

工程建设监理投标文件反映了监理公司的综合实力和完成监理任务的能力，是招标人选择监理单位的主要依据。投标文件编制质量的高低，直接关系到中标可能性的大小。因此，如何编制好建设监理投标文件是监理单位的首要任务。编制高质量的投标文件，一方面应按照招标文件要求，填写招标文件中的格式文件，另一方面要认真编制好监理大纲。

监理大纲通常可分成两部分，即技术建议书和财务建议书。

1. 监理大纲的编制

(1)技术建议书

技术建议书一般包含以下内容：工程简要描述；监理工作的依据；对监理服务范围的理解；对工程项目监理目标的理解；执行监理任务的计划或方案；监理机构设置、岗位职责及主要监理人员配备(包括总监理工程师人选及其资历，派驻现场监理工程师的履历、在本监理工作中的工作岗位及时间安排等)；监理工作制度。

(2)财务建议书

财务建议书主要是指工程建设监理费用的计算和投标报价。工程建设监理费用由监理工作中的直接、间接成本开支，税金和合理利润构成。直接成本主要包括：监理人员和辅助人员的工资、奖金、津贴和社会福利费、差旅费，工作使用的仪器设备的购置费、租赁费，外部协作费等。间接成本主要包括：管理人员和后勤人员的工资、经营业务费、办公费、交通费、固定资产和工器具使用费、劳保费、培训费及其他行政管理费等。税金是指按照国家规定，监理单位应缴纳的各种税金总额。利润是指监理单位的监理活动收入扣除直接与间接成本和税金之后的余额。

根据国家发改委、建设部文件《建设工程监理与相关服务费管理规定》的规定，工程建设监理费可按照下列方法计收：

建设工程监理与相关服务收费包括建设工程施工阶段的工程监理(以下简称“施工监理”)服务收费和勘察、设计、保修等阶段的相关服务(以下简称“其他阶段的相关服务”)收费。

①施工监理服务费计费方式

铁路、水运、公路、水电、水库工程的施工监理服务收费按建筑安装工程费分档定额计费方式计算收费。其他工程的施工监理服务收费按照建设项目工程概算投资额分档定额计费方式计算收费。

a. 施工监理服务收费按照下列公式计算

i. 施工监理服务收费＝施工监理服务收费基准价×(1±浮动幅度值)，浮动幅度最大值为20％；

ii. 施工监理服务收费基准价＝施工监理服务收费基价×专业调整系数×工程复杂程度调整系数×高程调整系数

b. 施工监理服务收费基价

施工监理服务收费基价是完成国家法律法规、规范规定的施工阶段监理基本服务内容的价格。施工监理服务收费基价按《施工监理服务收费基价表》(表 2-6)确定，计费额处于两个数值区间的，采用直线内插法确定施工监理服务收费基价。

表 2-6　　施工监理费计价表　　单位：万元

序号	计费额	收费基价	序号	计费额	收费基价
1	500	16.5	9	60 000	991.4
2	1 000	30.1	10	80 000	1 255.8
3	3 000	78.1	11	100 000	1 507.0
4	5 000	120.8	12	200 000	2 712.5
5	8 000	181.0	13	400 000	4 882.6
6	10 000	218.6	14	600 000	6 835.6
7	20 000	393.4	15	800 000	8 658.4
8	40 000	708.2	16	1 000 000	10 390.1

注：计费额大于 1 000 000 万元的，以计费额乘以 1.039％的收费率计算收费基价，其他未包含的其收费由双方协商议定。

c. 施工监理服务收费调整系数

施工监理服务收费调整系数包括：专业调整系数、工程复杂程度调整系数和高程调整系数。

i. 专业调整系数是对不同专业建设工程的施工监理工作复杂程度和工作量差异进行调整的系数。计算施工监理服务收费时，专业调整系数在《施工监理服务收费专业调整系数表》(表 2-7)中查找确定。

表 2-7　　施工监理服务收费专业调整系数表

工程类型	专业调整系数
1. 矿山采选工程	
黑色、有色、黄金、化学、非金属及其他矿采选工程	0.9
选煤及其他煤炭工程	1.0
矿井工程、铀矿采选工程	1.1
2. 加工冶炼工程	
冶炼工程	0.9
船舶水工工程	1.0
各类加工工程	1.0
核加工工程	1.2
3. 石油化工工程	
石油工程	0.9
化工、石化、化纤、医药工程	1.0
核化工工程	1.2

（续表）

工程类型	专业调整系数
4.水利电力工程	
风力发电、其他水利工程	0.9
火电工程、送变电工程	1.0
核能、水电、水库工程	1.2
5.交通运输工程	
机场道路、助航灯光工程	0.9
铁路、公路、城市道路、轻轨及机场空管工程	1.0
水运、地铁、桥梁、隧道、索道工程	1.1
6.建筑市政工程	
园林绿化工程	0.8
建筑、人防、市政公用工程	1.0
邮电、电信、广播电视工程	1.0
7.农业林业工程	
农业工程	0.9
林业工程	0.9

ii. 工程复杂程度调整系数是对同一专业建设工程的施工监理复杂程度和工作量差异进行调整的系数。工程复杂程度分为一般、较复杂和复杂三个等级，其调整系数分别为：一般（Ⅰ级）0.85；较复杂（Ⅱ级）1.0；复杂（Ⅲ级）1.15。计算施工监理服务收费时，工程复杂程度在相应章节的《工程复杂程度表》中查找确定。

iii. 高程调整系数如下：

海拔高程2001m以下的为1；

海拔高程2001～3000m为1.1；

海拔高程3001～3500m为1.2；

海拔高程3501～4000m为1.3；

海拔高程4001m以上的，高程调整系数由发包人和监理人协商确定。

d. 施工监理服务收费的计费额

施工监理服务收费以建设项目工程概算投资额分档定额计费方式收费的，其计费额为工程概算中的建筑安装工程费、设备购置费和联合试运转费之和，即工程概算投资额。对设备购置费和联合试运转费占工程概算投资额40%以上的工程项目，其建筑安装工程费全部计入计费额，设备购置费和联合试运转费按40%的比例计入计费额。但其计费额不应小于建筑安装工程费与其相同且设备购置费和联合试运转费等于工程概算投资额40%的工程项目的计费额。

工程中有利用原有设备并进行安装调试服务的，以签订工程监理合同时同类设备的当期价格作为施工监理服务收费的计费额；工程中有缓配设备的，应扣除签订工程监理合同时同类设备的当期价格作为施工监理服务收费的计费额；工程中有引进设备的，按照购进设备的离岸价格折换成人民币作为施工监理服务收费的计费额。

施工监理服务收费以建筑安装工程费分档定额计费方式收费的，其计费额为工程概算中的建筑安装工程费。作为施工监理服务收费计费额的建设项目工程概算投资额或建筑安装工程费均指每个监理合同中约定的工程项目范围的计费额。

e. 施工监理部分分包与联合承揽服务费的计算

i. 发包人将施工监理服务中的某一部分工作单独发包给监理人，按照其占施工监理服务工作量的比例计算施工监理服务收费，其中质量控制和安全生产监督管理服务收费不宜低于施工监理服务收费额的 70%。

ii. 建设工程项目施工监理服务由两个或者两个以上监理人承担的，各监理人按照其占施工监理服务工作量的比例计算施工监理服务收费。发包人委托其中一个监理人对建设工程项目施工监理服务总负责的，该监理人按照各监理人合计监理服务收费额的4%～6%向发包人收取总体协调费。

②其他阶段的相关服务收费一般按相关服务工作所需工日和《建设工程监理与相关服务人员人工日费用标准》(表 2-8) 收费。

表 2-8　　建设工程监理与相关服务人员人工日费用标准

建设工程监理与相关服务人员职级	人工日费用标准(元)
一、高级专家	1000～1200
二、高级专业技术职称的监理与相关服务人员	800～1000
三、中级专业技术职称的监理与相关服务人员	600～800
四、初级及以下专业技术职称监理与相关服务人员	300～600

注：本表适用于提供短期服务的人工费用标准。

2. 编织监理投标文件的注意事项

(1)明确监理工程范围、监理业务阶段以及每个阶段内的各项具体监理工作。此外还应注意是否还要求监理单位承担一些咨询业务和事务性工作。

(2)招标文件中与费用有关的条款。如投标保证金、保险、奖励及违约罚款等。

(3)建设单位为监理单位提供的条件。如办公及生活设施、监测试验设备、测量仪器、交通车辆等，注意是否收费，如收费，收费标准如何。此外，监理单位还应自带哪些仪器设备，在计算监理费用时应予以考虑。

(4)编制投标文件时，除按招标文件规定的格式和内容填写有关文件，允许投标人在技术建议书中提出有创造性的合理化建议。

(5)投标文件应字迹清楚、打印工整、避免涂改，并由投标人法定代表人或正式授权人签署，加盖单位公章，否则投标无效。

2.3.4　监理招标的开标、评标与定标

1. 开标

开标由招标人主持，所有投标人均应参加，必要时邀请建设招标投标或建设监理主管部门以及公证部门派员参加。投标人或公证人员验证密封无误后由工作人员当众启封，并宣读报价及主要承诺条件。存在无效投标书的或投标截止前申请撤标的，也应当场宣

布，但不启封。

2. 评标

评标由评标委员会组织，主要的工作有：

(1)符合性审查。

(2)评委阅读标书，组织答辩。如果招标文件规定投标人派拟定的项目总监理工程师参加答辩的，评委会应在阅读了投标书中的监理规划之后，组织他们依次进场答辩，评委独立给出各投标人的答辩分。

(3)评审。由评标委员会对监理单位所投的有效标书进行监理规划和总监理工程师答辩、监理组织机构和人员、监理报价及监理单位的社会信誉、资质等级、监理经验等方面的分析、研究和比较，选择其中较优者为中标监理单位。评标委员会可选用评议法、综合评分法或最低标价法选出中标人或中标候选人。评标委员会写出评标报告，提出中标人或中标候选人名单报招标人决策。

3. 定标

招标人根据评标委员会的报告，结合与项目有关的各种情况作出判断，选定中标人。如果要履行审批手续，应即报送审批，获得批准后，再宣布定标结果。

2.3.5 FIDIC 的“基于质量的选择”

FIDIC 于 1997 年出版了《根据质量选择咨询服务》文件，对投资人(客户)如何选好工程咨询公司为他们提供咨询服务提出重要的建议。文中论述了选好咨询工程师的重要性、选择的标准和程序，分析了“根据咨询服务价格”和“根据咨询质量”两种方法的优劣对比，指出“基于质量的选择”(Quality Based Selection，简称 QBS)明显的优越性。这个建议已被世界上许多国家政府和咨询工程师协会所接受。FIDIC 认为：由于不能制定出明确的业务工作规范，往往很难公正地运用竞争性招标的原则。也就是说，如果竞争是以价格为基础，不同的咨询人员可能提供的服务水平确实是不一样的。咨询业务工作中的问题处理，不仅依赖于工作中采用的技巧和程序，更依赖于咨询工程师的专长、经验、判断、创新和想象力。基于质量的选择，就是客户选择咨询人员要以其业务能力、管理能力、可用人力、财力资源、业务独立性、费用结构的合理性、业务公正性和质量保证体系为依据，而不是以价格作为主要依据。有时也称这种方法为“基于能力的选择”(Ability Based Selection，简称 ABS)。

选择咨询工程师的方法有很多，与“基于能力的选择”原则相配套的方法有“两个信封法”(Two Envelope Methods)。这种方法要求咨询公司在递交建议书时，应将技术建议书和商务建议书分别装在两个信封之中加以密封并按要求标明。尤其要求在技术建议书之中不得包含任何咨询费用报价。业主或其顾问委员会首先拆开装有技术建议书的信封，逐一按评标方法和标准对各投标人进行技术评价，并按优劣排序；然后从提出最佳建议书的(排名第一)咨询公司开始，当着该公司的面将其装有商务建议书的信封拆开，有关咨询价格就成为合同谈判的基础。所有其他的第二只信封仍旧封闭，如果与排名第一的咨询公司达成协议，这些信封将原封不动地被退回相应的公司。

如果与第一个咨询公司未能达成协议，应以书面形式通知他。然后与第二排名的公司进行拆封谈判，依此类推直至达到满意为止。一旦一个公司被排除之后，他将不再被召回参加其后的谈判。

2.4　建设工程设计招标投标

2.4.1　建设工程设计招标概述

1. 设计招标的目的

设计招标的目的就是建设项目的业主（招标人）采用招标这种方式，通过竞争，优选勘察设计企业，获得理想的勘察设计成果文件，促进工程勘察设计企业改进管理工作，改善服务态度，提高服务质量，进而实现采用先进技术，确保工程质量和安全，降低工程造价，缩短建设工期和提高投资效益的工程建设的目标。

2. 设计招标的特点

与施工招标相比，设计招标有着特殊的方面。主要特点如下：

（1）承包任务不同。设计招标所要承包的任务是通过承包者自身的智力活动，将发包人的投资设想和目标要求转变为可以实施的蓝图，使目标要求具体化。而施工承包的任务是按照蓝图的明确要求和合同约定进行物质生产活动，形成工程项目的实体——建筑物。

（2）招标文件的内容不同。设计招标文件仅提出设计任务书（包括设计依据、工程项目应达到的技术指标、项目所在地的基本资料、设计完成期限及成果要求等），没有具体工作量要求；而施工招标主要的是按具体的工程量计算价格。

（3）投标书的编制要求不同。设计投标文件的主要内容是提交设计初步方案，阐述方案的优点和意图，在此基础上报出工作报酬（报价）；而施工投标文件的主要内容是根据工程量清单报出单价然后算出总价，并给出施工的规划和方案（施工组织设计）。

（4）评标定标侧重点不同。设计招标的评标定标的侧重点是通过设计方案的优劣判断投标人的能力高低而选择中标人，价格是第二位的；而施工招标的评标和定标重点是比较投标报价的高低，施工组织设计和实力是第二位的。

3. 工程设计招标应具备的基本条件

对于招标人开展设计招标应具备的条件一般为：

（1）要有经过审定的可行性研究报告。建设项目已经获得批准或核准或备案同意；

（2）建设用地已通过划拨或市场竞拍等方式取得了批准文件；已获得规划管理部门批准的规划控制条件和用地红线图；

（3）具有开展设计必需的建设条件（如供电、供水、供气、供热、排水等）协议文件；

（4）已具备开展工程设计必需的可靠基础资料（如工程地质、水文地质、气象、交通、市政、环保、道路等资料)；

(5)成立了专门的招标机构或已委托招标代理公司,有专人或机构开展工作。

4. 工程设计招标的方式

工程设计招标主要有两种方式,一种是以选设计人为直接目的的设计招标;另一种是以设计方案竞选为直接目的、中选方案的投标人即为中标人的招标方式。

2.4.2 设计招标文件的编制内容

设计招标文件编制的内容主要包括四个方面:投标(或方案竞赛)须知;投标文件要求;设计任务书和设计服务合同。需要载明的主要内容如下:

(1)招标工程设计的项目、范围,对投标人的资质要求;

(2)建设项目说明,包括建设工程项目的目的和任务、功能与使用要求、规划设计条件、建设投资限额(如必要)、建设周期等;

(3)经审定的建设项目可行性研究报告、评估意见以及政府主管部门的审批文件(核准文件)等;

(4)设计合同条件,包括主要合同条款(通用条款、专用条款)、设计内容与范围的基本要求、设计大纲与工作大纲的基本要求、主要技术要求等;

(5)投标文件的要求,包括投标文件基本格式、设计方案及说明、设计工作大纲、设计报价等;

(6)招标与投标的事项说明及投标截止日期;

(7)评标方法、评标标准与定标条件。

2.4.3 设计任务书的主要内容

设计任务书,有的也称设计纲要,是设计招标文件的重要组成部分。是反映设计发包人(招标人)建设意图,明确工程设计的范围、任务、内容、设计理念、技术要求、方案比选、设计阶段与设计文件达到的深度、设计图纸要求的技术要求文件。是使设计投标人中标后开展设计工作的依据,也是设计投标人编制投标文件和工作费用报价的依据,还是设计合同文件的组成部分。相当于施工招标文件的施工图纸。一般包括以下主要内容:

(1)建设依据和项目规模、技术经济指标;

(2)工程设计目的和条件;

(3)规划设计条件和要求,包括建筑红线范围及退线要求;建筑高度与层数;建筑体型、景观与环境要求;容积率、建筑密度和绿化率要求;主要及次要出入口与城市道路关系;日照、通风、朝向要求;停车场与车库面积;消防、环保要求;对市政、煤气、热力、给排水、电力、电信、网络等管线要求等;

(4)建筑风格及造型,包括建筑的特色、共性与个性;建筑立面要求;外装饰的材料质感与色彩要求等;

(5)使用空间设计方面要求,如使用空间的平、剖面形状及组成;使用空间的尺度、空间感;使用空间序列、导向、功能;使用空间合理利用的要求;使用空间的特殊要求;

(6)平面布局要求,如各组成部分的面积比例及使用功能的要求;各使用部分的联系与分隔要求;水平与垂直交通的布局与选型要求;出入口布置要求;防火、防烟、安全疏散及消防指导中心;人防设施;辅助用房设置等;

(7)建筑剖面要求,如建筑标准层的高度、对有特殊使用层要求的高度、建筑地上、地下高度满足规划及防火要求等;

(8)室内装饰要求,如一般用房的装饰要求、重点公共用房的装饰要求、对有特殊使用要求(如洁净实验室)的装饰等;

(9)结构设计要求,如主体结构体系的选择、地基基础的设计要求、抗震结构的设计要求、人防与特种结构的设计要求、结构设计主要参数的确定等;

(10)工艺与设备设计要求;

(11)消防与环保等设计要求,尤其是满足"三同时"的要求;

(12)设计阶段与完成设计时间要求;设计文件编制内容、深度与成果要求;设计工作大纲的编制要求等。

一般而言,设计任务书是在建筑设计方案已有的情况下编制的。但对于设计方案招标确定设计企业时,可能对一些设计的要求还不能明晰,只能对设计方案和常规设计提出要求,一般称之为设计纲要。

2.4.4 工程设计投标文件的主要内容

设计投标文件是设计投标人编制的,针对招标文件的要求所提出的设计方案和设计工作方案以及工作报价的技术和商务文件。一般包括如下内容:

(1)建设项目的特点、技术问题和主要技术标准等分析,设计理念与思路规划;

(2)总体设计和主要单项工程设计方案、工艺与设备设计方案等说明;

(3)工程施工规划与工期方案;

(4)投资估算与经济分析;

(5)主要设计方案的图纸与效果图(或按要求提供建筑模型);

(6)设计工作大纲,包括设计项目组织、设计阶段与工作进度、资源配置、质量保证体系、后期服务等;

(7)设计资质文件,主要设计人员的资格证书以及业绩等证明资料;

(8)建设项目设计工作报价等。

2.4.5 设计招标评标和定标条件

建设项目设计招标的评标与定标与施工招标与定标的思想是不同的,选择设计中标人更应看重其能力、质量和投标设计方案所体现出的水平,而不是报价。

1. 评标组织与评标委员会

评标应由招标人或委托招标代理人组织，采用评标委员会方式评标。委员会的组成人员应由资深的规划设计专家组成，人数不少于委员会组成人员的2/3。专家的遴选应符合当地的有关规定，应包含规划、建筑、结构、工艺设备、经济等专业的专家。一般采用综合评分法。

2. 评标的主要过程

首先应按抽签顺序由投标人代表分别介绍设计方案和工作方案，然后由评委提出问题和质疑，投标人代表解答；之后，由评委封闭按评标办法进行评审打分，最后，给出综合排名顺序和中标候选人建议。

3. 设计评标的主要评审内容

(1)工程设计方案，这是重点评审内容。包括：设计指导思想是否正确；产品方案是否先进(工业项目)；建筑总体布置和场地利用是否合理，规划指标是否满足详细规划的要求；工艺流程是否先进，设备选型是否符合实用性的要求；主要建筑物、构筑物平、立面以及造型是否合适、美观大方，与周围环境是否协调；建筑结构体系是否合理、安全可靠；

(2)投入产出、经济效益；

(3)设计工作方案与设计工作进度；

(4)投标报价的合理性。

4. 设计定标条件

主要为两个方面：一是最大限度地满足招标文件的要求；二是应为由评委会按评标办法确定的中标候选人。

鉴于设计工作主要是智力劳动的成果体现，选择设计人亦应采用“基于质量的选择”。

5. 两阶段评标与评“暗标”

对于主要以方案招标来确定中标人时，为突出基于能力的选择，可以采用两阶段评标法，即第一阶段主要评方案，通过方案的优劣评审筛选出合格候选人名单或按设计方案评分高低排序名单；第二阶段是重点对进入候选人名单的投标人进行工作大纲及报价评审，最后确定推荐的中标候选人。

为保证设计评标的公正性和独立性，有时在第一阶段方案评审时要求投标人的设计投标方案及说明文件不得出现任何可以明示或隐含着投标人的识别信息，评委并不知道所评方案的提供者，因此可以不受干扰地进行公正评价。这种方式称之为评“暗标”。

2.5 材料设备采购招标

2.5.1 材料设备采购招标概述

1. 材料设备(一般称之为货物)采购特点

材料设备(一般称之为货物)采购是指业主或购货人(采购人)以合同方式获得材料设

备的活动和过程。材料设备采购与工程采购、服务采购(设计、施工、监理招标)相比具有以下特点：

(1)采购的主体不同，一般而言，设计、施工、监理的招标人都是业主或投资人，而材料设备的采购可以是业主，也可以是承包商。而且在施工阶段，大宗材料和一些设备的采购都是由承包商来实施的，尤其是包工包料合同。除非在工程招标中明确那些材料或设备由发包人采购，由承包人使用或安装(合同习惯称之为“甲供”)。

(2)采购的客体不同。施工招标的目的是通过直接确定设计人、承包人，通过他们的工作得到图纸、建筑物；而材料和设备采购的目的是直接获得货物。

(3)合同的类型不同，设计、施工合同属于建设合同，监理合同属于委托合同，而货物采购合同属于买卖合同。

(4)招标评标的侧重面不同，工程招标更看重投标人的能力、信誉、业绩，能不能很好地完成任务，实现业主的投资目标；而货物采购招标更看重的是货物的规格、品质、可靠性，而供货商一般不是制造商，和货物本身没有直接联系，除非是特种设备指定加工。

2. 材料设备采购的方式

材料设备采购的方式一般分为招标采购和非招标采购两大类。其中非招标采购包括询价采购、谈判采购、市场采购、厂家直接订货等几种方式。

3. 材料设备采购适用法律与规定

对于投资方或业主单独进行货物采购，适用的相关法律和规定有：

(1)国内一般与工程建设有关的重要设备、材料采购应遵循《招标投标法》，如果使用财政性资金采购名录内的或限额以上的货物还应遵循《政府采购法》的规定。另外，《机电产品国际招投标实施办法》、《机电产品国际招标范围》等对机电设备类的采购做了规定，即凡是在建设工程招标投标范围内的项目使用机电产品必须招标采购，且必须进行国家招标采购。

(2)对于国际工程项目包括货物的采购应遵循国际惯例，主要国际惯例有：

①联合国贸易法委员会的关于货物、工程、服务采购示范法；

②WTO 政府采购协议；

③世界银行的采购指南。

4. 材料设备采购计划的编制

建设工程中的材料采购一般从属于工程建设的需要，伴随着工程的进展及时、按质、保量供应到位，保证主体项目能够顺利实施。因此，需要制定材料设备采购计划，按照采购计划开展招标、订货、签订合同、发货、运输、接货验收、存放、使用或安装。编制材料设备采购计划一般应考虑以下几个方面因素：

(1)采购货物的种类、数量、具体的技术规格、性能要求，应满足设计规定功能和技术指标的要求；

(2)材料设备预计投入使用或安装的时间，需要根据工程施工或安装进度总体计划安排、考虑采购成本、集中与分批采购的利弊等综合因素确定；

(3)根据工程建设的实际情况、市场结构、供货能力、竞争状况、风险因素确定采购的批量安排，确定分标数量和每个标段包含的内容；

(4)明确采购的组织与协调机制，做好规划和计划，保证节约、按时和保质的采购目标的实现。

2.5.2 货物采购招标文件的准备

1. 做好货物采购招标文件编制的准备工作

货物采购招标文件编制的准备工作有：

(1)工程设计文件应达到初步设计的深度或已有施工图，能够依此确定材料和设备的技术要求和采购要求；

(2)做好分标和分包规划，依据采购计划，提出材料设备招标的标段划分与分包建议；

(3)确定进行技术服务的内容和要求，包括现场安装、调试指导、技术培训、售后服务；也包括设备制造期间是否需要驻厂建造或检验的技术配合和条件提供；

(4)确定资金来源；

(5)确定交货进度要求、交货地点、运输方式与保险、风险责任分界等；

(6)确定对供货商或投标人的资格审查方式和要求。

2. 货物采购招标文件的编写内容

货物采购招标文件的编写内容与一般施工招标文件的内容相比简单一些。主要内容需要阐明所需货物、招标程序和要求以及合同条款。一般包括以下四个部分：

(1)投标须知、合同条件及合同格式；

(2)货物需求和技术要求；

(3)投标文件；

(4)图纸资料。

国际上采用竞争性招标采购货物时，其招标文件内容涉及的面更多一些。如世界银行贷款项目货物采购国际竞争性招标文件的内容共有7个方面：

(1)投标邀请书，明确所附的全部投标文件，回答投标人质询的地址、联系方式、表述送交的地点、截止日期和时刻、开标时间和地点等；

(2)投标人须知，包括资金来源；合格投标者、合格货物及服务；招标文件的内容及其澄清与修改的说明；关于投标文件的编写，包括投标书语言、投标文件的组成、投标书格式、投标报价、投标货币、证明投标者合格及资格文件、证明货物合格并符合招标规定的文件、投标保证金、投标有效期、投标文件格式与签署等；投标文件的递交；开标与评标；合同授予等事项；

(3)招标资料表，包括总则，说明借款人、购货人的基本情况，以及投标书应采用的语言；投标报价与货币，说明报价是否含内陆运费、附加费，价格可调或不可调；投标书的准备与递交，包括投标保证金的金额、投标有效期、投标书份数、递交地点与截止日期、开标的时间与地点等；评标；授予合同；

(4)通用合同条件(世行编制的范本)；

(5)专用合同条件;

(6)货物需求一览表,包括项目、数量、规格、价格(需填报)、交货日期或期限等;

(7)技术规格,规定拟采购货物的性能、标准及技术服务的要求等。它是招标文件的核心部分,也是构成招标文件的实质性条款。技术规格文件一般包括:前言;供货内容;与工程进度的关系;备件、维修工具和消耗材料;详图和说明书;审查、检验、安装、测试、考核和保证;通用的技术要求等。

2.5.3　关于包装、运输、保险及其他

货物招标中要格外重视货物的包装、运输和保险问题,这不仅涉及到价格、成品保护,还涉及到风险责任。因此,需要在招标文件和合同条款中做出明确的规定。首先,卖方应提供货物运至最终目的地(交货地点,如工地指定位置)所需的包装,以保证货物在出场后经过运输、装卸、倒运而不受损坏或变质;其次,在包装方式如重量、尺寸、材质等方面做出规定;第三,包装箱内应装入要求的技术文件,如装箱单、操作说明书等;最后,包装箱外部必须标明收货人信息和搬运注意事项。根据合同类型确定运输责任,如到岸价合同中,应由卖方自费负责运至目的港;出厂价合同卖方应按买方的要求以买方的费用安排运输,及代办托运,包括到达货物接收地点。运输保险,对于进口货物,若为到岸价合同,价格中包含了到岸的运输保险,由卖方负责保险并承担费用;若为出厂价合同,则由买方支付保费自行投保或委托卖方代为投保。不管费用如何支付,但保险合同的受益人都是买方。一般国内运输保险均由买方付费自保或委托代保。

为了约束卖方能顺利履行合同规定的义务,一般在货物采购招标时应规定投标人中标后在签订合同之前提交一笔履约保证金。目的是为避免或减轻卖方违约给买方造成的经济损失。其数额一般可为合同额的10%。

2.6　国际工程招投标

2.6.1　国际工程招标投标的特点

国际工程招标投标除了和国内工程招标投标有相同点外,还具有其他特点。

1. 国际性

招标对象不局限于本国,而是面向世界各地进行招标,凡符合招标中要求条件的各国承包商都可以投标。

2. 竞争性

国际工程竞争非常激烈,国际工程承包与劳务市场已被国际上几大承包公司所占据,像我国这样的发展中国家想打入国际承包市场并占有一席之地,往往要花费很大力量去

竞争角逐，即使是国内利用“两行”贷款的项目，我们自己的承包与施工队伍在国际工程招标面前，也往往败下阵来。

3. 法规的特殊性

国内工程完全可按本国的法律和有关规定进行建设活动。参与国际工程招投标，要按照所在国的法律和规定工作，要参照国际惯例进行招投标的各项活动。

4. 价格的市场性

国际工程投标报价工作不同于国内，标价的编制方法和单价的确定具有明显的市场经济的特点。价格要随行就市。还有价款的表示要涉及到外币，因此也要涉及到汇率问题。这些特点都是要在招标投标中加以注意的。

2.6.2 国际工程招标方式

国际工程招标方式基本上可以归纳为四种类型，即公开招标、限制性招标、两阶段招标和议标。

1. 公开招标

公开招标的含义是招标活动处于公共监督之下进行的。这种招标将按“国际竞争性招标(ICB)”的程序和条件或工程所在国制定的公开招标法规和程序进行。公开招标通常公开发表招标通告，它可以在适当的报刊或互联网上登广告，或将通告寄给具有潜在投标能力的国家在该工程所在国的大使馆或领事馆，也可以直接寄给某公司。这种招标方式具有广泛性和公开性，凡愿意参加该工程投标的公司都可按通告要求时间和地址购买或领取有关工程介绍材料和资格预审表格。只有经过预审并符合要求的公司才能购买招标文件和参加投标。

公开招标一般均公布投标截止日期，开标日期，时间和地点，并在招标机构所有决策人员和投标人在场的情况下当众开标。开标的结果——各投标人的报价和投标文件的有效性均应公布，并由出席开标的招标机构所有决策人员在各承包商的每份标书的报价总表上签字，以表示从此时到授标前任何人不得修改报价。

在公开招标中，开标是当众进行的，评标和决标却是秘密进行的。但必须遵循规定的程序和原则，坚持公平合理。在评标期间，评标组织可以要求投标人回答或澄清其投标书中某些不清楚或含混的问题，但无权要求或接受承包商调整标价，只有在评出中标者之后，通过议标和商签合同时，根据双方的讨价还价，方可调整最后的合同价。

除非招标文件中另有规定，或报价明显不合理，公开招标一般应将标授予最低报价者，这种招标如前所述，竞争性强，透明度高，是一种比较理想的招标模式，一般国际经济机构如世界银行，各地区开发银行资助的工程或物资采购，都采用这种方式，这种方式也称为国际竞争性招标。

2. 限制性招标

限制性招标也称选择性招标。这种方式是在招标中附带一些限定条件而不能实现公开招标。这种招标方式有：

(1)排他性招标。贷款国要求长期贷款的工程只向贷款国的承包商招标，排除第三国的承包商，甚至借款国的承包商与第三国承包商合作投标也排除在外。

(2)指定性招标。由工程项目业主指定某些他认为资信可靠和能力适应的公司参加投标。

(3)邀请性议标。由项目业主专门邀请少数公司各自报价和分别议标。

(4)地区性招标。由于资金来源属于某一地区的组织，例如阿拉伯基金，沙特发展基金，地区性开发银行等，仅限于该组织的成员国的公司参加投标。

(5)保留性招标。仅允许本国承包商投标，或保留某些部分给本国承包商。这种方式的招标，由于附加了一些限定条件，会造成不公平竞争。但这种方式在一些国家和地区还是应用得比较多的。

3. 两阶段招标

两阶段招标实质上是国际竞争性招标和限制性招标相结合的方式。第一阶段按公开招标方式招标，经过开标和评标后，再邀请其中报价较低的或较合格的三家或四家投标人进行第二次投标报价。这种方式通常适用于以下情况：

(1)招标内容属高新技术，需在第一阶段招标中博采众议，进行评价，选出最新最优设计方案，然后在第二阶段中邀请选中方案的投标人进行详细报价。

(2)在某些新型的大型项目承包之前，招标人对此项目的建造方案尚未最后确定，这时可以在第一阶段招标中向投标人提出要求，就其最擅长的建造方案进行报价，或者按其建造方案报价，经过评价，选出其中最佳方案的投标人再进行第二阶段的按其具体方案的详细报价。

(3)一次招标不成功，即所有投标报价超出标底 20%以上，只好在现有基础上邀请若干家较低报价者再次报价。

4. 议标

议标又称邀请协商。就其本意而言，议标乃是一种非竞争性招标，严格说来，这不算一种招标方式，只是一种“谈判合同”。通常在以下情况下适用：

(1)以特殊名义(如执行政府协议)签订承包合同。

(2)按临时签约且在业主监督下执行的合同。

(3)由于技术的需要或重大投资原因只能委托给特定的承包商或制造商实施的合同。这类项目在谈判之前，一般都事先征求技术或经济援助合同双方的意见，近年来，凡是提供经济援助的国家资助的建设项目大多采取议标形式，由受援国有关部门委托给供援国的承包公司实施。这种情况下的议标一般是单向议标，且以政府协议为基础。

(4)属于研究、试验或实验及有待完善的项目承包合同。

(5)项目已付诸招标，但没有中标者或没有理想的承包商。这种情况下，业主通过议标，另行委托承包商实施工程。

(6)出于紧急情况或急迫需求的项目。

(7)秘密工程。

(8)属于国防需要的工程。

(9)已为业主实施过项目且已取得业主满意的承包商重新承担基本技术相同的工程项目。

议标可以给承包商带来较多好处。首先,承包商不用出具投标保函。议标承包商无须在一定的期限内对其报价负责;其次,议标毕竟竞争性少,因而缔约的可能性较大。同样,议标对于发包单位也有好处,发包单位不受任何约束,可以按其要求选择合作对象,尤其是发包单位同时与多家议标时,可以充分利用议标的承包商的弱点,以此压彼;利用其担心其他对手抢标、成交心切的心理迫使其降低标价或降低其他要求条件,从而达到理想的成交目的。

当然,议标毕竟不是招标,竞争对手少,有些工程由于专业性过强,议标的承包商往往是"只此一家,别无分号",自然无法获得有竞争力的报价。

2.6.3 国际工程招标投标程序

1. 招标投标程序

国际工程招标投标程序如图 2-2 所示,图中实线部分是业主的程序线,虚线部分指承包商的程序线。

由于各国对招标投标过程和活动的要求不同,招投标程序和有关内容也较难统一,但大多数国家在国际工程招标投标过程中一般采用各国都能接受的通用做法——国际惯例。现仅就公开招标规则中的一般国际惯例加以介绍。

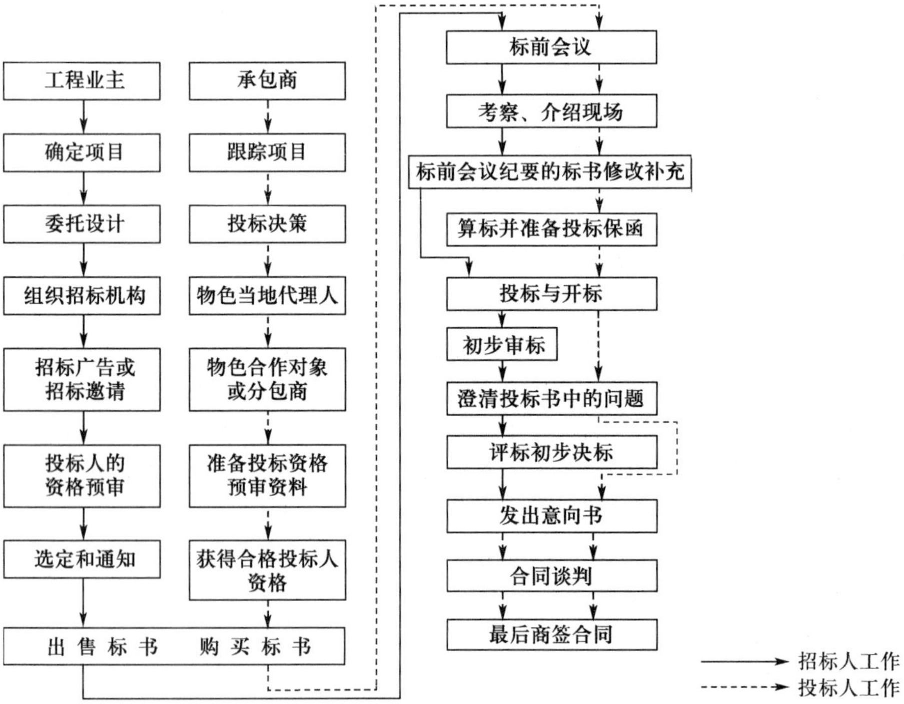

图 2-2 国际工程招标投标程序图

2. 关于招标通告

公开招标的项目，一般均在官方的报纸上公布招标通告，并可将招标通告通知有关国家驻该国的大使馆和领事馆。

招标通告的内容，通常包括：招标业主的名称和项目名称；资金来源，项目地点，招标工程内容及招标范围简要说明；计划开、竣工日期；发售招标文件的地点和时间；招标文件的费用，投标保证金数额等。

若在发售招标文件之前需要进行投标人资格预审，可以在招标通告中将招标文件换成资格预审申请表，并注明递交资格预审资料的截止日期。

3. 关于资格预审

在国际工程招标中，对投标人进行资格预审是不可缺少的步骤之一，其实质就是业主对报名参加投标的众多承包商的技术水平、财务实力和施工能力进行调查，从中选择出具有适合该工程承包能力的若干个承包商进行投标，以减少后期的工作量及提高中标率，减少工程建设中的风险。

凡是需进行投标人资格审查的项目，应当准备一份投标申请书，供愿意参加投标的承包商填写。申请书实质上就是资格预审文件，一般包括三个方面的内容。

(1)由业主准备的工程简介。这个简介要比招标通告中对工程的介绍要详尽一些，以便承包商能够了解该工程的某些细节，使其做出是否参加投标资格预审和参加投标的决策。

(2)对投标人的限制条件。如对于参加投标的公司是否有等级和国别的限制，或是否有承包过此类工程的经验。

(3)要求拟投标人填报的质询表格和应随申请书一起递送的其他资料。其中包括关于施工经验的质询，即过去和现在的施工履历和业绩；关于施工计划和施工机械设备的质询；关于工程承包方式；主要项目经理的姓名和国籍，劳务人员的组织，机构设置情况；关于财务状况的证书，主要是提交资产负债表及证明人。

有的申请书中还有宣誓书等。一般应当规定资格预审申请书和递交资料的份数，每份递送的地点和时间，并明确文件使用的语言文字。应明确是否必须具有当地代理人，是否必须报送代理人协议和提供代理人的基本情况。

4. 关于招标文件的准备与发出

一项工程在招标之前，必须准备好正式的招标文件，其内容和前面介绍的国内施工招标文件的内容基本相同，其重点主要在于以下三个方面。

(1)投标人须知。投标人须知是指导投标人如何正确进行投标的文件。投标人须知所应包括的基本条款有：

①收标，它是在取得招标文件后，有兴趣的承包商，应将承包该工程的报价(投标书)，密封后于规定日期以前交送指定地点的业主代表手中的说明；

②合同文件的拟定单位(如 FIDIC)；

③向投标者解释招标文件，说明投标者在发现招标文件中的问题或有不清楚的地方应该用何方式(书面)向谁询问，以及被询问人用何种方式(书面补遗)对提出的问题予以

解答或澄清，补遗应成为标书的正式组成部分；

④投标书的编制和提交。这里提出对投标书的编制要求，采用语言和正本副本要求，提交方式及时间要求，以及提交后可否更改，用何种方式更改等；

⑤业主拒绝投标书的权利；

⑥投标保证书；

⑦施工现场的勘察时间和地点；

⑧投标的充分条件，即保证标价合理、准确和正确；

⑨更改和备选方案；

⑩投标日期和开标日期的推迟；

⑪保密要求。

(2)投标保证书。投标保证书是由业主认可的银行或其他担保机构出具的文件。其内容是向业主担保，投标人的标书被接受之后，一定同业主签订承包合同，不得反悔，中途退标；否则将没收保证书规定的担保金额，以赔偿业主的损失。担保金额一般为标价的2%～5%，或业主规定的具体数额。保证书通常由投标人和担保人共同签署；也有由担保人单独签署的。

(3)合同条件。合同条件是国际工程招标文件中的重要组成部分，其目的在于使投标人预先明确其在中标后的权利、义务和责任，以便在报价时充分考虑这些因素。合同条件通常由业主委托咨询机构起草。一般应说明合同所依据的法律及合同文本所用的语言，然后列出合同主要条款。以往在国际上广泛采用的合同条件文本是国际咨询工程师联合会(FIDIC)编写的《土木工程施工合同条件》，现已出版了1999年版的新的四部FIDIC合同条件。随着我国加入WTO，国际通用的合同条件将得到应用。

招标文件只售给获得投标资格的投标人。招标文件的正本一般均盖有主管招标机构的印鉴，这份正本作为投标文件的正本交回。应当规定招标文件是保密的，不得转让他人。

5. 标前会议

一般在投标人须知中都注明了标前会议的日期，若有变更应及时通知已购买了招标文件的投标人。标前会议的目的主要是统一澄清投标人提出的各类问题。这些问题都是在研读标书中发现的，有的是不明白，有的可能是错误。这些问题都应以书面形式在规定日期寄送给招标机构。标前会议一般均在工程所在国境内召开，一般在标前会议中还要组织投标人到现场考察。这对投标是非常重要的，关系到能否正确报价，应当在投标人须知中写明标前会议及现场考察费用由投标人自理。标前会议中对各种问题的答复应整理成书面材料，作为招标文件的一部分下发给投标人。标前会议还应最后确定开标日期。

6. 收标和开标

收标一般是在招标文件指定地点设有投标箱，并由招标人委派专人负责保管。收标后应将盖有接收日期的收据给投标人，以证明是在规定投标截止日之前投入的。在投标截止日期和时间一到，应立即封闭投标箱，以示投标到此结束。

对于公开招标的项目，都应由招标委员会主持举行开标仪式；在此仪式上，应当众拆开所有的标书，宣读其标价。在投标致函中已说明自动降低的价格也一并宣布。会上还应拆阅各投标人递交的银行保函，并检查保函金额及开保银行是否有效。保函不符合规定要求的投标为废标。

7. 澄清问题，评标和决标

评标是由专门的评审委员会或技术委员会负责进行的。首先应研究开标会议上宣布的标价较低的前几名投标书，发现问题或出入可以分别召请投标人前来答辩，澄清问题。这种澄清问题完全是为了搞清标书中的某些问题，而不是议标或对被邀请的投标人的偏爱。评标时不仅研究报价，还要对工期、进度、质量保证措施和财务安排等方面的技术性内容进行综合比较。一般是将在技术、工期和财务安排方面没有严重缺陷或错误的最低标作为第一候选对象推荐给招标委员会。但还要推荐一两名候补对象（一般为第二标或第三标）作为备选替代。最低标不一定就中标。若最低标与其他投标人的标价相差甚大，甚至低于标底很多，往往造成业主担心该承包商能否完成该项工程，有时不敢过于冒风险授标于最低标。当招标委员会做出中标裁决后，即可向选定对象发出授标意向信，通知中标人在规定时间内同工程招标人最后议标或商签合同。也可以不做中标决定，而向前三名投标人发出进行议标的意向信，通过谈判最终确定中标人。

8. 中标和商签合同

虽然在招标文件中已经有了明确的合同条件以及合同协议书，而且得标者在投标书中明确表示，接受标书中的条件，承认在规定授标期限内投标书具有约束力。但业主和承包商还是愿意进一步就合同条款进行协商，甚至还可以讨价还价，以便最终确定合同价格和合同条款。在正式签订合同之前，中标人应向业主提交一份由银行或保险公司开具的履约保函，出保单位应是业主认可的。若承包商不能交出履约保函，则按弃权处理，并没收其投标保证金。如果中标的承包商不按期签约或中途撤标，应视为违约也应没收其投标保证金，并给予其他制裁。

2.6.4 国际工程施工投标报价

1. 投标报价的准备工作

国际工程施工投标报价是国际工程承包中的关键环节。它决定着是否能战胜竞争对手，成功获得项目的承包权，也关系到承包商在完成合同后能否获得合理的利润。为了能做出合理的有竞争力的报价，做好报价前的各项准备工作至关重要。

（1）熟悉和研究招标文件

计算报价的直接基础是招标文件，因此，承包商在报价计算之前，应认真仔细地阅读招标文件的全部内容，尤其是投标范围、技术要求、商务条件、工程中使用的特殊材料和设备，以及招标文件中含混不清的问题。重点熟悉、研究和注意的内容为：

①投标书附录与合同条件。阅读此部分内容应明确：工期；误期赔偿；缺陷责任期；保函的要求；保险的要求；付款条件；税收；货币；劳务的国籍限制；不可抗力损失的补偿方法以及中途停工的有关要求；有无提前竣工的奖励；争议、仲裁或诉诸法律的规定。

②技术说明。研究招标文件中的技术说明对材料、设备和工艺的要求，熟悉采用的技术规范的有关规定。

③报价要求。一要明确合同是何种类型；二要弄清工程量表的编制体系和编制方法；三是对永久工程以外的工程的要求；四是指定分包商的范围；五是合同中有无调价条款和调价公式。

④承包商风险。找出招标文件中对承包商应承担的各种风险的规定及条款。

(2)进行各项调查研究

①市场调查。包括：工程所在国的政治、经济形势；当地的法律法规，工程市场情况等。

②工程现场考察和工程所在地区环境调查。工程现场考察对报价非常重要，应对如下内容进行调查：一般自然条件，包括工程的地理位置、地形及周围环境，当地气象水文资料，工程地质情况；施工条件及环境，包括与施工组织设计有关的情况，水、电、道路等基础设施情况，当地可提供的工程材料、施工机械和设备、劳动等情况以及其他条件。

③对工程业主方和竞争对手公司的调查。主要调查业主、咨询工程师的情况，尤其是业主的资金状况；参加投标的外国公司和工程所在国公司实力、信誉和以往工程的业绩等情况。

(3)标前会议

标前会议是业主给投标人提供对招标文件及其他情况进行质疑的机会，对投标报价是非常重要的，要认真准备，提交质疑书面文件。例如，图纸与技术说明之间有矛盾时以谁为准，合同条款中规定的不明确的地方，工程量表中的差错的澄清等。

(4)复核工程量

工程量的多少直接影响到报价的高低，因此，承包商应对招标文件中给的工程量表的细目、数量、单位等依据图纸和技术要求进行仔细的计算核对，一方面为报价做好准备，另一方面为日后变更计价和索赔提供伏笔。

(5)制定施工规划

制定施工规划一方面是满足招标文件的要求，同时也是进行投标报价的依据。施工规划应包含：

①施工进度计划。包括总工期；主要分部、分项工程的起止时间；各项工作的施工次序和相互衔接；劳动力、材料、设备、工程量等资源的使用计划和均衡安排。

②施工方案。主要应包括：主要施工项目的施工方法；所使用的机械和设备的选型和使用安排。

③分包规划。做好自己施工和分包项目的划分。

④劳动力、工程材料、施工机械和设备等需要量计划。

⑤特殊条件下的施工措施。

⑥施工用房和生活用房及其施工辅助或临时设施设计与布置。

⑦水、电等动力、能源设计与计划等。

2. 报价的基本组成

国际工程施工投标报价一般由以下几个方面组成：

(1)工程直接费

工程直接费是指施工中直接转化为工程实体及工程价格的工程施工所用的人工、材料和机械设备费用。主要包含人工费、材料费、施工机械费和分包费。

(2)工程间接费

工程间接费是指工程直接费用以外的，为完成施工任务而发生的、间接转化为工程价格的费用。主要包括投标期间开支的费用；保函手续费(一般为保函金额的0.2%～0.5%)；保险费(包括工程险、第三者责任险)；税金(包括利润所得税、营业税、合同税、产业税、社会福利税、安全税和地方政府开征的其他税种)；业务费(包括工程师费、代理人佣金、律师费等)；临时设施费(约为直接费的2%～8%)；贷款利息；施工管理费(约占总价的10%，包括管理人员及后勤人员工资；办公费；差旅交通费；医疗费；劳保费；生活用品购置；交际费；对分包的管理费等)和上缴总部管理费(约为成本的2%～5%)、盈余(包括利润和风险费)等。

(3)暂定金额

暂定金额也叫待定金额或备用金。是招标文件中明确规定了的一笔金额，在施工中由业主或工程师指定其用途。

3. 投标报价的各类基础单价计算

(1)人工单价的计算

人工单价是指国内派出工人和当地雇佣工人(包括外籍和当地工人)的平均工资单价。计算的过程为：先确定两类工人的工资单价(通过调查和询价)，然后考虑工效和其他一些因素(包括招标文件的规定)，确定两类工人工日数在总的工日数中各占的比例，最后加权平均计算平均工资单价。其计算公式为：

平均工资单价＝本国工人工资单价×本国工人工作工日占总工日的百分比＋
当地工人工资单价×当地工人工作工日占总工日的百分比

本国工人工资一般包含：工资；派出工人企业所收的管理费；置装费；国内旅费；国际旅费；国外零用费；国外伙食费；国外保险和税金。

当地雇佣工人工资一般应包括：日基本工资；带薪法定假日、带薪休假日工资；夜间施工或加班应增加的工资；按规定应由业主支付的税金和保险费；招募费和解雇时所支付的解雇费；上下班交通费。

本国的工人工资与当地工人工资相比不要低很多，一般控制在低5%～10%为宜。从道理上讲，应是当地工人工资低于本国派出工人工资才有竞争力。

(2)材料、设备单价的计算

材料和设备的采购来源有三种：当地采购；本国采购；第三国采购。其中后两种货物采购涉及到进出口及国际运输业务，所以确定各种货物采用哪一种采购方式应进行方案比较。其各类单价计算公式如下：

①当地材料、设备单价＝市场价＋运杂费＋运输保管损耗

②本国或第三国材料、设备单价＝到岸价＋海关税＋港口费＋运杂费＋保管费＋运输保管损耗＋其他费用

其中到岸价包括成本、运费和保险费等卖方指定目的港交货费用，相当于 CIF(Cost Insurance and Freight)计价方式。

(3)施工机具台班单价计算

施工机具的来源有自行购买和租赁两种，其中自行购买的机械使用费包括：

①基本折旧费。将机械购买费用按一定的折旧比率折旧摊销在本工程中。

②安装拆卸费。大型设备(如起重机)需要运至工地组装发生的费用。

③维修费。包括施工期间的维修、配件、工具和辅助材料的费用。

④燃料动力费。按当地的燃料和动力基价和消耗定额乘积计算。

⑤机上人工费。按工日基价与操作人员数的乘积计算。

⑥机械保险费。指施工机械设备保险费。

台班单价的计算方法如下：

台班单价＝(①＋②＋③＋⑥)/(总台班数)＋⑤＋④

基本折旧费＝(机械原值－余值)×折旧率

(4)分项工程直接费单价的计算

已知人工、材料和机械台班使用费单价，根据施工方案及计算出的工程量，通过确定的人工、材料和机械台班的消耗定额，计算出该分项工程的直接费单价。

4. 投标价计算

(1)分项工程直接费 A

包括：人工费 a_1；材料费 a_2；永久设备费 a_3；机械费 a_4。

分项工程直接费 $A = a_1 + a_2 + a_3 + a_4$

(2) 间接费 B

可以根据间接费用的组成，根据承包商的内部管理定额和市场情况，计算出各项间接费 J，再计算出所有工程的间接费总和 $B = \sum J$。

(3) 计算分摊系数

先计算所有分项工程直接费的总和 $\sum A$，则分摊系数也称间接费比率 $\eta = \frac{B}{\sum A}$。

(4) 计算分项工程的费用

$$W = (1 + \eta) \times A$$

(5) 计算工程标价 S_1

$$\text{工程标价 } S_1 = \sum W + P$$

其中 P 为暂定金额。

投标人依据上述方法计算出标价后，还要综合考虑风险因素和其他因素，由投标决策

者做出投标策略选择，投标技巧与策略基本与国内工程投标相同。最终的投标报价用公式可以简单表述为：

$$S = S_1 + S_2$$

其中：S 为最终的投标报价，S_2 为依投标策略所做的调整。

思考题

1. 根据《招标投标法》的规定，通常情况下采用的评标方法是综合评估法还是经评审后的最低投标价法？

2. 设立拦标价的理由和目的是什么？

3. 什么叫评“暗标”？

4. 在什么情况下可以没收投标人的投标保证金？

5. 为什么说在建设监理和工程设计招标中选择中标人应是基于能力或质量的选择？

6. 国际工程投标报价与国内工程投标报价有何异同？

第 3 章 建设工程合同与委托监理合同

学习要点 本章重点介绍建设工程勘察、设计合同，施工合同以及委托监理合同的内容和文本。通过本章学习，应了解勘察、设计，施工及监理合同的概念和特点；熟悉三种合同的主要内容与订立要求；重点掌握合同当事人各方的权利与义务关系及施工合同的主要条款。

3.1 建设工程勘察、设计合同

3.1.1 建设工程勘察、设计合同概念

建设工程勘察合同是指根据建设工程的要求，查明、分析、评价建设场地的地址地理环境特征和岩土工程条件，编制建设工程勘察文件的协议。建设工程设计合同是指根据建设工程的要求，对建设工程所需的技术、经济、资源、环境等条件进行综合分析、论证，编制建设工程设计文件的协议。委托方是建设单位或有关单位（如工程总承包单位），承包方是持有勘察设计证书的勘察设计单位。

勘察、设计合同按照委托的内容（即合同标的）及计价不同有不同的合同形式。

1. 按委托内容分类

(1)勘察、设计总承包合同。这是由具有相应资质的承包人与发包人签订的包含勘察和设计两部分内容的承包合同。其中承包人可以是具有勘察设计双重资质的勘察设计单位；也可以是分别具有勘察与设计资质的勘察单位和设计单位的联合；也可以是由设计单位作为总承包单位并承担其中的设计任务，而勘察单位作为勘察分包商。

勘察、设计总承包合同可以减轻发包人的协调工作，尤其是减少了勘察与设计之间的责任推诿和扯皮。

(2)勘察合同。这是发包人与具有相应勘察资质的承包商签订的委托勘察任务的合同。

(3)设计合同。这是发包人与具有相应资质的设计承包商签订的委托设计任务合同。

2. 按计价方式分类

(1)总价合同。适用于勘察设计总承包,也适用于勘察设计分别承包的合同。

(2)单价合同,与总价合同适用的范围相同。

(3)按工程造价比例收费的合同,适用于勘察设计总承包和设计承包合同。

3.1.2 建设工程勘察、设计合同的订立

1. 在建设工程勘察、设计合同订立之前,必须具备的条件

(1)当事人的条件。建设工程勘察、设计合同的当事人双方都应是法人或者其他组织,承包商必须具有与完成签约项目等级相应的资质,即相应的勘察、设计资质。

(2)委托勘察、设计的项目必须具备的条件。要求必须具备法律、法规规定的条件,如建设工程项目的可行性研究报告或项目建议书已获得批准;已经办理了建设用地规划许可证等手续;设计任务书已经上级主管部门批准等等。

2. 建设工程勘察、设计合同订立的程序

建设工程勘察、设计任务可以采用招标委托和直接委托两种方式。但是依法必须进行招标的项目必须通过招标投标的方式来委托,小型项目以及可以不招标的项目由发包人直接选定承包商。具体程序包括:

(1)确定合同标的。勘察、设计合同的标的实际上就是决定勘察设计分开发包还是合在一起发包,合同标的是合同的中心。

(2)选定承包商。采用招标方式进行委托的项目,按照招标投标的程序优选出中标人即为承包商。不需进行招标的项目,由发包人提出勘察设计的内容、质量等要求并提交勘察设计所需资料,承包方对此进行研究后作出方案及进度安排,确定取费金额和付款办法,双方当事人协商后就合同条款取得一致的意见。

(3)签订勘察、设计合同。采用招标方式确定承包商的,其合同的主要条件都在招标文件、投标文件中得到确认,在签约阶段所需要协商的内容就不是很多。但是通过直接委托方式确定承包商的,在签约阶段则要涉及到几乎所有的合同条款,因此必须要认真对待。

3. 签约前对当事人资格和资信的审查

在签订合同前,为了保障合同能够得到有效的实施,必须要对当事人的资格进行审查。这是合同签订前必不可少的工作。

(1)资格审查。审查当事人是否属于按照法律规定成立的法人组织,有无法人章程和营业执照,本合同是否在章程或营业执照规定的范围内。另外,还要审查签订合同的有关人员是否是法定代表人或法人委托的代理人,以及代理人的活动是否越权等等。

(2)资信审查。审查委托方的资信,企业的生产经营状况和银行信用情况等,可以了解当事人对于合同的履行能力和履行态度,以便慎重签订合同。

(3)履约能力审查。主要审查承包方的专业业务能力。可以通过审查承包方的勘察设计证书了解它的级别、业务规格和专业范围,同时还应该了解承包方以往的工程业绩及正在履行的合同数量。对委托方应审查其建设资金的落实情况及支付能力。

3.1.3 建设工程勘察合同的主要内容

1. 综述

主要说明建设工程的名称、规模、建设地点、勘察任务、委托方和承包方的概况以及订立合同的依据。

2. 委托方的义务

(1)在勘察工作开展前,发包人应向承包方提交下述文件和资料:工程项目批准文件(复印件),以及用地(附红线范围)、施工、勘察许可等批件(复印件);工程勘察任务委托书、技术要求和工作范围的地形图以及由设计单位提供的建筑总平面布置图;勘察工作范围已有的技术资料及工程所需的坐标与标高资料;勘察工作范围地下已有埋藏物的资料(如电力、电讯电缆、各种管道、人防设施、洞室等)及具体位置分布图。

(2)委派人员协助承包方与有关部门的工作联系,如征购土地、青苗赔偿、拆除障碍物、平整施工现场、修建通行道路等,及时为承包方创造并解决勘察现场条件,以保证勘察工作的顺利开展。

(3)在勘察人员进入现场作业时,委托方应负责提供必要的工作及生活条件,按时为勘察人员准备好住宿、办公、临时库房、食堂、取暖、饮水等条件,并支付费用。若发包方不能提供上述条件时,发包方应支付承包方临时设施费。

(4)勘察过程中的任何变更,经办理变更手续后,发包方应按实际发生的工作量支付勘察费。

(5)工程完工后,在规定时间内负责组织勘察及成果验收,按合同约定及时支付勘察费用。由于发包方原因造成承包方窝工,除工期顺延外,发包方应支付窝工费。

3. 承包方的义务

(1)承包方应按照规定的标准、规范、规程和技术条例进行工程测量、工程地质、水文地质等勘察工作,并按合同规定的进度、质量要求提供勘察成果,并对其质量负责。

(2)在勘察过程中,应根据场地地形、地质条件和技术规范要求,向发包方提出增建工程量或改变勘察手段的意见,并办理变更手续。

4. 勘察费的取费标准及支付办法

勘察工作的取费标准是按照勘察工作的内容决定的。勘察费用一般按实际完成的工作量收取,我国有规定的勘察工作量计算方法。

勘察合同生效后,委托方应向承包方支付勘察费用总额20%的定金(合同履行后,定金可抵作勘察费);全部勘察工作结束后,承包方按合同规定向委托方提交勘察报告和图纸;委托方在收取勘察成果资料后,在规定的期限内,按实际勘察工作量付清勘察费。

对属于特殊工程的勘察工作原则上按勘察工程总价加收20%～40%的勘察费。特殊工程指自然地质条件复杂、技术要求高,勘察手段超出现行规范,特别重大、紧急、有特殊要求的工程,或特别小的工程等。

5. 违约责任

(1)若委托方不履行合同,无权要求返还定金;若承包方不履行合同,应双倍偿还定金。

(2)若委托方变更计划，提供不准确的资料，未按合同规定提供勘察设计工作必需的资料或工作条件，或修改设计，造成勘察设计工作的返工、停工、窝工，委托方应按承包方实际消耗的工作量增付费用。因委托方责任而造成重大返工或重新进行勘察时，应另增加勘察设计费。

(3)合同履行期间，由于工程停建而终止合同或委托人要求解除合同时，勘察人未进行勘察工作的，不退还委托人已付的定金；已进行勘察工作的，完成的工作量在 50%以内时，委托人应向勘察人支付预算额 50%的勘察费；完成的工作量超过 50%时，则应向勘察人支付预算额 100%的勘察费。

(4)勘察的成果按期、按质、按量交付后，委托方应按合同规定支付勘察费，若超过合同规定的日期付费，每超过 1 日，应偿付未支付勘察费的一定比例的逾期违约金；若承包方未按合同规定的日期提交勘察成果，每超过 1 日，应按一定比例减收勘察费。

(5)如果由于承包方原因造成勘察成果质量低劣不能满足设计技术要求时，其勘察费应由承包方自行承担。若因勘察错误而造成工程重大质量事故，承包方除免收损失部分的勘察费外，还应支付与该部分勘察费相当的赔偿金。

6. 争议的处理

在合同实施过程中，如双方发生争执，应及时协商解决；若协商不成，可由上级主管部门调解；调解不成，可按合同申请仲裁，或直接向人民法院起诉。

3.1.4　建设工程设计合同的主要内容

1. 综述

主要说明设计项目的名称、规模、投资额、设计内容、合同双方当事人的简单介绍等。

2. 委托方的义务

(1)委托方应该在规定的日期内向承包方提供经过批准的设计任务书(或可行性研究报告)、选择建设地质的报告以及原料、燃料、水电、运输等方面的协议文件和能满足设计要求的勘察资料、经科研取得的技术资料等。如果委托方提交上述资料及文件超过规定期限 15 天以内，承包方按合同规定的交付设计文件时间顺延，规定期限超过 15 天以上时，承包方有权重新确定提交设计文件的时间。

(2)若因委托方变更委托设计项目、规模、条件，或因提交的资料有误，以致造成承包方设计需要返工时，双方除需另行协商签订补充合同、重新明确有关条款外，发包方应按承包方所耗工作量向承包方支付返工费。

(3)委托方应负责及时地向有关部门办理各阶段设计文件的审批工作。

(4)委托方应向承包方派驻现场的工作人员提供必要的工作、生活及交通等方便条件。

(5)委托方应保护承包方的设计成果，未经承包方同意，发包方对承包方交付的设计文件不得擅自修改，也不得复制或向第三方转让或用于本合同外的项目，如果发生以上的情况，承包方有权索赔。

3. 承包方的义务

(1)承包方应根据批准的设计任务书或上阶段设计的批准文件以及有关设计的技术经济文件、设计标准、技术规范、规程、定额等提出勘察技术要求和进行设计,并按合同规定的进度和质量要求,提交设计文件。

(2)承包方对设计文件出现的遗漏或错误负责修改或补充。由于承包方设计失误造成的工程质量事故及损失,承包方除负责采取补救措施外,应免收损失部分的设计费,并根据损失的程度向委托方偿付赔偿金。

(3)承包方交付的初步设计经上级主管部门审查后,在原定任务书范围内的必要的修改、调整、补充应由承包方负责。并且承包方对所承担设计任务的建设项目应配合施工,负责向委托方及施工单位进行设计交底,解决施工中的有关设计问题,提供现场施工服务,负责设计变更和修改预算,参加隐蔽工程验收和工程竣工验收。

(4)承包方不得向第三方扩散、转让委托方提交的产品图纸等技术经济资料。如果发生以上情况,委托方有权索赔。

4. 设计的修改和中止

(1)设计文件批准后,就具有一定的严肃性,不能任意修改和变更。如果需要修改,必须经有关部门批准,其批准的权限视修改的内容所涉及的范围而定。如果修改的部分属于初步设计的内容(如总平面布置图、工艺流程、设备、面积、建筑标准、定员、概算等),须经设计的原批准单位批准;如果修改的部分属于设计任务书的内容(如建设规模、产品方案、建设地点及主要协作关系等),须经设计任务书的原批准单位批准;施工图设计的修改,须经设计单位的同意。

(2)如果委托方因故要求修改工程的设计,经承包方同意后,除设计文件的提交时间另定外,委托方还应按承包方实际修改的工作量增付设计费。

(3)原定设计任务书或初步设计如果有重大的变更而需要重做或修改时,须经设计任务书的批准机关或初步设计批准机关同意,并经双方当事人协商后另行签订合同。委托方负责支付已经进行了的设计的费用。

(4)委托方因故要求中途停止设计,应及时书面通知承包方,已经支付的设计费用不予退还,并且应按照该阶段实际耗用的工日,增付和结清设计费,同时结束合同关系。

5. 设计费

设计工作的取费,一般应根据工程的种类、建设规模和工程的简繁程度确定,执行我国建设主管部门颁发的工程设计收费标准。

委托方应按合同规定的金额和时间向承包方支付设计费用,每逾期一天,应承担一定比例金额的逾期违约金。逾期超过30天以上时,承包方有权暂停履行下阶段的工作,并书面通知发包方。委托方上级对设计文件不审批,或合同项目停建、缓建,委托方均应支付应付的设计费。

设计定金一般为设计费的20%,在合同约定的合同生效后的若干天内支付。在合同履行期间,委托方要求中止或解除合同,承包方未开始设计工作的,不退还委托方已付的定金;已开始设计工作的,委托方应根据承包方已进行的实际工作量,不足一半时,按该阶段设计费的一半支付，超过一半时按该阶段设计费的全部支付。

6. 额外服务的处理

(1)委托方要求承包方派专人长期驻施工现场进行施工配合及解决施工中的设计问题时，双方应另行签订技术咨询服务合同。

(2)工程项目中建筑材料、设备的加工订货，委托方需要承包方设计人员配合时，所需费用由委托方承担。

(3)委托配合引进项目的设计任务，从询价、对外谈判、国内外技术考察直至建成投产的各个阶段，委托方应吸收承担有关设计任务的承包方参加。

(4)委托方委托承包方承担合同内容之外的工作服务，另行支付费用。

7. 违约责任及争议的处理基本同勘察合同的要求

3.1.5 建设工程勘察、设计合同示范文本

原建设部与国家工商行政管理局于2000年颁布了建设工程勘察合同和建设工程设计合同示范文本，用以规范合同双方订立合同的内容，以便保证合同的内容完备、责任明确、风险责任分担合理。

1. 勘察合同示范文本

勘察合同示范文本按照委托的勘查任务的不同分成两个版本：

(2)建设工程勘察合同(一)[GF—2000—0203]，该范本适用于为设计提供勘察工作的委托任务，包括岩土工程勘察、水文地质勘察(包括凿井)、工程测量、工程物探等勘察；

(3)建设工程勘察合同(二)[GF—2000—0204]，该范本仅适用于岩土工程勘察的委托，包括获得并提供岩土工程的资料、对岩土工程项目进行设计、治理和监测。

2. 设计合同示范文本

设计合同按照委托的设计任务的专业类别也分成两个版本：

(1)建设工程设计合同(一)[GF—2000—0209]，该范本适用于为民用建筑工程设计提供的委托设计合同；

(2)建设工程设计合同(二)[GF—2000—02010]，该范本适用于为专业建设工程设计提供的委托设计合同。

3.2 建设工程施工合同

3.2.1 建设工程施工合同概述

1. 建设工程施工合同的概念

建设工程施工合同又称建筑安装工程承包合同，简称施工合同，是发包人(建设单位或总包单位)和承包人(施工单位)之间，就完成具体工程项目的建筑施工、设备安装、设备

调试、工程保修等工作内容,确定双方权利、义务关系的协议。建设工程施工合同是建筑工程中最重要也是最复杂的合同。其在工程项目中的持续时间长,标的物复杂,价格高,在整个建筑工程合同体系中,起主干合同的作用。

承发包双方签订施工合同,必须具备相应资质条件和履行施工合同的能力。对合同范围内的工程实施建设时,发包人必须具备组织协调能力或委托给具备相应资质的监理单位承担,承包人必须具备有关部门核定的资质等级并持有营业执照等证明文件。依据施工合同,承包人应完成发包人交给的建筑安装工程任务,发包人应按合同规定提供必要的施工条件并支付工程价款。

2. 施工合同签订的依据和条件

签订施工合同必须依据《合同法》、《建筑法》、《招标投标法》、《建设工程质量管理条例》等有关法律、法规,按照《建设工程施工合同示范文本》的"合同条件",明确规定合同双方的权利、义务,并各尽其责,共同保证工程项目按合同规定的工期、质量、造价等要求完成。签订施工合同必须具备以下条件:

(1)初步设计已经批准。

(2)工程项目已列入年度建设计划。

(3)有能够满足施工需要的设计文件和有关技术资料。

(4)建设资金和主要建筑材料设备来源已经落实。

(5)招投标工程中标通知书已经下达。

(6)建筑场地、水源、电源、气源及运输道路已具备或在开工前完成等。

只有上述条件成立时,施工合同才具有有效性,并能保证合同双方都能正确履行合同,以免在实施过程中引起不必要的违约和纠纷,从而圆满地完成合同规定的各项要求。

3. 施工合同的作用

在社会主义市场经济条件下,施工合同的作用日益明显和重要,主要表现在以下方面:

(1)明确建设工程在施工阶段发包人和承包人的权利和义务

《合同法》规定:"依法成立的合同,对当事人具有法律约束力,受法律保护。"建设工程施工合同已经生效之后,即具有法律效力,工程发包人和承包人双方就产生了法律上的关系。承发包双方都应认真履行各自的义务,任何一方都无权擅自修改合同,如果任何一方违反履行合同义务,就不能相应享受权利,还要承担违约责任。

施工合同的内容是十分全面的,明确了建设工程发包人和承包人在施工中的权利和义务。通过施工合同的签订,就使得发包人和承包人清楚地认识到自己一方和对方在合同中各自承担的义务和享有的权利,以及双方之间的权利和义务的相互关系。

(2)建设工程施工阶段实行监理的依据

建设监理是20世纪80年代中后期随着我国建设管理体制改革的深化和参照国际惯例组织工程建设的需要,在我国建设领域推行的一项科学管理制度,旨在改进我国工程建设项目管理体制,提高工程项目建设水平和投资效益。《建筑法》第三十一条规定:"建设工程监理应当依照法律、行政法规及有关的技术标准、设计文件和建筑工程承包合同,对承包单位在施工质量、建设工期和建设资金使用等方面，代表建设单位实施监督。”监理工程师在工程监理过程中要做到坚持按合同办事，坚持按规范办事，坚持按程序办事。监理工程师必须根据合同秉公办事，监督业主和承包商都履行各自的合同义务，因此承发包双方签订一个内容合法，条款公平、完备，适应建设监理要求的施工合同是监理工程师实施公正监理的根本前提条件，也是推行建设监理制的内在要求。

(3)保护建设工程施工阶段发包人和承包人权益的依据

依法成立的施工合同，建设工程的发包人和承包人都从法律上受到保护。施工合同虽然是建设工程发包人和承包人双方依法协商一致的协议，但在履行中由于各种各样的原因，经常会发生矛盾和纠纷。施工合同的纠纷在调解、仲裁时，必须根据法律，以施工合同为依据进行。特别是施工合同纠纷由人民法院受理立案，进行审查和处理时，原告人除履行诉讼程序外，还要提供有关合同文本以利人民法院依据合同，根据法律进行调解、审理和判决。

3.2.2 建设工程施工合同的主要内容

在建设工程施工合同经济法律关系中必须包括主体、客体和内容三大要素。

施工合同的主体是建设单位(发包人、甲方)和建筑安装施工单位(承包人、乙方)。

客体是建筑安装工程项目，也就是《建筑法》中所称的建筑工程，包括土木建筑工程和建筑范围内的线路、管道、设备安装工程的新建、扩建、改建及相应的装饰装修活动。

内容就是施工合同的具体条款中规定的双方的权利和义务，施工合同条款内容除当事人写明各自名称、地址、工程名称和工程范围，明确规定履行内容、方式、期限，违约责任以及解决争议的方法外，还应明确建设工期、中间交工工程的开工和竣工时间、工程质量、工程造价、技术资料交付时间、材料设备供应责任、拨款和结算、交工验收、质量保证期、双方互相协作等内容。

1. 工程范围

工程范围是指施工的界区，是施工人进行施工的工作范围，工程范围是施工合同的必备条款。

2. 建设工期

建设工期指的是施工承包人完成施工任务的期限。每个工程根据性质的不同，所需要的建设工期也各不相同。建设工期能否合理确定往往会影响到工程质量的好坏。实践中，有的发包人由于种种原因，常常要求缩短工期，施工承包人为了赶进度，只好偷工减料，仓促施工，结果往往导致严重的工程质量问题。因此为了保证工程质量，双方当事人应当在施工合同中确定合理的建设工期。

3. 中间交工工程

中间交工工程是指施工过程中的阶段性工程。为了保证工程各阶段的交接，顺利完成工程建设，当事人应当明确中间交工工程的开工和交工时间。

4. 工程质量

工程质量是指工程的等级要求，是施工合同中的核心内容。工程质量往往通过设计图纸和施工说明书、施工技术标准加以确定。工程质量条款是明确施工承包人施工要求，确定施工承包人责任的依据，是施工合同的必备条款。工程质量必须符合国家有关建设工程施工及验收规范的要求，发包人不得以任何理由，要求施工承包人在施工中违反法律、行政法规以及建设工程质量、安全标准，降低工程质量。

5. 工程造价

工程造价是指建设该工程所需的费用，包括人工费、材料费、施工成本等费用。当事人根据工程质量要求，根据工程的概预算，合理确定工程造价。实践中，有的发包人为了获得更多的利益，往往压低工程造价，施工承包人为了盈利，不得不偷工减料，以次充好，结果必然导致工程质量的不合格，甚至造成严重的工程质量事故。因此，为了保证工程质量，双方当事人应当合理确定工程承包价格。

6. 技术资料

技术资料主要是指勘察、设计文件以及其他施工承包人据以施工所必需的基础资料。技术资料的交付是否及时往往影响到施工进度，因此当事人应当在施工合同中明确技术资料的交付时间。

7. 材料和设备供应

材料和设备的供应责任是指由哪一方当事人提供工程建设所必需的原材料以及设备。材料一般包括水泥、砖瓦石料、钢筋、木料、玻璃等建筑材料和构配件。设备一般包括供水、供电管线和设备、消防设施、空调设备等。在实践中，有的由发包人负责提供，也可以由施工人负责采购。材料和设备的供应责任应当由双方当事人在合同中做出明确约定。如果在合同中约定由承包人负责采购建筑材料、构配件和设备的，施工承包人履行采购任务，既是施工承包人应当履行的义务，也是施工承包人应当享有的权利。发包人有权对施工承包人提供的材料和设备进行检验，发现材料不合格的，有权要求施工承包人调换或者补齐。但是发包人不得利用自己有利的合同地位，指定施工承包人采购由其指定的建筑材料、构配件或设备，包括不得要求施工承包人必须向其指定的生产厂家或供应商购买建筑材料、构配件或设备。因为由发包人指定供应厂商的行为，容易导致发包人与供应厂商之间的腐败行为。此外，在建设工程造价固定的情况下，发包人指定施工承包人购买高价的建筑材料、构配件或设备也会损害施工承包人的利益。

8. 拨款与结算

拨款是指工程款的拨付；结算是指工程交工后，计算工程的实际造价以及与已拨付工程款之间的差额。拨款和结算条款是施工承包人请求发包人支付工程款和报酬的依据。一般来说，除了“交钥匙工程外”，施工承包人只负责建筑、安装等施工工作，由发包人提供工程进度所需款项，保证施工顺利进行。现实中，发包人往往利用自己在合同中的有利地位，要求施工承包人垫款施工。施工承包人垫款完成施工任务后，发包人常常是不及时结算，拖延支付工程以及施工承包人所垫付的款项，这是造成目前建筑市场中拖欠工程款现象的主要原因，因此当事人不得在合同中约定垫款施工。

9. 竣工验收

竣工验收是工程交付使用前的必经程序，也是发包人支付价款的前提。竣工验收条款一般包括验收的范围和内容、验收的标准和依据、验收人员的组成、验收方式和日期等内容。建设工程竣工后，发包人应当根据施工图纸及说明书、国家颁发的施工验收规范和质量检验标准及时进行验收。

10. 质量保证

建设工程的质量保修范围应当包括地基基础工程、主体结构工程、屋面防水工程和其他工程，以及电气管线、上下水管线的安装工程，供热、供冷工程等项目。质量保证期是指工程各部分正常使用的期限，在实践中也称质量保修期。质量保证期应当与工程的性质相适应，当事人应当按照保证工程合理寿命年限内的正常使用，维护使用者合法权益的原则确定质量保证期，但不得低于国家规定的最低保证期限。

11. 双方相互协作条款

双方相互协作条款一般包括双方当事人在施工前的准备工作，施工承包人及时向发包人提出开工通知书、施工进度报告书、对发包人的监督检查提供必要的协助等。双方当事人的协作是施工过程的重要组成部分，是工程顺利施工的重要保证。

3.2.3 建设工程施工合同示范文本

《合同法》规定："当事人可以参照各类合同的示范文本订立合同。"推广合同示范文本制度，可以使当事人订立合同更加认真、更加规范，对于提示当事人在订立合同时更好地明确各自的权利义务，尽量减少合同约定缺款少项，防止合同纠纷，起到了积极作用。

《建设工程施工合同示范文本》第一版本，是于 1991 年由建设部、国家工商行政管理局依据当时有关经济合同的法律、法规和涉及建设工程施工的法规和规章，结合建设工程施工的实际情况，借鉴国际通用土木工程施工合同制定并印发推行。从 1996 年至 1999 年间根据第一版本印发后涉及合同的法律不断出台的情况，对第一版本进行了修订，于 1999 年 12 月 24 日又推出了修改后的新版《建设工程施工合同》(GF—99—0201)示范文本(以下简称《文本》)。该示范文本可适用于土木工程，包括各类公用建筑、民用住宅、工业厂房、交通设施及线路管道的施工和设备安装。

《文本》由《协议书》、《通用条款》和《专用条款》三部分组成，并附有三个附件：附件一是《承包人承揽工程项目一览表》，附件二是《发包人供应材料设备一览表》，附件三是《工程质量保修书》。

《协议书》是《文本》中总纲领性的文件，其主要内容包括工程概况、工程承包范围、合同工期、质量标准、合同价款、组成合同的文件、双方对履行合同义务的承诺以及合同生效等。虽然《协议书》文字量并不大，但它规定了合同当事人最主要的义务，经合同当事人在这份文件上签字盖章，就对双方当事人产生法律约束力，而且在所有施工合同文件组成中它具有最优的解释效力。

《通用条款》共 47 条，是一般土木工程所共同具备的共性条款，具有规范性、可靠性、完备性和适用性等特点，该部分所列条款的约定不区分具体工程的行业、地域、规模等特点，可适用于任何工程项目，并可作为招标文件的组成部分而予以直接采用。《通用条款》

是在广泛总结国内工程实施中成功经验和失败教训基础上，参考 FIDIC 编写的《土木工程施工合同条件》相关内容的规定，编制的规范承发包双方履行合同义务的标准化条款。《通用条款》包括十一个部分：词语定义及合同文件；双方一般权利和义务；施工组织设计和工期；质量与检验；安全施工；合同价款与支付；材料设备供应；工程变更；竣工验收与结算；违约、索赔和争议；其他。通用条款在使用时不做任何改动，原文照搬。

《专用条款》也有 47 条，与《通用条款》序号一致。由于具体实施工程项目的工作内容各不相同，施工现场和外部环境条件各异，因此还必须有反映招标工程具体特点和要求的专用条款的约定。《专用条款》是合同双方根据企业实际情况和工程项目的具体特点，经过协商达成一致的内容，是对《通用条款》的补充、修改，使《通用条款》和《专用条款》成为双方当事人统一意愿的体现。《专用条款》为甲乙双方补充协议提供了一个可供参考的提纲或格式。

下面根据国家建设部颁发的《建设工程施工合同通用条款》，介绍施工合同的主要内容和条款。

1. 词语含义

词语含义是对施工合同中频繁出现、含义复杂、意思多解的词语或术语作出明确的规范表示，赋予特定而且唯一的含义。这些合同术语的含义是根据建设工程施工合同的需要而特定的，它可能不同于其他文件或词典内的定义或解释。在施工合同中除专用条款另有约定外，这些词语或术语只能按特定的含义去理解，不能任意解释。在《通用条款》中共定义了 23 个常用词或关键词。

①通用条款。是根据法律、行政法规规定及建设工程施工的需要订立，通用于建设工程施工的条款。

通用条款是根据《建筑法》、《合同法》等法律、行政法规制定的，同时也考虑了工程施工中的惯例以及施工合同在签订、履行和管理中的通常做法，具有较强的普遍性和通用性，是通用于各类建设工程施工的基础性合同条款。

②专用条款。是发包人与承包人根据法律、行政法规规定，结合具体工程实际，经协商达成一致意见的条款，是对通用条款的具体化、补充或修改。

由于每项工程都有具体的内容，都有不同的特点，专用条款针对不同工程的内容和特点，对应通用条款的内容，对不明确的条款作出具体约定，对不适用的条款作出修改，对缺少的内容作出补充，使合同条款更具有可操作性，便于理解和执行。

③发包人。指在协议书中约定，具有工程发包主体资格和支付工程价款能力的当事人以及取得该当事人资格的合法继承人。发包人有时也称发包单位、建设单位或业主、项目法人。

④承包人。指在协议书中约定，被发包人接受的具有工程施工承包主体资格的当事人以及取得该当事人资格的合法继承人。承包人有时也称承包单位、施工企业、施工人。

⑤项目经理。指承包人在专用条款中指定的负责施工管理和合同履行的代表。

项目经理是承包人在工程项目上的代表人或负责人，一般由工程项目的项目经理具体负责项目施工。承包人在承包工程时，应向发包人提供负责该工程的项目经理情况。

项目经理应按合同约定，以书面形式向工程师送交承包人的要求、请求、通知等，并履行其他约定的义务。项目经理易人时，应提前7天书面通知发包人。在国际工程承包合同中，业主对承包商的项目经理都有年龄、学历、职称、经验等方面的具体要求。

⑥设计单位。指发包人委托的负责本工程设计并取得相应工程设计资质等级证书的单位。

⑦监理单位。指发包人委托的负责本工程监理并取得相应工程监理资质等级证书的单位。

⑧工程师。指本工程监理单位委派的总监理工程师或发包人指定的履行本合同的代表，其具体身份和职权由发包人承包人在专用条款中约定。

发包人可以委托监理单位，全部或部分负责合同的履行。发包人应当将委托的监理单位名称、监理内容及监理权限以书面形式通知承包人。监理单位委派的总监理工程师在施工合同中称为工程师。总监理工程师是经监理单位法定代表人授权，派驻施工现场监理机构的总负责人，行使监理合同赋予监理单位的权利和义务，全面负责受委托工程的建设监理工作。监理单位委派的总监理工程师姓名、职务、职责应当向发包人报送，并在施工合同专用条款中写明总监理工程师的姓名、职务和职责。

发包人派驻施工现场履行合同的代表在施工合同中也称为工程师。发包人代表是经发包人法定代表人授权，派驻施工现场的负责人，其姓名、职务、职责在专用条款中约定，但其职责不得与监理单位委派的总监理工程师职责相互交叉。双方职责发生交叉或不明确时，由发包人明确双方职责，并以书面形式通知承包人，以避免给现场施工管理带来混乱和困难。

⑨工程造价管理部门。指国务院各有关部门、县级以上人民政府建设行政主管部门或其委托的工程造价管理机构。

我国目前的工程造价管理部门一般是各部门、各地区的专业定额站或工程造价处。工程造价管理部门公布的价格调整是合同价款调整的依据。

⑩工程。指发包人、承包人在协议书中约定的承包范围内的工程。

《文本》的“工程”一般指永久性工程（包含设备），不包括双方协议书以外的其他工程或临时工程。对于群体工程项目双方应认真填写《承包人承揽工程项目一览表》作为合同附件，以进一步明确承包人承担的单位工程名称、建设规模、建筑面积、结构、层数、跨度、设备安装内容等。

⑪合同价款：指发包人、承包人在协议书中约定，发包人用以支付承包人按照合同约定完成承包范围内全部工程并承担质量保修责任的款项。

对于招标工程，可通过招投标的方式确定合同价款，合同价款与中标价格一致。对于非招标的工程，应以施工图预算为基础。双方当事人应在协议书中明确承包范围内的合同价款总额，在专用条款中则应明确本工程合同价款的计价方式，是采用固定价格合同或可调价格合同还是成本加酬金合同。如采用固定价格合同，双方应约定合同价款中包括的风险范围、风险费用的计算方法、风险范围以外合同价款调整方法；如采用可调价格合同，则应约定合同价款调整的方法；如采用成本加酬金合同，则应约定成本的计算依据、范围和方法以及酬金的比例或数额等内容。

⑫追加合同价款。指在合同履行中发生需要增加合同价款的情况，经发包人确认后按计算合同价款的方法增加的合同价款。

⑬费用。指不包含在合同价款之内的应当由发包人或承包人承担的经济支出。

本条是指不通过承包人，由发包人直接支付与工程有关的款项，如施工临时占地费、邻近建筑物的保护费等。乙方应负担的开支也称费用。

⑭工期。指发包人、承包人在协议书中约定，按总日历天数（包括法定节假日）计算的承包天数。

合同工期并不等于合同履行期，后者是从合同生效到合同权利义务终止的时间，包括开工前准备阶段和竣工结算时间和保修期。

⑮开工日期。指发包人、承包人在协议书中约定，承包人开始施工的绝对或相对的日期。

⑯竣工日期。指发包人、承包人在协议书中约定，承包人完成承包范围内工程的绝对或相对的日期。

⑰图纸。指由发包人提供或由承包人提供并经发包人批准，满足承包人施工需要的所有图纸（包括配套说明和有关资料）。

在专用条款中应明确写明发包人提供图纸的套数、提供的时间，发包人对图纸的保密要求以及使用该图纸的要求及费用承担。

⑱施工场地。指由发包人提供的用于工程施工的场所以及发包人在图纸中具体指定的供施工使用的任何其他场所。

合同双方签订施工合同时，应按本期工程的施工总平面图确定施工场地范围，发包人移交的施工场地必须是具备施工条件、符合合同规定的合格的施工场地。包括堆放材料、材料加工、施工作业、运料通道以及承包人办公生活用的场地。涉及施工场地租用或征地的手续，发包人应负责办理。

⑲书面形式。指合同书、信件和数据电文（包括电报、电传、传真、电子数据交换和电子邮件）等可以有形地表现所载内容的形式。

⑳违约责任。指合同一方当事人不履行合同义务或履行合同义务不符合约定所应承担的责任。

㉑索赔。指在合同履行过程中，对于并非自己的过错，而是应由对方承担责任的情况造成的实际损失，向对方提出经济补偿和（或）工期顺延的要求。

㉒不可抗力。指不能预见、不能避免并不能克服的客观情况。

不可抗力一般是指因战争、动乱、空中飞行物体坠落或其他非发包人、承包人责任造成的爆炸、火灾，以及在专用条款中约定等级以上的风、雨、雷、地震等对工程造成损害的自然灾害。

㉓小时或天。本合同中规定按小时计算时间的，从事件有效开始时计算（不扣除休息时间）；规定按天计算时间的，开始当天不计入，从次日开始计算。时限的最后一天是休

息日或者其他法定节假日，以节假日次日为时限的最后一天，但竣工日期除外。时限的最后一天的截止时间为当日24小时。

2. 施工合同文件构成及解释顺序

组成施工合同的文件应能互相解释，互为说明。除专用条款另有约定外，其组成和优先解释顺序如下：

（1）本合同协议书。

（2）中标通知书。

（3）投标书及其附件。

（4）本合同专用条款。

（5）本合同通用条款。

（6）标准、规范及有关技术文件。

（7）图纸。

（8）工程量清单。

（9）工程报价单或预算书。

合同履行中，发包人和承包人有关工程的洽商、变更等书面协议或文件视为本合同的组成部分。

上述合同文件应能够互相解释、互为说明。当合同文件中出现矛盾或不一致时，上面的顺序就是合同的优先解释顺序。在不违反法律和行政法规的前提下，当事人可以通过协商变更施工合同的内容，这些变更的协议或文件，其效力高于其他合同文件，且签署在后的协议或文件效力高于签署在前的协议或文件。

当合同文件内容出现含糊不清或不相一致时，在不影响工程正常进行的情况下由双方协商解决。双方也可以提请负责监理的工程师做出解释。双方协商不成或不同意负责监理的工程师做出解释时，可按争议的处理方式解决。

3. 合同文件使用的文字、标准和适用法律

合同文件使用汉语语言文字书写、解释和说明。如专用条款约定使用两种以上（含两种）语言文字时，汉语应为解释和说明本合同的标准语言文字。在少数民族地区，双方可以约定使用少数民族语言文字书写和解释、说明本合同。

本合同文件适用国家的法律和行政法规，需要明示的法律、行政法规，由双方在专用条款中约定。

双方在专用条款内约定适用国家标准、规范的名称；没有国家标准、规范但有行业标准、规范的，约定适用行业标准、规范的名称；没有国家和行业标准、规范的，约定适用工程所在地地方标准、规范的名称。发包人应按专用条款约定的时间向承包人提供一式两份约定的标准、规范。

国内没有相应标准、规范的，由发包人按专用条款约定的时间向承包人提出施工技术要求，承包人按约定的时间和要求提出施工工艺，经发包人认可后执行。发包人要求使用国外标准、规范的，应负责提供中文译本。因发生的购买、翻译标准、规范或制定施工工艺的费用，由发包人承担。

本款应说明本合同内各工程项目执行的具体标准、规范名称和编号以及发包人提供标准、规范的时间。

如需评定工程质量等级时，还要把相应工程的质量检验评定标准的名称和编号写明。

4. 图纸

工程施工应当按图施工。在施工合同管理中的图纸是指由发包人提供或由承包人提供并经发包人批准，满足承包人施工需要的所有图纸(包括配套说明和有关资料)。

(1)发包人提供图纸

在我国目前工程管理体制下，施工图纸一般由发包人委托设计单位完成，施工中由发包人提供图纸给承包人。在图纸管理中，发包人应按专用条款约定的日期和套数，向承包人提供图纸；承包人需要增加图纸套数的，发包人应当代为复制，复制费用由承包人承担；发包人对图纸有保密要求的，应承担保密措施费用。

(2)承包人的图纸管理

承包人应在施工现场保留一套图纸，供工程师及有关人员进行工程检查时使用。如果发包人对图纸有保密要求的，承包人应在约定保密期限内履行保密义务。承包人未经发包人同意，不得将本工程图纸转给第三人。工程质量保修期满后，除承包人存档需要的图纸外，应将全部图纸退还给发包人。如果有些合同约定由承包人完成施工图设计或工程配套设计，则承包人应当在其设计资质允许的范围内，按工程师的要求完成设计，并经工程师确认后才能施工，发生的费用由发包人承担。如果使用国外或境外图纸不能满足施工要求的，双方应在专用条款中约定复制、重新绘制、翻译、购买标准图纸等责任和费用分担方法。

5. 双方一般权利和义务

(1)发包人工作

发包人应按专用条款约定的时间和要求，完成以下工作：

①办理土地征用、拆迁补偿、平整施工场地等工作，使施工场地具备施工条件，在开工后继续负责解决以上事项遗留问题。

②将施工所需水、电、电讯线路从施工场地外部接至专用条款约定地点，保证施工期间的需要。

③开通施工场地与城乡公共道路的通道，以及专用条款约定的施工场地内的主要道路，满足施工运输的需要，保证施工期间的畅通。

④向承包人提供施工场地的工程地质和地下管线资料，对资料的真实准确性负责。

⑤办理施工许可证及其他施工所需证件、批件和临时用地、停水、停电、中断道路交通、爆破作业等的申请批准手续(证明承包人自身资质的证件除外)。

⑥确定水准点与坐标控制点，以书面形式交给承包人，进行现场交验。

⑦组织承包人和设计单位进行图纸会审和设计交底。

⑧协调处理施工场地周围地下管线和邻近建筑物、构筑物(包括文物保护建筑)、古树名木的保护工作，承担有关费用。

⑨发包人应做的其他工作，双方在专用条款内约定。

发包人不按合同约定完成以上工作，导致工期延误或给承包人造成损失的.发包人应赔偿承包人有关损失，顺延延误的工期。

(2)承包人工作

承包人应按专用条款约定的时间和内容完成以下工作：

①根据发包人委托，在其设计资质等级和业务允许的范围内，完成施工图设计或与工程配套的设计，经工程师确认后使用，发包人承担由此发生的费用。

②向工程师提供年、季、月度工程进度计划及相应进度统计报表。

③根据工程需要，提供和维修非夜间施工使用的照明、围栏设施，并负责安全保卫。

④按专用条款约定的数量和要求，向发包人提供施工场地办公和生活的房屋及设施，发包人承担由此发生的费用。

⑤遵守政府有关主管部门对施工场地交通、施工噪声以及环境保护和安全生产等的管理规定，按规定办理有关手续，并以书面形式通知发包人，发包人承担由此发生的费用，但因承包人责任造成的罚款除外。

⑥已竣工工程未交付发包人之前，承包人按专用条款约定负责已完工程的保护工作。保护期间发生损坏，承包人自费予以修复；发包人要求承包人采取特殊措施保护的工程部位和相应的追加合同价款，双方在专用条款内约定。

⑦按专用条款约定做好施工场地地下管线和邻近建筑物、构筑物(包括文物保护建筑)、古树名木的保护工作。

⑧保证施工现场清洁符合环境卫生管理的有关规定，交工前清理现场达到专用条款约定的要求，承担因自身原因违反有关规定造成的损失和罚款。

⑨承包人应做的其他工作，双方在专用条款内约定。

承包人未能履行上述各项义务，造成发包人损失的，承包人赔偿发包人有关损失。

6.进度控制条款

(1)进度计划

施工组织设计是用科学管理方法全面组织施工的技术经济文件。主要包括各分部分项工程的完整的施工方案，保证质量的措施；施工机械的进场计划；工程材料的进场计划；施工现场平面布置图及施工道路平面图；冬、雨季施工措施；保证安全生产，文明施工，减少扰民降低环境污染和噪音的措施等等。

工程进度计划，是以分部工程作为施工项目划分对象，控制各分部工程的施工时间及分部之间互相配合、搭接关系的一种进度计划，工程进度计划应当与施工组织设计相适应，进度控制条款是施工合同中的重要条款。

建设工程实行招标投标制，施工组织设计和工程进度计划是组成投标文件的重要部分。投标单位(承包人)必须在投标文件内提出合理、切实可行的施工组织设计，才能取得招标单位(发包人)的信任，而在竞争中取胜获得中标。在施工过程中，承包人必须按照施工组织设计和工程进度计划组织施工，在客观情况变化时，可以修改施工组织设计和进度计划。因此，需要在施工合同内设置相应条款。

就合同工程的施工组织而言，招标阶段承包人在投标书内提交的方案或施工组织设计的深度相对较浅，签订合同后通过对现场的进一步考察和工程交底，对工程的施工有了更深入的了解，因此，承包人应当在专用条款约定的日期，将施工组织设计和施工进度计划提交工程师。群体工程中单位工程分期进行施工的，承包人应按发包人提供图纸及有关资料的时间，按单位工程分别编制进度计划，分别向工程师提交。

工程师按专用条款约定的时间对承包人提交的进度计划予以确认或提出修改意见，逾期不确认也不提出书面意见的视为同意。工程师对进度计划的确认或者提出修改意见，并不免除承包人施工组织设计和工程进度计划本身的缺陷所应承担的责任。工程师对进度计划予以确认的主要目的，是作为发包人和工程师依据计划进行协调和对施工进度控制的依据。

承包人必须按工程师确认的进度计划组织施工，接受工程师对进度的检查、监督，检查、监督的依据一般是双方已经确认的月度进度计划。

当工程实际进度与经确认的进度计划不符时，承包人应按工程师的要求提出改进措施，经工程师确认后执行。对于因承包人自身原因造成的工程实际进度与确认的计划进度不符的，所有的后果均应由承包人自行承担，承包人无权就改进措施提出追加合同价款，工程师也不对改进措施的效果负责。如果采用改进措施一段时间后发现工程实际进度仍明显与计划进度不符，则工程师可以要求承包人修改原进度计划，并经工程师确认后执行。但这种确认并不是工程师对工程延期的批准，而仅仅是要求承包人在合理的状态下施工。因此如果承包人按修改后的进度计划施工不能按期竣工的，承包人仍应承担相应的违约责任。

(2)开工及延期开工

在施工合同协议书内，承发包双方约定了开工日期，双方都必须严格履行。但由于建设工程涉及的面广，往往有一些意想不到的因素，影响按约定的日期开工，需要在合同内设置延期开工条款。

如果是承包人的原因不能按时开工，则承包人应当不迟于协议书约定的开工日期前7天以书面形式向工程师提出延期开工的理由和要求。工程师应当在接到延期开工申请后48小时内以书面形式答复承包人。工程师在接到延期开工申请后48小时内不答复，视为同意承包人要求，工期相应顺延。工程师不同意延期开工要求或承包人未在规定时间内提出延期开工要求，工期不予顺延。如承包人未在规定的时间内提出延期开工要求，如在协议书约定的开工日期前4天才提出，工期也不予顺延。

如果是因发包人原因不能按照协议书约定的开工日期开工，工程师应以书面形式通知承包人，推迟开工日期。承包人对延期开工的通知没有否决权，但发包人应赔偿承包人因延期开工造成的损失，并相应顺延工期。

(3)暂停施工

①工程师要求的暂停施工

在施工过程中经常因设计变更、材料供应不及时等情况导致暂停施工，虽然暂停施工影响工程进度，但在工程师认为确有必要暂停施工时，应当以书面形式要求承包人暂停施工，并在提出要求后48小时内提出书面处理意见。承包人应当按工程师要求停止施工，并妥善保护已完工程。承包人实施工程师做出的处理意见后，可以书面形式提出复工要求，工程师应当在48小时内给予答复。工程师未能在规定时间内提出处理意见，或收到承包人复工要求后48小时内未予答复，承包人可自行复工。如果停工责任在发包人，由发包人承担所发生的追加合同价款，赔偿承包人由此造成的损失，相应顺延工期；反之由承包人承担发生的费用，工期不予顺延。因工程师不及时做出答复，导致承包人无法复工，由发包人承担违约责任。

②因发包人违约导致承包人的主动暂停施工

当发包人出现某些违约情况时，承包人可以暂停施工，这是合同赋予的承包人保护自身权益的有效措施。如发包人不按合同约定及时支付工程预付款、发包人不按合同约定及时支付工程进度款且双方未达成延期付款协议，在承包人发出要求付款通知后仍不付款的，承包人均可暂停施工，由发包人承担相应的违约责任。出现上述情况时，工程师应当尽量督促发包人履行合同，以求减少双方的损失。

③意外事件导致的暂停施工

施工过程中如果出现一些意外情况，如果需要承包人暂停施工的，承包人则应暂停施工，此时工期是否给予顺延，应视风险责任应由谁承担而确定。如发现有价值的文物、发生不可抗力事件等，风险责任应由发包人承担，故应给予承包人顺延工期。

(4)设计变更

在施工过程中如果发生设计变更，将对施工进度产生很大影响。因此应当尽量减少设计变更。合同示范文本中将工程变更分为工程设计变更和其他变更两类。其他变更是指合同履行过程中，发包人要求变更工程质量标准及其他实质性变更，发生这类情况后，应当由双方协商解决。工程施工过程中经常发生设计变更，对此，通用条款作出了较详细的规定。

①发包人对原设计的变更

施工中发包人需对原工程设计进行变更，应提前14天以书面形式向承包人发出变更通知。变更超过原设计标准或批准的建设规模时，发包人应报规划管理部门和其他有关部门重新审查批准，并由原设计单位提供变更的相应图纸和说明。

②承包人要求对原设计的变更

承包人应当严格按照施工图纸施工，不得随意对原工程设计进行变更。因承包人擅自变更设计发生的费用和由此导致发包人的直接损失，由承包人承担，延误的工期不予顺延。承包人在施工中提出的合理化建议涉及到对设计图纸或施工组织设计的变更及对材料、设备的换用，须经工程师同意。若工程师同意设计变更，也须取得有关主管部门的批准，并由原设计单位提供相应的变更图纸和说明。未经同意擅自变更，承包人承担由此发生的费用，并赔偿发包人的有关损失，延误的工期不予顺延。工程师同意采用承包人合理化建议，所发生的费用和获得的收益，发包人、承包人另行约定分配或分享。

③工程师指示的设计变更

工程师依据工程项目的需要和施工现场的实际情况，可以就以下方面向承包人发出变更通知：

a. 更改工程有关部分的标高、基线、位置和尺寸；

b. 增减合同中约定的工程数量；

c. 改变有关工程的施工时间和顺序；

d. 其他有关工程变更需要的附加工作。

因变更导致合同价款的增减及造成的承包人损失，由发包人承担，延误的工期相应顺延。

(5)工期延误

施工过程中，由于社会条件、人为条件、自然条件和管理水平等因素的影响，可能导致工期延误不能按时竣工。如果由于承包人自身原因造成工期延误，则应承担违约责任。但由非承包人原因造成工期延误后，竣工日期可以相应顺延。

对以下造成竣工日期推迟的延误，经工程师确认后，工期相应顺延：

①发包人未能按专用条款的约定提供图纸及开工条件；

②发包人未能按约定日期支付工程预付款、进度款，致使施工不能正常进行；

③工程师未按合同约定提供所需指令、批准等，致使施工不能正常进行；

④设计变更和工程量增加；

⑤一周内非承包人原因停水、停电、停气造成停工累计超过 8 小时；

⑥不可抗力；

⑦专用条款中约定或工程师同意工期顺延的其他情况。

承包人在以上情况发生后 14 天内，就延误的工期以书面形式向工程师提出报告。工程师在收到报告后 14 天内予以确认，逾期不予确认也不提出修改意见，视为同意顺延工期。

经工程师确认的顺延工期应纳入合同总工期，如果承包人不同意工程师的确认结果，则可按合同约定的争议解决方式处理。

(6)工程竣工

承包人必须按照协议书中约定的竣工日期或工程师同意顺延的工期竣工。因承包人原因不能按照协议书约定的竣工日期或工程师同意顺延的工期竣工的，承包人承担违约责任。双方应在专用条款中具体约定承包人承担违约责任的计算依据、计算办法、计算公式等内容。

施工中发包人如需提前竣工，应和承包人协商一致后签订提前竣工协议，并修改合同竣工日期。提前竣工协议应包括：

①要求提前的时间；

②承包人采取的赶工措施；

③发包人为赶工提供的条件；

④提前竣工所需的追加合同价款；

⑤收益的分享比例和计算方法等。

承包人按照协议修订进度计划和制定相应的措施，工程师同意后执行，发包方应当为赶工提供必要的方便条件。

7. 质量控制条款

工程施工中的质量控制是合同履行中的重要环节，也是合同双方经常引起争议的条款和内容之一。施工合同的质量控制涉及许多因素，任何一个方面的疏漏和缺陷，都会使工程质量无法达到预期的标准。

双方对工程质量有争议，由双方同意的工程质量检测机构鉴定，所需费用及因此造成的损失，由责任方承担。双方均有责任，由双方根据其责任分别承担。

（1）材料设备供应的质量控制

对材料设备供应的质量控制，是整个工程质量控制的基础。因此，对工程质量进行严格控制，应从使用的材料质量控制开始。工程项目使用的建筑材料和设备应按照专用条款的约定由承包人负责或由发包人负责提供全部或部分材料和设备。

①发包人供应材料设备

实行发包人供应材料设备的，双方应当约定发包人供应材料设备的一览表，作为本合同附件。一览表的内容应包括发包人供应材料设备的品种、规格、型号、数量、单价、质量等级、提供时间和地点。发包人应按一览表约定的内容提供材料设备，并向承包人提供产品合格证明，对其质量负责。发包人在所供材料设备到货前24小时，以书面形式通知承包人，由承包人派人与发包人共同清点。

发包人供应的材料设备经双方共同验收后由承包人妥善保管，发包人支付相应的保管费用。因承包人的原因发生丢失损坏，由承包人负责赔偿。发包人不按规定通知承包人验收，承包人不负责材料设备的保管，丢失损坏由发包人负责。

如果发包人供应的材料设备与一览表不符时，应由发包人承担有关责任。发包人应承担责任的具体内容，双方可根据情况在专用条款内约定：材料设备单价与一览表不符，由发包人承担所有价差；材料设备的品种、规格、型号、质量等级与一览表不符，承包人可拒绝接收保管，由发包人运出施工场地并重新采购；发包人供应的材料规格、型号与一览表不符，经发包人同意，承包人可代为调剂串换，由发包人承担相应费用；到货地点与一览表不符，由发包人负责运至一览表指定地点；供应数量少于一览表约定的数量时，由发包人补齐，多于一览表约定数量时，发包人负责将多出部分运出施工场地；到货时间早于一览表约定时间，由发包人承担因此发生的保管费用，到货时间迟于一览表约定的供应时间，发包人赔偿由此造成的承包人损失，造成工期延误的，相应顺延工期。

发包人供应的材料设备使用前，由承包人负责检验或试验，不合格的不得使用，检验或试验费用由发包人承担。即使在承包人检验通过之后，如果又发现材料设备有质量问题的，发包人仍应承担重新采购及拆除重建的追加合同价款，并相应顺延由此延误的工期。发包人供应材料设备的结算方法，双方在专用条款内约定。

②承包人供应材料设备

承包人负责采购材料设备的，应按照专用条款约定及设计和有关标准要求采购，并提供产品合格证明，对材料设备质量负责，发包人不得指定生产厂家或者供应商。承包人在材料设备到货前24小时通知工程师清点，工程师应当严格按照合同约定、有关标准进行验收。

承包人采购的材料设备与设计或标准要求不符时，工程师可以拒收，由承包人按工程师要求的时间运出施工场地，重新采购符合要求的产品，承担由此发生的费用，由此延误的工期不予顺延。

承包人采购的材料设备在使用前，承包人应按工程师的要求进行检验或试验，不合格的不得使用，检验或试验费用由承包人承担。

工程师发现承包人采购并使用不符合设计或标准要求的材料设备时，应要求由承包人负责修复、拆除或重新采购，并承担发生的费用，由此延误的工期不予顺延。

承包人需要使用代用材料时，应经工程师认可后才能使用，由此增减的合同价款双方以书面形式议定。

(2)工程验收的质量控制

工程验收的目的是确认工程质量是否符合合同规定，是质量控制中最重要的环节。

①工程质量标准

工程质量应达到协议书约定的质量标准，质量标准的确定以国家或者专业的质量检验评定标准为准。发包人对部分或者全部工程质量有特殊要求的，应支付由此增加的追加合同价款，对工期有影响的应给予相应顺延。

不论何时，工程师一经发现质量达不到约定标准的工程部分，均可要求承包人返工，直到符合约定标准。因承包人的原因达不到约定的标准，由承包人承担返工费用，工期不予顺延。因发包人的原因达不到约定标准，由发包人承担返工的追加合同价款，工期相应顺延。因双方原因达不到约定标准，责任由双方分别承担。

如果双方对工程质量有争议，由专用条款约定的工程质量监督部门鉴定，所需的费用及因此造成的损失，由责任方承担。

②施工过程中的检查和返工

承包人应认真按照合同约定的标准、规范和设计图纸要求以及工程师依据合同发出的指令施工，随时接受工程师或其委派人员的检查检验，为检查检验提供便利条件。工程质量达不到约定标准的部分，工程师一经发现，应要求承包人拆除和重新施工，承包人应按工程师的要求拆除和重新施工，直到符合约定标准。因承包人原因达不到约定标准，由承包人承担拆除和重新施工的费用，工期不予顺延。

通用条款规定，工程师的检查检验不应影响施工的正常进行。如果影响施工正常进行，检查检验不合格时，影响正常施工的费用由承包人承担。除此之外影响正常施工的追加合同价款由发包人承担，相应顺延工期。如果因工程师指令失误或其他非承包人原因发生的追加合同价款，由发包人承担。

③中间验收和隐蔽工程验收

由于隐蔽工程在施工中一旦完成隐蔽，将很难再对其进行质量检验，即使可以进行检验，成本也比较高，因此必须在隐蔽前进行检查验收。

对于隐蔽工程和其他需验收的工程部位，双方可在专用条款中商定验收的部位名称、验收时间和操作程序。工程具备隐蔽条件或达到约定的中间验收部位，承包人进行自检，并在隐蔽或中间验收前 48 小时以书面形式通知工程师验收。通知包括隐蔽和中间验收的内容、验收时间和地点。承包人准备验收记录，验收合格，工程师在验收记录上签字后，承包人可进行隐蔽和继续施工。验收不合格，承包人在工程师限定的时间内修改后重新验收。

工程师不能按时进行验收，应在验收前24小时以书面形式向承包人提出延期要求，但延期不能超过48小时。工程师未能按以上时间提出延期要求，又未按时参加验收，承包人可自行组织验收。承包人经过验收的检查、试验程序后，将检查、试验记录送交工程师，本次检验视为工程师在场情况下进行的验收，工程师应承认验收记录的正确性。

经工程师验收，工程质量符合标准、规范和设计图纸等要求，验收后24小时后工程师不在验收记录上签字，视为工程师已经认可验收记录，承包人可进行隐蔽或继续施工。

④重新检验

无论工程师是否参加验收，当其对某部分的工程质量有怀疑，提出对已经隐蔽的工程重新检验时，承包人应按要求进行剥离或开孔，并在检验后重新覆盖或修复。重新检验表明质量合格，发包人承担由此发生的全部追加合同价款，赔偿承包人损失，并相应顺延工期。检验不合格，承包人承担发生的全部费用，工期不予顺延。

⑤工程试车

工程试车包括试车的组织责任、试车的程序、试车不合格后责任承担及其处理等内容。

a. 试车的组织责任

设备安装工程具备单机无负荷试车条件，承包人组织试车，并在试车前48小时以书面形式通知工程师。通知包括试车内容、时间、地点。承包人准备试车记录，发包人根据承包人要求为试车提供必要条件。试车合格，工程师在试车记录上签字。工程师不能按时参加试车，须在开始试车前24小时以书面形式向承包人提出延期要求，延期不能超过48小时。工程师未能按以上时间提出延期要求，不参加试车，应承认试车记录。

设备安装工程具备无负荷联动试车条件，发包人组织验收，并在试车前48小时以书面形式通知承包人。通知包括试车内容、时间、地点和对承包人的要求，承包人按要求做好准备工作。试车合格，双方在试车记录上签字。

投料试车应在工程竣工验收后由发包人负责，如发包人要求在工程竣工验收前进行或需要承包人配合时，应征得承包人同意，另行签订补充协议。

b. 试车不合格的双方责任

由于设计原因试车达不到验收要求，发包人应要求设计单位修改设计，承包人按修改后的设计重新安装。发包人承担修改设计、拆除及重新安装的全部费用和追加合同价款，工期相应顺延。

由于设备制造原因试车达不到验收要求，由该设备采购一方负责重新购置或修理，承包人负责拆除和重新安装。若设备由承包人采购的，则由承包人承担修理或重新购置、拆除及重新安装的费用，工期不予顺延；若设备由发包人采购的，发包人承担上述各项追加合同价款，工期相应顺延。

由于承包人施工原因试车达不到验收要求，承包人按工程师要求重新安装和试车，并承担重新安装和试车的费用，工期不予顺延。

试车费用除已包括在合同价款之内或专用条款另有约定外，均由发包人承担。

c. 工程师在试车中的责任

工程师应参加工程试车。如果工程师不能按时参加试车，须在开始试车前24小时向承包人提出书面延期要求，延期不能超过48小时。工程师未能按以上时间提出延期要求，不参加试车，应承认试车记录。工程师在试车合格后不在试车记录上签字，试车结束24小时后，视为工程师已经认可试车记录，承包人可继续施工或办理竣工手续。

⑥竣工验收

竣工验收是全面考核建设工作检查是否符合设计要求和工程质量的重要环节。根据我国法律规定，交付竣工验收的建筑工程，必须符合规定条件：a. 完成建设工程设计和合同约定的各项内容；b. 有完整的技术档案和施工管理资料；c. 有工程使用的主要建筑材料、建筑构配件和设备的进场试验报告；d. 有勘察、设计、施工、工程监理等单位分别签署的质量合格文件；有施工单位签署的工程保修书。

工程具备竣工验收条件，承包人按国家工程竣工验收有关规定，向发包人提供完整的竣工资料和竣工验收报告。双方约定由承包人提供竣工图的，应在专用条款内约定提供的日期和份数。发包人收到竣工验收报告后28天内组织有关单位验收，并在验收后14天内给予认可或提出修改意见。承包人按要求修改，并承担由自身原因造成修改的费用。

发包人收到承包人送交的竣工验收报告后28天内不组织验收，或验收后14天内不提出修改意见，视为竣工验收报告已被认可。

工程竣工验收通过，承包人送交竣工验收报告的日期为实际竣工日期。工程按发包人要求修改后通过竣工验收的，实际竣工日期为承包人修改后提请发包人验收的日期。

发包人收到承包人竣工验收报告后28天内不组织验收，从第29天起承担工程保管及一切意外责任。

因特殊原因，发包人要求部分单位工程或工程部位甩项竣工的，双方另行签订甩项竣工协议，明确双方责任和工程价款的支付方法。

工程未经竣工验收或竣工验收未通过的，发包人不得使用。发包人强行使用时，由此发生的质量问题及其他问题，由发包人承担责任。但在这种情况下，发包人主要是对强行使用直接产生的质量问题及其他问题承担责任，不能免除承包人对工程的保修等责任。

(3)工程保修

建设工程办理交工验收手续后，在规定的期限内，因勘察、设计、施工、材料等原因造成的质量缺陷，应当由施工单位负责维修。

承包人应在工程竣工验收之前，与发包人签订质量保修书，作为合同的附件。质量保修书的主要内容包括：

①工程质量保修范围和内容

质量保修范围包括地基基础工程、主体结构工程、屋面防水工程和双方约定的其他土建工程，以及电气管线、上下水管线的安装工程，供热、供冷系统工程等项目。工程质量保修的范围是国家强制性的规定，合同当事人不能约定减少国家规定的工程质量保修范围。工程质量保修的内容由当事人在合同中约定。

②质量保修期

质量保修期从工程实际竣工之日算起。分单项竣工验收的工程，按单项工程分别计算质量保修期。根据《建设工程质量管理条例》规定，在正常使用条件下，建设工程的最低保修期为：

a. 基础设施工程、房屋建筑的地基基础工程和主体结构工程，为设计文件规定的该工程的合理使用年限。

b. 屋面防水工程、有防水要求的卫生间、房间和外墙面的防渗漏，为 5 年；

c. 供热与供冷系统，为两个采暖期、供冷期；

d. 电气管线、给排水管道、设备安装和装修工程，为两年；

其他项目的保修期限由发包人与承包人约定；双方可根据国家有关规定，结合具体工程约定质量保修期。

（4）质量保修责任

①属于保修范围和内容的项目，承包人应在接到发包人的修理通知之日后 7 天内派人修理。承包人不在约定期限内派人修理，发包人可委托其他人员修理。

②发生须紧急抢修事故（如上水跑水、暖气漏水漏气、燃气漏气等），承包人接到事故通知后，应立即到达事故现场抢修。非承包人施工质量引起的事故，抢修费用由发包人承担。

③在国家规定的工程合理使用期限内，承包人确保地基基础工程和主体结构的质量。因承包人原因致使工程在合理使用期限内造成人身和财产损害的，承包人应承担损害赔偿责任。

（5）保修费用

保修费用由造成质量缺陷的责任方承担。

8. 投资控制条款

（1）施工合同价款及调整

① 施工合同价款的约定

施工合同价款是发包人、承包人在协议书中约定，发包人用以支付承包人按照合同约定完成承包范围内全部工程并承担质量保修责任的款项。合同价款是双方当事人关心的核心条款。招标工程的合同价款由发包人、承包人依据中标通知书中的中标价格在协议书内约定。非招标工程的合同价款由发包人、承包人依据工程预算书在协议书内约定。合同价款在协议书内约定后，任何一方不得擅自改变。下列三种确定合同价款的方式，双方可在专用条款中约定采用其中的一种：

a. 固定价格合同。双方在专用条款内约定合同价款包含的风险范围和风险费用的计算方法，在约定的风险范围内合同价款不再调整。风险范围以外的合同价款调整方法，应当在专用条款内约定。

b. 可调价格合同。合同价款可根据双方的约定而调整，双方在专用条款内约定合同价款的调整方法。

c. 成本加酬金合同。发包人向承包人支付工程项目的实际成本，并按事先约定的某一种方式支付酬金的合同类型。合同价款包括成本和酬金两部分，双方在专用条款内约定成本构成和酬金的计算方法。

②可调价格合同中合同价款的调整因素

可调价格合同中合同价款的调整因素包括：

a. 法律、行政法规和国家有关政策变化影响合同价款。

b. 工程造价管理部门公布的价格调整。

c. 一周内非承包人原因停水、停电、停气造成停工累计超过 8 小时。

d. 双方约定的其他因素。

承包人应当在以上情况发生后 14 天内，将调整原因、金额以书面形式通知工程师，工程师确认调整金额后作为追加合同价款，与工程款同期支付。工程师收到承包人通知后 14 天内不予确认也不提出修改意见，视为已经同意该项调整。

(2)工程预付款

预付款是在工程开工前发包人预先支付给承包人用来进行工程准备的一笔款项。在专用条款中合同双方应明确规定以下问题：

①预付款的额度，例如可为合同额的 5%～15%等。

②预付款的支付方式和时间，如根据承包人的年度承包工作量，于每年的 1 月 15 日前按预付款额度比例支付等。

③预付款的扣除方式和比例。预付款一般应在工程竣工前全部扣回，可采取当工程进展到某一阶段时开始起扣，也可从每月的工程付款中扣回。

④未按时支付预付款的违约责任。专用条款规定，预付时间应不迟于应当的开工日期前 7 天。发包人不按约定预付，承包人在约定预付时间 7 天后向发包人发出要求预付的通知，发包人收到通知后仍不能按要求预付，承包人可在发出通知后 7 天停止施工，发包人应从约定应付之日起向承包人支付应付款的贷款利息，并承担违约责任。

(3)工程款(进度款)支付

①工程量的确认

对承包人已完成工程量进行计量、核实与确认是发包人支付工程款的前提。由于签订合同时在工程量清单内开列的工程量是估计工程量，实际施工可能与其有差异，因此发包人支付工程进度款前应对承包人完成的实际工程量予以确认或核实，按照承包人实际完成永久工程的工程量进行支付。工程量具体的确认程序如下：

a. 承包人向工程师提交已完工程量报告。

b. 承包人应按专用条款约定的时间和要求，向工程师提交已完工程量的报告。承包人应当在工程量报审表中写明项目名称、申报工程量及简要说明。

c. 工程师的计量。工程师接到报告后 7 天内按设计图纸核实已完工程量(以下简称计量)，并在计量前 24 小时通知承包人，承包人为计量提供便利条件并派人参加。承包人收到通知后不参加计量，计量结果有效，作为工程价款支付的依据。

工程师收到承包人报告后 7 天内未进行计量，从第 8 天起，承包人报告中开列的工程量即视为被确认，作为工程价款支付的依据。工程师不按约定时间通知承包人，致使承包人未能参加计量，计量结果无效。

工程师对照设计图纸，只对承包人完成的永久工程合格工程量进行计量。因此，对承包人超出设计图纸范围（如超挖等）的工程量不予计量；因承包人原因造成返工的工程量，工程师不予计量。

②工程款（进度款）的结算方式

合同双方应明确工程款的结算方式是按月结算、按形象进度结算，还是竣工后一次性结算。

a. 按月结算。这是国内外常见的一种工程款支付方式，一般在每个月末，承包人提交已完工程量报告，经工程师审查确认，签发月度付款证书后，由发包人按合同约定的时间支付工程款。

b. 按形象进度结算。这是国内一种常见的工程款支付方式，实际上是按工程形象进度分段结算。当承包人完成合同约定的工程形象进度时，承包人提出已完工程量报告，经工程师审查确认，签发付款证书后，由发包人按合同约定的时间付款。如专用条款中可约定：当承包人完成基础工程施工时，发包人支付合同价款的20%；完成主体结构工程施工时，支付合同价款的50%；完成装饰工程施工时，支付合同价款的15%；工程竣工验收通过后，再支付合同价款的15%。

c. 竣工后一次性结算。当工程项目工程建设期较短或施工合同价格较低时，可采用工程价款每月月中预支、竣工后一次性结算的方法。

d. 其他结算方式。合同双方可在专用条款中约定经开户银行同意的其他结算方式。

③工程款（进度款）支付的程序和责任

在计量结果确认后14天内，发包人应向承包人支付工程款（进度款）。同期用于工程的发包人供应的材料设备价款，以及按约定时间发包人应扣回的预付款与工程款同期结算。合同价款调整、设计变更调整的合同价款及追加的合同价款、发包人或工程师同意确认的工程索赔款等，也应与工程款同期调整支付。

发包人超过约定的支付时间不支付工程款，承包人可向发包人发出要求付款的通知，发包人收到承包人通知后仍不能按要求付款，可与承包人协商签订延期付款协议，经承包人同意后可延期支付。协议应明确延期支付的时间和从计量结果确认后第15天起计算应付款的贷款利息。发包人不按合同约定支付工程款，双方又未达成延期付款协议，导致施工无法进行，承包人可停止施工，由发包人承担违约责任。

(4)变更价款的确定

① 变更价款的确认程序

设计变更发生后，承包人在工程师变更确定后14天内，提出变更工程价款的报告，经工程师确认后调整合同价款。承包人在双方确定变更后14天内不向工程师提出变更工程价款报告时，视为该项变更不涉及合同价款的变更。

工程师应在收到变更工程价款报告之日起14天内予以确认，工程师无正当理由不确认时，自变更工程价款报告送达之日起14天后视为变更工程价款报告已被确认。工程师不同意承包人提出的变更价款，按本通用条款关于争议的约定处理。

工程师确认增加的工程变更价款作为追加合同价款，与工程款同期支付。因承包人自身原因导致的工程变更，承包人无权要求追加合同价款。

② 变更价款确定的方法

变更合同价款按下列方法进行：

a. 合同中已有适用于变更工程的价格，按合同已有的价格计算变更合同价款。

b. 合同中只有类似于变更工程的价格，可以参照类似价格变更合同价款。

c. 合同中没有适用或类似于变更工程的价格，由承包人提出适当的变更价格，经工程师确认后执行。

(5)竣工结算

①承包人递交竣工结算报告及有关责任

工程竣工验收报告经发包人认可后28天内，承包人向发包人递交竣工结算报告及完整的结算资料，双方按照协议书约定的合同价款及专用条款约定的合同价款调整内容，进行工程竣工结算。

工程竣工验收报告经发包人认可后28天内，承包人未能向发包人递交竣工结算报告及完整的结算资料，造成工程竣工结算不能正常进行或工程竣工结算价款不能及时支付，发包人要求交付工程的，承包人应当交付；发包人不要求交付工程的，承包人承担保管责任。

②发包人对竣工结算报告的核实及支付

发包人收到承包人递交的竣工结算报告及结算资料后28天内进行核实，给予确认或者提出修改意见。发包人确认竣工结算报告后通知经办银行向承包人支付工程竣工结算价款。承包人收到竣工结算价款后14天内将竣工工程交付发包人，施工合同即告终止。

③发包人不支付竣工结算价款的违约责任

发包人收到竣工结算报告及结算资料后28天内无正当理由不支付工程竣工结算价款，从第29天起按承包人同期向银行贷款利率支付拖欠工程价款的利息，并承担违约责任。

发包人收到竣工结算报告及结算资料后28天内不支付工程竣工结算价款，承包人可以催告发包人支付结算价款。发包人在收到竣工结算报告及结算资料后56天内不支付的，承包人可以与发包人协议将该工程折价，也可以由承包人申请人民法院将该工程依法拍卖，承包人就该工程折价或者拍卖的价款优先受偿。这是《合同法》赋予承包人的法定抵押权，是承包人追索拖欠工程款、保护自身合法利益的有效手段。

(6)施工中涉及的其他费用

①安全施工方面的费用

承包人应遵守工程建设安全生产有关规定，严格按安全标准组织施工，并随时接受行业安全检查人员依法实施的监督检查，采取必要的安全防护措施，消除事故隐患。由于承包人安全措施不力造成事故的责任和因此发生的费用，由承包人承担。

发包人应对其在施工场地的工作人员进行安全教育，并对他们的安全负责。发包人不得要求承包人违反安全管理的规定进行施工。因发包人原因导致的安全事故，由发包人承担相应责任及发生的费用。

承包人在动力设备、输电线路、地下管道、密封防震车间、易燃易爆地段以及临街交通要道附近施工时，施工开始前应向工程师提出安全防护措施，经工程师认可后实施，防护措施费用由发包人承担。

实施爆破作业，在放射、毒害性环境中施工（含储存、运输、使用）及使用毒害性、腐蚀性物品施工时，承包人应在施工前 14 天以书面形式通知工程师，并提出相应的安全防护措施，经工程师认可后实施，由发包人承担安全防护措施费用。

发生重大伤亡及其他安全事故，承包人应按有关规定立即上报有关部门并通知工程师，同时按政府有关部门要求处理，由事故责任方承担发生的费用。

发包人、承包人对事故责任有争议时，应按政府有关部门的认定处理。

②专利技术及特殊工艺

发包人要求使用专利技术或特殊工艺，应负责办理相应的申报手续，承担申报、试验、使用等费用；承包人提出使用专利技术或特殊工艺，应取得工程师认可，承包人负责办理申报手续并承担有关费用。

擅自使用专利技术侵犯他人专利权的，责任者依法承担相应责任。

③文物和地下障碍物

在施工中发现古墓、古建筑遗址等文物及化石或其他有考古、地质研究等价值的物品时，承包人应立即保护好现场并于 4 小时内以书面形式通知工程师，工程师应于收到书面通知后 24 小时内报告当地文物管理部门，发包人、承包人按文物管理部门的要求采取妥善保护措施。发包人承担由此发生的费用，顺延延误的工期。如发现后隐瞒不报，致使文物遭受破坏，责任者依法承担相应责任。

施工中发现影响施工的地下障碍物时，承包人应于 8 小时内以书面形式通知工程师，同时提出处置方案。工程师收到处置方案后 24 小时内予以认可或提出修正方案。发包人承担由此发生的费用，顺延延误的工期。如所发现的地下障碍物有归属单位时，发包人应报请有关部门协同处置。

9. 其他条款

(1)违约

①发包人的违约责任

如果发包人不履行合同义务或履行合同义务不符合约定，则应承担相应的违约责任。发包人的违约责任主要有：

a. 发包人不按合同约定按时支付工程预付款；

b. 发包人不按合同约定支付工程款，导致施工无法进行；

c. 发包人无正当理由不支付工程竣工结算价款；

d. 发包人不履行合同义务或不按合同约定履行义务的其他情况。

合同约定应由工程师完成的工作，工程师没有完成或者没有按照约定完成，给承包人造成损失的，也应由发包人承担违约责任。发包人承担违约责任后，可以根据监理委托合同追究监理单位相应的责任。

发生上述情况，由发包人承担违约责任，赔偿因其违约给承包人造成的经济损失，顺延延误的工期。双方应在专用条款内约定发包人赔偿承包人损失的计算方法或者发包人应当支付违约金的数额或计算方法。

因此，发包人可通过赔偿损失、支付违约金、继续履行合同、顺延工期等方式来承担违约责任。

②承包人的违约责任

a. 因承包人原因不能按照协议书约定的竣工日期或工程师同意顺延的工期竣工。

b. 因承包人原因工程质量达不到协议书约定的质量标准。

c. 承包人不履行合同义务或不按合同约定履行义务的其他情况。

发生上述情况，由承包人承担违约责任，赔偿因其违约给发包人造成的损失。双方应在专用条款内约定承包人赔偿发包人损失的计算方法或者承包人应当支付违约金的数额或计算方法。

一方违约后，另一方要求违约方继续履行合同时，违约方承担上述责任后仍应继续履行合同。

因此，承包人可通过赔偿损失、支付违约金、采取补救措施、继续履行合同等方式来承担违约责任。

③ 担保方承担的责任

如果施工合同双方当事人设定了担保方式，一方违约后，另一方可按照双方约定的担保条款，要求提供担保的第三方承担相应责任。

(2)索赔

索赔是指在合同履行过程中，对于并非自己的过错，而是应由对方承担责任的情况造成的实际损失，向对方提出经济补偿和(或)工期顺延的要求。当一方合同当事人向另一方提出索赔时，要有正当索赔理由，且有索赔事件发生时的有效证据。

通用条款规定，发包人未能按合同约定履行自己的各种义务或发生错误以及应由发包人承担责任的其他情况，造成工期延误和(或)承包人不能及时得到合同价款及承包人的其他经济损失，承包人可按下列程序以书面形式向发包人索赔：

①索赔事件发生后 28 天内，向工程师发出索赔意向通知。

②发出索赔意向通知后 28 天内，向工程师提出延长工期和(或)补偿经济损失的索赔报告及有关资料。

③工程师在收到承包人送交的索赔报告和有关资料后，于 28 天内给予答复，或要求承包人进一步补充索赔理由和证据。

④工程师在收到承包人送交的索赔报告和有关资料后 28 天内未予答复或未对承包人作进一步要求，视为该种索赔已经认可。

⑤当该索赔事件持续进行时，承包人应当阶段性地向工程师发出索赔意向，在索赔事件终了后 28 天内，向工程师送交索赔的有关资料和最终索赔报告。

如果承包人未能按合同约定履行自己的各项义务或发生错误，给发包人造成经济损失，发包人可按上述条款规定的时限向承包人提出索赔。

(3)争议的解决

合同当事人在履行施工合同时发生争议，可以和解或者要求合同管理及其他有关主管部门调解。和解或调解不成的，双方可以在专用条款内约定以下解决争议：

第一种解决方式：双方达成仲裁协议，向约定的仲裁委员会申请仲裁。

第二种解决方式：向有管辖权的人民法院起诉。

发生争议后，除非出现下列情况的，双方都应继续履行合同，保持施工连续，保护好已完工程。

①单方违约导致合同确已无法履行，双方协议停止施工；

②调解要求停止施工，且为双方接受；

③仲裁机构要求停止施工；

④法院要求停止施工。

(4)工程转包与分包

承包人按专用条款的约定分包所承包的部分工程，并与分包单位签订分包合同，未经发包人同意，承包人不得将承包工程的任何部分分包。

承包人不得将其承包的全部工程转包给他人，也不得将其承包的全部工程肢解以后以分包的名义分别转包给他人。工程转包，不仅违反合同，也违反我国有关法律和法规的规定。

工程分包不能解除承包人的任何责任与义务。承包人应在分包场地派驻相应的管理人员，保证本合同的履行。分包单位的任何违约行为或疏忽导致工程损害或给发包人造成其他损失，承包人承担连带责任。

分包工程价款由承包人与分包单位结算。发包人未经承包人同意不得以任何方式向分包单位支付各种工程款项。

(5)不可抗力

①不可抗力及其范围

不可抗力包括因战争、动乱、空中飞行物体坠落或其他非发包人、承包人责任造成的爆炸、火灾，以及专用条款约定的风、雨、雪、洪、震等自然灾害。双方可根据工程所在地和项目的特点，在专用条款中对适合本工程的不可抗力事件作具体约定，如：

a.(　　)级以上的地震。

b.(　　)级以上持续(　　)天的大风。

c.(　　)mm以上持续(　　)天的大雨。

d.(　　)年以上未发生过，持续(　　)天的高温或严寒天气。

对以上几种形式，应以造成工程灾害和影响施工为准。

②不可抗力事件发生后双方的工作

不可抗力事件发生后，承包人应立即通知工程师，并在力所能及的条件下迅速采取措施，尽力减少损失，发包人应协助承包人采取措施。工程师认为应当暂停施工的，承包人应暂停施工。不可抗力事件结束后 48 小时内承包人向工程师通报受害情况和损失情况，及预计清理和修复的费用。不可抗力持续发生，承包人应每隔 7 天向工程师报告一次受害情况。不可抗力事件结束后 14 天内，承包人向工程师提交清理和修复费用的正式报告及有关资料。

③因不可抗力事件产生后果的承担

因不可抗力事件导致的费用及延误的工期由双方按以下方法分别承担：

a. 工程本身的损害、因工程损害导致第三人人员伤亡和财产损失以及运至施工场地用于施工的材料和待安装的设备的损害，由发包人承担；

b. 发包人、承包人人员伤亡由其所在单位负责并承担相应费用；

c. 承包人机械设备损坏及停工损失，由承包人承担；

d. 停工期间，承包人应工程师要求留在施工场地的必要的管理人员及保卫人员的费用，由发包人承担；

工程所需清理、修复费用，由发包人承担；

e. 延误的工期相应顺延。

因合同一方延迟履行合同后发生不可抗力的，不能免除迟延履行方的相应责任。

(6)保险

工程开工前，发包人为建设工程和施工场地内的自有人员及第三人人员生命财产办理保险，支付保险费用。

运至施工场地内用于工程的材料和待安装设备，由发包人办理保险，并支付保险费用。发包人可以将有关保险事项委托承包人办理，费用由发包人承担。

承包人必须为从事危险作业的职工办理意外伤害保险，并为施工场地内自有人员生命财产和施工机械设备办理保险，支付保险费用。

保险事故发生时，发包人、承包人有责任尽力采取必要的措施，防止或者减少损失。

具体投保内容和相关责任，由发包人、承包人在专用条款中约定。

(7)担保

发包人、承包人为了全面履行合同，应互相提供以下担保：

①发包人向承包人提供履约担保，按合同约定支付工程价款及履行合同约定的其他义务。

②承包人向发包人提供履约担保，按合同约定履行自己的各项义务。

一方违约后，另一方可要求提供担保的第三人承担相应责任。

提供担保的内容、方式和相关责任，发包人、承包人除在专用条款中约定外，被担保方与担保方还应签订担保合同，将其作为本合同的附件。

(8)合同解除

发包人、承包人协商一致，可以解除合同。

发包人不按合同约定支付工程款(进度款)，双方又未达成延期付款协议，导致施工无法进行，承包人可停止施工，由发包人承担违约责任。如果停止施工超过56天，发包人仍不支付工程款(进度款)，承包人有权解除合同。

承包人将其承包的全部工程转包给他人或者肢解以后以分包的名义分别转包给他人，发包人有权解除合同。

有下列情形之一的，发包人、承包人可以解除合同：

①因不可抗力致使合同无法履行。

②因一方违约(包括因发包人原因造成工程停建或缓建)致使合同无法履行。

合同一方根据上述规定要求解除合同的，应以书面形式向对方发出解除合同的通知，并在发出通知前7天告知对方，通知到达对方时合同解除。对解除合同有争议的，双方可按有关争议的约定处理。

合同解除后，承包人应妥善做好已完工程和已购材料、设备的保护和移交工作，按发包人要求将自有机械设备和人员撤出施工场地。发包人应为承包人撤出提供必要条件，支付以上所发生的费用，并按合同约定支付已完工程价款。已经订货的材料、设备由订货方负责退货或解除订货合同，不能退还的货款和因退货、解除订货合同发生的费用，由发包人承担，因未及时退货造成的损失由责任方承担。除此之外，有过错的一方应当赔偿因合同解除给对方造成的损失。

合同解除后，不影响双方在合同中约定的结算和清理条款的效力。

(9)合同生效与终止

双方可在协议书中约定本合同生效方式，如双方当事人可选择以下几种方式之一：

①本合同于××年××月××日签订，自即日起生效。

②本合同双方约定应进行公(签)证，自公(签)证之日起生效。

③本合同签订后，自发包人提供图纸或支付预付款或提供合格施工现场或下达正式开工指令之日起生效。

④本合同签订后，需经发包人上级主管部门批准，自上级主管部门正式批准之日起生效，但双方应约定合同签订后多少天内发包人上级主管部门应办完正式批准手续。

⑤其他方式等。

除了质量保修方面双方的权利和义务，如果发包人、承包人履行完合同全部义务，竣工结算价款支付完毕，承包人向发包人交付竣工工程后，本合同即告终止。合同的权利和义务终止后，发包人、承包人应当遵循诚实信用原则，履行通知、协助、保密等义务。

(10)合同份数

本合同正本两份，具有同等效力，由发包人、承包人分别保存一份。

本合同副本的份数，由双方根据需要在专用条款内约定。

(11)补充条款

双方根据有关法律、行政法规规定，结合工程实际，经协商一致后，可对本通用条款内容具体化、补充或修改，在专用条款内约定。

3.3 建设工程委托监理合同

3.3.1 建设工程委托监理合同概述

1. 监理合同的概念

“建设工程委托监理合同”简称“监理合同”，是指委托人（业主）与监理人就委托的工程项目管理内容签订的明确双方权利、义务的协议。监理合同确定了监理服务的内容、服务的期限等等，是监理人开展监理工作，获取监理报酬的依据；也是监理委托人接受与衡量监理服务，支付监理费用的依据。

《建筑法》规定：“国家推行建筑工程监理制度。国务院可以规定实施强制监理的建筑工程的范围。”建设监理与业主和承包商共同构成了建筑市场的主体。为了使建筑市场的管理规范化、法制化，大型工程建设项目不仅要实行建设监理制，而且要求业主必须以合同形式委托监理任务。监理合同不仅明确了双方的责任和合同执行期间应遵守的各项约定，成为当事人的行为准则，而且可以作为保护任何一方合法权益的依据。

作为合同当事人一方的工程建设监理单位必须是依法成立的具有法人资格的监理企业，并且所承担的监理任务应与其资质等级和营业执照中批准的业务范围相一致，既不允许低资质的监理公司承接高一等级工程的监理业务，也不允许承接虽与资质级别相适应，但工作内容超越其监理能力范围的工作，以保证所监理工程的目标顺利实现。

2. 监理合同的特点

（1）监理合同的标的是服务

在工程建设项目实施阶段，业主与任何其他第三方所签订的合同，如勘察设计合同、施工承包合同、物资采购供应合同、加工承揽合同等的标的物，都会产生新的物质成果或信息成果，而监理合同的标的是服务。监理单位与建设单位签订书面监理委托合同后，依据法律、行政法规及有关的技术标准、设计文件和建设单位与第三人订立的合同，在授权范围内代表建设单位对工程质量、建设工期、建设资金使用等方面实施合同履行过程的监督，即监理工程师凭据自己的知识、经验、技能为业主提供监督、协调、管理的服务。因此，我国《合同法》将监理合同划入委托合同的范畴。

（2）监理合同是非承包性合同

首先，监理单位不向业主承包工程造价。其次，尽管监理合同也有服务起止期限的规定，但这个期限又与所监理的其他合同能否顺利实现直接相关。如果被监理的合同因非监理单位责任的原因延期或延误完成，则监理合同的期限也要相应顺延，所以合同期限也不是一个完全固定的概念。在合同约定的有效期内，如果所监理的工程因非监理单位原因不能顺利完成，监理单位不仅不对业主承担赔偿工程延误损失的责任，而且有权要求业主对相应展延合同期内的服务工作给予额外的酬金补偿。再次，对工程质量的缺陷，监理单位不负直接责任，保质、保量完成工程是其他合同实施者的义务，监理单位仅负责质量的控制和检验。因此，监理合同是一种非承包性的服务合同。

(3)监理合同属于非经营性合同

工程项目建设阶段所涉及的合同大多为经营性合同，即承包方签订和履行合同是以经营为目的的，一方面在合同承包价格内含有合理的预期利润，另一方面在实施过程中通过加强管理、采用先进技术等手段尽可能地降低成本，争取获得更多利润。而监理单位接受业主委托，不是以经营性盈利为目的，它提供相应的服务后仅是获得酬金。监理单位的预期利润包括在签订合同的酬金内，不允许在合同履行过程中再从业主或被监理单位处获得经营性盈利，否则就失去了监理工作的公正性。监理单位开拓和发展业务，是以能够提供优质服务的信誉为基础，争取得到更多业主聘用为目的。监理单位的职责是对被监理合同的履行进行投资控制、质量控制、进度控制和合同管理，如果由于监理单位的科学、严格管理，或业主采纳了其提出的合理化建议，在保证质量的前提下节约了工程投资，缩短了建设工期，业主则应按监理合同中的约定给予一笔奖金，但这也只是对其所提供优质服务的奖励。当承包方接受了监理工程师的指导或建议而导致节省了施工成本支出时，监理单位也不参与工程承包单位的盈利分成。

3. 监理合同示范文本

为了适应我国工程建设监理制发展的需要，规范监理行为，并与国际工程建设管理的惯例接轨，原建设部和国家工商行政管理局于2000年联合颁布了《建设工程委托监理合同示范文本》(GF—2000—0202)(以下简称"监理范本")。该范本是以FIDIC编制的文本为基础，结合我国工程建设的具体特点而编制的，以法规文件形式发布，要求委托监理业务、签订合同时参照执行。在监理范本中，合同当事人双方的业主(建设单位)被称为"委托人"，监理单位被称为"监理人"。

《建设工程委托监理合同示范文本》由"工程建设委托监理合同"(下称"合同")、"建设工程委托监理合同标准条件"(下称"标准条件")、"建设工程委托监理合同专用条件"(下称"专用条件")三部分组成。

(1)建设工程委托监理合同

"合同"是一个总的协议，属于纲领性的法律文书，是一份标准化的格式文件，经当事人双方在有限的空格内填写具体规定的内容并签字盖章后，即发生法律效力。它的主要内容有当事人双方确认的委托监理工程的概况，包括工程名称、地点、规模、总投资、监理阶段及范围；合同签订、生效、完成时间；委托人向监理人支付报酬的期限和方式；双方愿意履行约定的各项义务的表示；监理合同文件的组成。对委托人和监理人之间具有法律效力的监理合同除"合同"之外还应包括：

①监理投标书或中标通知书；

②建设工程委托监理合同标准条件；

③建设工程委托监理合同专用条件；

④在实施过程中双方共同签署的补充与修正文件。

(2)建设工程委托监理合同标准条件

监理合同标准条件是参照国际工程监理通用合同条件，结合我国建设工程监理的实际情况编制的。不针对具体工程的地域特点、行业特点、专业特点和规模，广泛适用于委托各类监理任务，其内容涵盖了合同正常履行过程中和非正常情况下当事人之间的权利义务划分，以及标准化的管理程序约定，避免自订合同时遗漏某些内容或约定的风险和责任分担不合理。它是委托监理合同的通用文本，适用于各类建设工程监理。标准条件共有 11 节 49 条，包括：合同中所用词语定义、适用范围和法规；签约双方的责任、权利和义务；合同生效、变更与终止；监理报酬；争议的解决以及其他一些情况。

(3)建设工程委托监理合同专用条件

由于标准条件适用于所有的建设工程监理，因此其中的某些条款规定得比较笼统，需要在签订具体工程项目的监理合同时，就地域特点、专业特点和委托监理项目的工程特点，对其进行补充、修正。如对委托监理的工作内容而言，认为标准条件中的条款还不够全面，允许在专用条件中增加合同双方议定的条款内容。

所谓“补充”，是指标准条件中的某些条款明确规定，在该条款确定的原则下，在专用条件的条款中进一步明确具体内容，使两个条件中相同序号的条款共同组成一条内容完备的条款。如标准条件中规定“建设工程委托监理合同适用的法规是指国家的法律、行政法规，以及专用条件中议定的部门规章或工程所在地的地方法规、地方规章。”这就要求在专用条件的相同序号条款内写入应遵循的部门规章和地方法规的名称，作为双方都必须遵守的条件。

所谓“修改”，是指标准条件中规定的程序方面的内容，如果双方认为不合适，可以协议修改。如标准条件中规定“如果委托人对监理人提交的支付通知书中报酬或部分报酬项目提出异议，应当在收到支付通知书 24 小时内向监理人发出表示异议的通知”，如果委托人认为这个时间太短，在与监理人协商达成一致意见后，可在专用条件的相同序号条款内修改延长时间，如改为 48 小时。

3.3.2 监理合同标准条件的主要内容

监理合同标准条件是针对监理合同文件自身以及监理双方一般性的权利和义务确定的合同条款，具有普遍性和通用性。

1. 词语定义

词语定义是监理合同中专用名词的含义，这些名词的含义是根据合同的特殊需要而定的，它可能不同于其他文件或词典内的定义或解释。在监理合同中，这些专用名词只能按特定的含义去理解，不能任意解释。

(1)合同当事人

工程建设监理合同的当事人是委托人和监理人，根据我国目前法律和法规的规定，监理合同的当事人双方应当是法人或依法成立的组织，而不是某一自然人。

①委托人

委托人是指承担直接投资责任、委托监理业务的合同当事人及其合法继承人。委托人必须是有国家批准的建设项目、落实投资计划的企事业单位和其他社会组织。委托人是建设工程的项目法人，是建设资金的持有者和建筑产品的所有人。

为了与监理人做好配合工作，委托人应任命一位熟悉工程项目情况的常驻代表，负责与监理人联系。对该代表人应有一定的授权，使他能对监理合同履行过程中出现的有关问题和工程施工过程中发生的某些情况迅速作出决定。这位常驻代表不仅作为与监理人沟通的联系人，也作为与施工单位协商的联系人，不仅有监督监理合同和施工合同的履行责任，更多的是承担两个合同履行过程中与其他有关方面进行协调配合的义务。委托人代表在授权范围内行使委托人的权利，履行委托人应尽的义务。

为了使合同管理工作连贯、有序进行，派驻现场的代表人在合同有效期内应尽可能地相对稳定，不要经常更换。当委托人需要更换常驻代表时，应提前通知监理人，并代之一位同等能力的人员。后续继任人对前任代表依据合同已做过的书面承诺、批准文件等，均应承担履行义务，不得以任何借口推卸责任。

②监理人

监理人是指承担监理业务和监理责任的监理单位及其合法继承人。监理人必须是依法成立、具有法人资格的监理单位，并且所承担的工程监理业务应与单位资质相符合。

③监理机构

监理机构是指监理人派驻建设项目工程现场，实施监理业务的组织。

④总监理工程师

总监理工程师是指经委托人同意，监理人被派到监理机构全面履行合同的全权负责人。监理人与委托人签订监理合同后，应迅速组织派驻现场实施监理业务的监理机构，并将委派的总监理工程师人选和监理机构主要成员名单，以及监理规划报送委托人。合同正常履行过程中，总监理工程师将与委托人派驻现场的常驻代表建立工作联系。总监理工程师既是监理机构的负责人，也是监理人派驻工程现场的常驻代表人。除发生涉及监理合同正常履行的重大事件而需委托人和监理人协商解决外，正常情况下监理合同的履行和委托人与第三方签订的被监理合同的履行，均由双方代表人负责协调和管理。

监理人委派的总监理工程师人选，是委托人选定监理人时所考察的重要因素之一，所以总监理工程师不允许随意更换。监理合同生效后或合同履行过程中，如果监理人确需调换总监理工程师，应以书面形式提出请求，申明调换的理由和提供后继人选的情况介绍，经过委托人批准后方可调换。

(2)合同标的

监理合同的标的是监理人为委托人提供监理服务。在《工程建设监理规定》中规定："工程建设监理的主要内容是控制工程建设的投资，建设工期和工程质量，进行工程建设合同管理，协调有关单位间的工作关系。"按照这一规定，监理业务主要包括对工程项目进行投资、质量、工期的三大控制，以及信息管理和合同管理。工程建设监理服务可以分为正常工作、附加工作和额外工作三大类。

①正常工作

监理服务的正常工作是指合同专用条件中约定的监理工作范围和内容。监理人提供的是一种特殊的中介服务，委托人可以委托的监理服务内容很广泛。从工程项目建设的前期立项咨询到设计阶段、实施阶段、保修阶段都可以进行监理。但就具体工程项目而言，则要根据工程的特点、监理人的能力、建设不同阶段所需要的监理任务等诸方面因素，将委托的监理业务详细地写入合同的专用条件中，以便使监理人明确责任范围。我国目前委托的监理业务主要为招标和施工阶段的监理，正在开展设计监理，可行性研究一般还不委托监理，保修期的工作通常也不包括在委托任务内。

②附加工作

标准条件规定，由于委托人或第三方原因使正常的服务工作受到阻碍或延误，导致增加了监理工作量或持续时间，由此而增加的工作量被视为附加工作。合同内规定的附加工作包括以下两种情况：

a. 由于委托人或第三方原因使正常的服务工作受到阻碍或延误，导致增加了工作量或持续时间，由此而导致增加的工作量和服务时间被视为附加服务。

b. 委托人委托监理范围以外，通过双方书面协议另外增加的工作内容。

③额外工作

这部分工作是指正常工作和附加工作以外的范围，但根据合同规定监理人必须履行的工作。标准条件内规定的情况包括：

a. 监理合同协议终止后，监理人必须完成的善后工作。

b. 由于非监理人应承担责任的原因而暂停或终止监理业务，其善后工作及恢复监理业务的工作。如施工中由于发生不可抗力事件、委托人的违约行为或承包人的违约行为导致被监理的施工合同暂停或终止，进而使监理人不能继续履行职责发生暂停或终止监理任务，其善后工作以及恢复监理业务前的准备工作被视为额外工作。如果属于暂停执行监理业务的情况，并非暂停期间都属于额外工作，只有必要的善后处理时间和恢复监理业务前不超过 42 天的准备时间才能归于额外工作。

(3)合同责任期

监理合同的责任期即合同的有效期，在责任期内监理人应当履行合同中约定的义务。虽然在双方共同签署的合同内需要写明“本合同自×年×月×日开始实施，至×年×月×日完成”，但整个终止日期并不代表监理合同终止日，预计此时间仅是用于签订合同时确定正常监理工作的酬金。监理合同的责任期是以完成全部委托监理业务为确定标准，与被监理合同的实际履行期限密切相关，往往会因发生附加工作和额外工作而导致监理合同责任期超过预定的时间期限。因此，标准条件内规定：“监理人向委托人办理完竣工验收或工程移交手续，承包人和委托人已签订工程保修责任书，监理人收到监理报酬尾款，本合同即终止。保修期的责任，双方在专用条款中约定。”因此，监理合同的责任期与委托人同第三方所签订任何承包合同中所规定的合同期，在概念上有原则性的不同。施工承包合同的责任期要求承包方必须在规定期限内完成约定的义务。如果因自身原因而导致工期延误，将承担拖期违约赔偿责任，若能提前完成合同义务，还可以获得奖励。虽然监理合同规定监理人的责任期从双方当事人在合同上签字之日起开始，而且也在合同内写明了监理业务完成的日期，但这个时间段并非一定是监理合同的有效期或监理人责任期的时间范围。因为委托人委托的监理业务与其所签订的施工承包合同紧密相关，只有当被监理的合同全面履行后，监理业务才告完成。因此，监理合同内规定的开始和完成日期并不作为判定监理人是否按约定时间完成义务的奖罚条件。

2. 委托人的权利

(1)赋予监理人权限的授予权

监理人应按照合同要求对委托人与第三方签订的各种承包合同的履行实施监理，但监理人只能在委托人授权范围内对其他合同实行监督管理，因此在专用条件中除了需要明确监理任务外，还应规定监理人的权限。在委托人授权范围内，监理人可自主地采取各种合理措施对所监理的合同进行监督、管理和协调；如果超越权限时，首先应征得委托人同意后，方可发布有关指令。委托人授予监理人权限的大小，应根据工程的具体特点、监理人的管理水平等因素来考虑。在执行监理业务过程中，委托人还可以通过书面补充协议随时扩大或缩小对监理人的授权范围。

(2)对承包单位的选定权

委托人是建设资金的持有者和建筑产品的所有人，因此对设计合同、施工合同、加工制造合同等的承包单位有选定权和订立合同的签订权。在选定承包单位的过程中，监理人仅有建议权而无决定权。但在标准条件中规定，监理人对设计或施工总承包单位所选定的分包单位，拥有批准权或否决权。

由于委托人不与分包单位签订合同，与分包单位没有直接的权利义务关系，而且委托人已将被监理工程的管理权授予了监理人，因此监理人有权批准或否决总包单位所选的分包单位。监理人为了保证其所监督的合同能够顺利实施，必须审查分包工作内容是否符合总包合同中约定允许分包的内容，以及分包单位的资质与其准备承接的工程等级要求是否相符合。如果总包合同内没有具体约定允许分包的工作内容，监理单位也要依据有关法规、条例加以审查，而后再决定是批准还是否决分包单位。根据《建筑法》规定，建筑工程主体结构的施工必须由总承包单位自己完成，非主要部分或专业性较强的工程部分，经委托人认可后只能分包给资质条件符合该部分工程技术要求的建筑安装单位。结构和技术要求相同的群体工程，总包单位应至少完成半数以上的工程。分包单位必须自己完成分包工程，不得再行分包。

(3) 委托监理工程重大事项的决定权

委托人虽然将被监理工程的合同管理权委托给监理人，但其对工程所涉及的重大事项仍有决定权。主要包括：对工程规模、设计标准、规划设计、生产工艺设计和使用功能设计的认定权；工程设计变更和施工任务变更的审批权；对工程质量要求的认定权；对建设工程项目延长工期或提高造价的批准权等。

(4) 对监理人履行合同的监督控制权

委托人对监理人履行合同的监督权体现在以下三个方面：

①对监理合同的转让和分包的监督。监理人除了可以转让委托人支付的监理酬金外，没有委托人的书面同意，监理人不能将所签合同涉及的利益或规定义务转让给第三方。监理人所选择的监理工作分包单位，必须事先征得委托人的认可。在没有取得委托人的书面同意前，监理人不得开始实行、更改或终止履行全部或部分服务的任何监理分包合同。

②对监理人员的控制和监督。监理合同开始履行时，监理人应向委托人报送委派的总监理工程师及监理机构主要成员名单，委托人审查监理人员的数量、级别组成和技术管理人员的专业覆盖面是否与约定的监理业务范围相适应，以保证被监理合同的监督管理任务能顺利完成。当监理人调换总监理工程师时，须经委托人同意。

③对合同履行的监督。监理人有义务按期提交月度、季度和年度总结报告，委托人也有权随时要求监理人对重大问题提交专项报告，这些内容应在专用条款中明确约定。委托人也可按照合同约定检查监理工作的执行情况，如果发现某些监理人员履行监理合同不称职或不力，有权要求监理人更换监理人员，直至终止合同。

3. 委托人的义务

(1)委托人应负责做好所有与工程建设有关的外部协调工作，满足开展监理工作所要求的外部条件。外部协调工作内容较为广泛，如与当地政府有关部门的协调，与业务主管部门的协调，办理各种批准文件的手续，及时做好施工用地的征地拆迁工作，专用道路使用权的批准，设计变更的批准，等等。在签订合同时应明确由委托人办理的具体外部协调工作，同时还应明确在合同履行过程中所有需要进行协调的外部关系均应由委托人负责联系或办理有关手续。如果委托人将部分或全部协调工作委托监理人承担，则应在专用条件中明确委托的工作和相应的报酬。

(2)与监理人做好协调工作。委托人应授权一位熟悉建设工程情况，能迅速作出决定的常驻代表，负责与监理人联系。委托人代表应经常与监理人代表就施工中的有关问题进行磋商，将委托人的建设意图传达给监理人，由监理人在监理工作中加以贯彻，对监理人的有关请示、报告及时提出意见或给予批准。委托人代表还应按时参加与监理人、施工单位的工作协调会议，对需要解决的问题提出处理意见或提供相应的支持和帮助。如果更换常驻代表，应提前通知监理人。

(3)委托人应为开展监理业务做好配合工作。工程项目实施过程中的情况千变万化，经常会发生一些原来没有预计到的新情况，监理人在处理过程中又往往受到授权的限制，不能独自决定处理意见，需要请示委托人或将其处理方案送交委托人批准。为了使监理服务和工程项目顺利进行，委托人应在合理的时间内就监理人以书面形式提交的一切事宜作出书面决定。

(4)为监理人顺利履行合同义务，委托人应负责做好协助服务工作。委托人为监理人提供的协助服务工作包括以下几个方面：

①将授予监理人的监理权力，以及监理人主要成员的职能分工、监理权限等及时书面通知已选定的第三方，并在与第三方所签订的合同中予以明确，以便于监理人正常开展监理业务。

②在双方议定的时间内，免费向监理人提供自己能够获得的与监理服务有关的资料。

③为监理人派驻工地的监理机构开展正常工作提供协助服务。标准条件内约定的协助服务范围涉及信息服务、物质服务和人员服务三个方面。

信息服务是指协助监理人获取永久工程使用的原材料、构配件、机械设备等生产厂家名录，以掌握产品质量和信息。向监理人提供与本工程有关的协作单位、配合单位的名录，以方便监理工作的组织与协调。

物质服务是指免费向监理人提供监理合同专用条件内约定的设备、设施、生活条件等，通常包括提供办公用房、通讯设施、监理人员工地住房及专用条件约定的其他设施。这些属于委托人财产的设施和物品，在监理任务完成或中止时，监理人应归还委托人。如果双方议定，某些本应由委托人提供的设施由监理人自备，则应给监理人合理的经济补偿。对于这种情况，要在专用条件的相应条款内明确经济补偿的计算方法，通常为：

补偿金额＝设施在工程使用时间占折旧年限的比例×设施原值＋管理费

人员服务应依据委托监理工作的实际需要，在专用条件内具体约定由委托人免费向监理人提供的职员和服务人员的数量，并应明确服务的期限。当涉及监理服务工作时，委托人所提供的职员和服务人员只应从监理工程师处接受指示。监理人应与委托人所提供的人员密切合作，但不对他们的失职行为负责。

(5)委托人应按时支付监理酬金

监理酬金在合同履行过程中一般按阶段支付给监理人。每次阶段支付时，监理人应按合同约定的时间向委托人提交该阶段的支付报表。报表内容应包括按照专用条件约定方法计算的正常监理服务酬金和其他应由委托人额外支付的合理开支项目，并相应提供必要的工作情况说明及有关证明材料。如果发生附加服务工作或额外服务工作，则该项酬金计算也应包含在报表之内。

委托人收到支付报表后，对报表内的各项费用，审查其取费的合理性和计算的正确性。如有预付款的话，还应按合同约定在应付款额内扣除应归还的部分。委托人应在收到支付报表后合同约定的时间内予以支付，否则从规定支付之日起按约定的利率加付该部分应付款的延误支付利息。如果委托人对监理人提交的支付报表中所列的酬金或部分酬金项目有异议，应当在收到报表后24小时内向监理人发出异议通知。若未能在规定时间内提出异议，则应认为监理人在支付报表内要求支付的酬金是合理的。虽然委托人对某些酬金项目提出异议并发出相应通知，但不能以此为理由拒付或拖延支付其他无异议的酬金项目，否则也将按逾期支付对待。

4. 监理人的权利

监理合同中涉及监理人权利的条款可以分为两大类：一类是监理人在监理合同中相对于委托人享有的权利，另一类是监理人对委托人与第三方所签合同履行监督管理责任时可行使的权力。

(1)监理合同中赋予监理人的权利

①完成监理任务后获得酬金的权利

监理人按照合同执行监理任务后，有权根据合同约定获得相应的酬金。如果在合同履行过程中由于主、客观情况发生变化，监理人除完成正常监理工作外，还完成了附加工作和额外工作，则委托人除应支付正常监理任务酬金外，还应支付附加服务工作及额外服务工作的酬金。双方在专用条件中应明确正常监理服务每笔酬金支付的时间、支付时应遵循的管理程序、酬金的取费依据、每次支付时的计算方法。

对于附加服务酬金和额外服务酬金的数额，双方应在专用条件内明确这两类工作的计算办法和应支付的时间。这两项酬金的计算办法一般以监理任务的日平均酬金额为取费标准，乘以委托人确认的额外增加的工作天数，而不按增加工作日中监理人实际投入多少人员来计算。即

a. 附加工作酬金＝附加工作日数×合同报酬/合同约定的监理服务日

b. 额外工作酬金＝额外工作日数×合同报酬/合同约定的监理服务日

②获得奖励的权利

监理人如果在监理服务过程中为监理项目作出了特别贡献，如由于其提出的合理化建议，使委托人得到了经济效益，则应得到委托人给予的适当物质奖励。奖励的办法应在专用条件内作出约定，可参照国家颁布的合理化建议奖励办法，按照工程费用节省额的一定比例计算。

③终止监理合同的权利

在监理合同有效期内，如果由于委托人违约，严重拖欠应付给监理人的酬金，或因非监理人责任而使监理服务工作暂停期限超过半年以上，监理人可按照终止合同规定的程序，单方面提出终止监理合同，以保护自己的合法权益。这一权利同样也适用于委托人，如果出现监理人无正当理由而又未履行监理义务或有严重失职行为而给委托人造成重大损失时，委托人也有权单方面终止合同关系。

(2)执行监理工作时可以行使的权利

监理人在监理委托人与第三方所签订合同中可行使的有关权利主要包括以下几个方面：

①选择工程总承包单位的建议权；

②选择工程分包单位的认可权；

③涉及工程规模、设计标准、生产工艺设计和使用功能等工程建设有关事项的建议权；

④向委托人和设计单位就工程结构设计和其他专业设计中的技术问题提出建议，向施工承包人就施工组织设计和施工方案按照安全和优化的原则提出建议，并以书面形式向委托人报告。但是如果提出的建议可能导致提高工程造价或延长工期，应事先征得委托人的同意。如果由于监理人指令原因而导致错误或承包方增加了额外成本，监理人则要对委托人承担相应责任。如果发现工程设计不符合国家颁布的建设工程质量标准或涉及合同约定的质量标准时，监理人应当书面报告委托人并要求设计人更正。

⑤对所监理工程的质量、工期、费用的监督控制权。其范围主要包括：

a. 对承包人报送的施工组织设计和技术方案，按照保质量、保工期和降低成本的原则，向承包人提出建议，并向委托人提出书面报告；

b. 征得委托人同意，监理人有权发布开工令、停工令、复工令，如果在紧急情况下未能事先报告时，则应在24小时内向委托人作出书面报告；

c. 对工程使用的材料和施工质量进行检验，以确认其合格还是拒收。对于不符合设计要求和合同约定及国家质量标准的材料、构配件、设备等有权通知承包人停止使用，对

于不符合规范和质量标准的工序、分部分项工程和不安全施工作业，有权通知承包人停工整改、返工。未经监理工程师签字，建筑材料、建筑构配件和设备不得在工地上使用，施工单位不得进行下一道工序的施工。

d. 对施工进度进行检查、监督，以保证建设项目按合同工期完成，并对实际竣工日期有签认权，判定承包方是提前还是延误竣工。

e. 在工程承包合同商定的工程价格范围内，有对工程支付款的审核和签认权，以及结算工程款的复核确认权与否定权。标准条件规定，未经监理人签字确认，委托人不支付工程款。

⑥工程建设有关协作单位组织协调的主持权。对于平行发包的情况，委托人可能同时和多个承包人签订合同，而各承包人之间并没有任何权利义务关系，为了排除各合同间的干扰，保证建设项目的有序实施，保证整个工程项目目标的顺利实现，监理人就要协调和管理委托人与不同承包单位所签合同的履行，同时还要负责协调各独立合同间的衔接与配合工作。

另外，在委托人授权范围内，监理人有权根据工程实际需要或实施的进展情况，对任何第三方合同规定的义务提出变更。如果在紧急情况下，变更指令超越了授权范围且又不能事先征得委托人批准，监理工程师也有权为了保障工程或人员的生命财产安全，采取其认为必要的措施，并将变更内容尽快通知委托人。发布变更指令是监理工程师进行协调管理员常采用的方法，其内容既有增加或删减工程量或工作的内容，也包括改变承包方原定的施工方法或作业时间等。

⑦审核承包人索赔的权力。监理人在委托人授权范围内对被监理合同在履行过程中进行全面管理，承包人向委托人提出的索赔要求必须首先报送监理人。监理人收到索赔报告后，要判定索赔条件是否成立，以及索赔成立后其索赔要求是否合理、计算是否正确或准确。待作出自己的处置意见后报请委托人批准，并通知承包人。

⑧调解委托人与承包人的合同争议。标准条件规定："在委托的工程范围内，委托人或第三方对对方的任何意见和要求（包括索赔要求），均必须首先向监理机构提出。由监理机构研究处理意见，再同双方协商确定。当委托人和第三方发生争议时，监理机构应根据自己的职能，以独立的身份判断，公正地进行调解。"

标准条件的这一规定表明，在合同正常履行过程中，应当建立以监理人为核心的管理模式，体现了监理机构在合同管理中的地位，符合国际上通行的管理模式。由于监理不是承包合同的当事人，在承包合同中没有经济利益，因此可以公正地判断责任归属，比较容易作出双方都可接受的处理方案。

如果一方或双方对监理人的调解争议方案不能接受，而将合同的争议甚至导致的纠纷提交政府建设行政主管部门调解或仲裁机关仲裁时，监理人应当站在公正的立场上提供作证的有关事实材料。

5. 监理人的义务

（1）认真地履行合同义务

监理人在履行合同义务期间，应运用合理的技能认真勤奋地工作，公正地维护有关方面的合法权益，帮助委托人实现合同的预定目标。合同履行期间应按合同约定派驻足够的人员从事监理工作。开始执行监理业务前要向委托人报送派驻该工程项目的总监理工程师及该项目监理机构的人员情况。应当强调的是，监理人虽然是受委托人聘用，为委托人提供专业服务并获取酬金，但其与委托人发生的是合同关系，从事监理工作的人员也仅隶属于监理人，所以他们不同于委托人的雇员。为了保证所监理的工程项目按期、按质、按量在预定的投资范围内实现，维护委托人的最大利益，监理人应以独立第三方的身份公正地处理工程实施过程中发生的各类问题，而不应盲目地听从委托人的指示，无原则地维护委托人利益而损害第三方的合法权益。

另外，在监理合同签订以后，未经委托人的书面同意，监理人不能随意转让合同内约定的权利和义务。签订监理合同本身就是一种法律行为，监理合同生效后将受到法律的保护，因此任何一方都不能不履行合同而将约定的权利义务转让给其他人，尤其不能允许监理人以盈利为目的将合同转让。

(2)维护委托人合法权益的义务

监理人应当维护委托人的正当合法权益，具体包括以下几个方面：

①在合同期内或合同终止后，未征得委托人或有关方面的同意，不得泄露与合同工程、合同业务活动有关的保密资料。

②除委托人书面同意外，监理人及其职员不应接受监理合同以外的与监理工程项目有关的报酬，以保证监理行为的公正性和维护委托人的利益。

③监理人不得参与可能与合同规定的委托人利益相冲突的任何活动。

④在监理过程中，不得泄露委托人申明的秘密，亦不得泄露设计、承包等单位申明的秘密。

6. 违约责任

在合同履行过程中，由于当事人一方的过错，造成合同不履行或者不能完全履行，有过错的一方应承担违约责任，赔偿给对方造成的损失或损害。双方应在专用条件内具体约定损害赔偿的计算方法。对于任何一方的严重违约行为而导致合同不能继续履行下去，对方都有权终止合同。

(1)违约赔偿原则

①在合同责任期内，如果监理人未按合同要求的职责勤恳认真地服务，或委托人没有履行对监理人的责任而使对方的合法权益受到损害时，均应向对方承担赔偿责任。

②任何一方对另一方负有责任时的赔偿原则是：

a. 赔偿应限于由于违约所造成的、可以合理预见到的损失和损害的数额；

b. 委托人违约应承担违约责任，赔偿监理人的经济损失；

c. 因监理人过失造成经济损失时，应向委托人进行赔偿，累计赔偿额不应超出监理酬金总额(除去税金)；

d. 当一方向另一方的索赔要求不成立时，提出索赔的一方应补偿由此所导致的对方各种费用支出。

(2)对监理人违约处理的规定

①当委托人发现从事监理工作的某个人员不能胜任工作或有严重失职行为时，有权要求监理人将该人员调离监理岗位。监理人接到通知后，应在合理的时间内调换该工作人员，而且不应让其在该项目上再承担任何监理工作。如果发现监理人或某些工作人员从被监理方获取任何贿赂或好处，将构成监理人严重违约。对于监理人的严重失职行为或有失职业道德的行为而使委托人受到损害的，委托人有权终止合同关系。

②监理人在责任期内因其过失行为而造成委托人损失的，要负监理失职的责任。其赔偿的计算方法是扣除与该部分监理酬金相适应的赔偿金，但赔偿总额不应超出扣除税金后的监理酬金总额。如果监理人员不按合同履行监理职责，或与承包人串通给委托人或工程造成损失的，委托人有权要求监理人更换监理人员，直到终止合同，并要求监理人承担相应的赔偿责任或连带赔偿责任。

由于建设工程监理是以监理人向委托人提供技术服务为特性，在服务过程中，监理人主要凭借自身知识、技术和管理经验向委托人提供咨询、服务，替委托人管理工程，监理人不是工程项目建设的直接实施者，不对委托人承包工期和合同造价，也不从中分享任何利润，所以其失职行为所造成的损害后果仅限于无权再获得该部分的监理酬金。另外，在工程项目建设过程中，会受到多方面因素的限制，因此标准条件还规定了监理人不予承担责任的免责条款，内容包括两种情况：一是对第三方违反合同规定的质量要求和完工(交图、交货)时限不承担责任；二是因不可抗力导致监理合同不能全部或部分履行也不承担责任。

7. 合同的生效、变更和终止

(1)合同的生效

自合同签字之日起生效。

(2)合同变更

由于建设过程中经常会出现许多不可预见的事项，因而会有变更合同条件的情况，例如改变工作服务范围、工作深度、工作进程等。合同变更的后果一般都会导致合同有效期的延长或提前终止，以及增加监理方的附加工作或额外工作。不论是导致监理合同有效期的延长，还是需要监理人加班执行监理服务，所增加的工作量均应被视为附加服务，并得到额外的酬金。如果需要的话，完成监理业务的时间亦应相应延长。

在执行监理业务过程中，可能会由于下述原因导致监理工作不得不暂停或中止，主要包括：

①不可抗力事件发生后严重阻碍了被监理合同的继续履行；

②承包人严重违约，委托人与其终止合同，并重新选择其他承包人继续完成后续工程的施工；

③委托人严重违约，承包人单方面终止与委托人的合同关系；

④合同履行过程中由于政策法规变化等原因，委托人与承包人协商停建或缓建该项工程；

⑤由于其他合同未能正常履行，而使得被监理的合同被迫暂停或中止等。

如果出现了上述不应由监理人负责的变化情况，致使监理人不能全部或部分执行监理业务时，监理人应当立即通知委托人。若事件的影响使得被监理的合同暂停或中止执行，监理人应做好善后处理工作。当事件不利影响消失、恢复执行监理业务时，应当给监理人增加不超过 42 天的时间用于恢复监理服务。由于事件的持续影响，监理业务的完成时间也应相应延长，但对于暂停后的善后工作和恢复监理服务前的准备工作，均应按监理人完成额外服务工作对待，依据双方在合同中约定的计算方法由委托人支付额外服务酬金。

出现工程项目停建、缓建以及施工中发生重大设计变更而需等待图纸等情况，委托人要求监理人全部或部分暂停监理业务或终止监理合同时，应当在 56 天前通知监理人。接到通知后，监理人应当立即安排停止执行监理业务，采取相应的有效措施避免发生不必要的损失。只要委托人发出的暂停或终止合同的原因不属于监理人应承担的责任，其善后工作也应视为额外工作。

(3)合同终止

监理合同履行过程中，可能会由于下述几种原因导致合同终止：

①不可抗力

合同履行过程中，由于发生严重的不可抗力事件、国家政策的调整或委托人无法筹措到后续工程的建设资金等情况，需要暂停或终止合同时，应至少提前 56 天向监理人发出通知，此后监理人应立即安排停止服务，并将开支减至最小。双方通过协商对监理人受到的实际损失给予合理补偿后，协议终止合同。

②监理人违约

当委托人认为监理人无正当理由而又未履行监理义务时，可向监理人发出指明其未履行义务的通知。若委托人在发出通知后 21 天内没有收到监理人的满意答复，可在第一个通知发出后 35 天内，进一步发出终止合同的通知。委托人的终止合同通知发出后，监理合同即行终止，但不影响合同内约定各方享有的权利和应承担的责任。

③委托人违约

如果委托人不履行监理合同中约定的义务，则应承担违约责任，赔偿监理人由此造成的经济损失。标准条件规定，监理方可在发生如下情况之一时单方面提出终止与委托人的合同关系：

a. 在合同履行过程中，由于实际情况发生变化而使监理人被迫暂停监理业务时间超过半年。

b. 委托人发出通知指示监理人暂停执行监理业务时间超过半年，而还不能恢复监理业务。

c. 委托人严重拖欠监理酬金。标准条件规定，监理人在应当获得监理酬金之日起 30 天内仍未收到支付单据，而且委托人又未提出任何书面意见时，或暂停监理业务期限已超过半年时，监理人有权发出终止合同的通知。

监理人要求终止合同的程序是：在上述三种情况之一发生后，可向委托人发出终止合同的通知；如果通知发出后的 14 天内未能得到委托人的答复，可进一步发出终止合同的通知；若第二次通知发出后 42 天内仍未得到业主答复，才可以终止合同或自行暂停执行全部或部分监理业务。但监理人发出终止合同通知书后，应给委托人作出考虑或采取相应有效措施的时间。如果在两个时效内委托人能够采取有效措施，满足恢复正常监理工作的条件或以实际行动弥补了其违约行为给监理人造成的损失时，监理合同则应当继续履行。弥补违约行为的方式可能是支付给监理人包括拖欠款利息在内的全部款项，也可能是与监理人达成延期付款的补充协议。

8. 争议的解决

因违反或终止合同而引起的对损失和损害的赔偿，委托人与监理人之间应当协商解决，如未能达成一致，可提交主管部门调解，仍不能达成一致时，根据双方在专用条款内的约定提交仲裁机关仲裁或向人民法院起诉。

监理合同的履行要强调协作履行的原则，发生合同争议时，双方应尽量通过友好协商的方式予以解决。协商达不成一致，如果双方同属一个系统，可以由业务主管部门调解；不属于同一系统时，可请当地建设行政管理部门调解。合同争议最终解决的方式是采用仲裁还是诉讼，应按专用条件中的协议约定执行。如果签订监理合同时双方约定最终以仲裁方式解决合同争议时，应在专用条款内具体写明仲裁机构的名称。只有当双方在合同内没有约定以仲裁方式解决合同争议或纠纷，事后也没能达成书面仲裁协议时，才可以向人民法院起诉。

思考题

1. 简述勘察、设计合同订立的条件。

2. 简述在勘察、设计合同中对发包人与承包人的主要权利、义务的约定。

3. 勘察、设计合同中对工作质量是如何约定的？

4. 在施工合同中，对双方有约束力的合同文件都包括哪些？

5. 如何理解施工合同文本中的工程师双重身份的定义？

6. 施工合同文本中工程师的权限有哪些？

7. 归纳总结施工合同中质量控制、进度控制、费用控制的条款。

8. 如果在保修期间出现施工质量问题，发包人通知承包人前来维修，但承包人逾期未至，发包人应如何处理？

9. 监理合同中规定的由监理人必须履行的义务有哪些？

10. 如何理解监理合同中监理的正常工作、附加工作和额外工作？

11. 如果监理人违约，给发包人造成一定的经济损失，监理人应如何赔偿？

第 4 章 施工合同管理

学习要点 通过学习，应熟悉分包的概念和种类，掌握分包的规定和对分包管理的要求；了解变更的含义和范畴，熟悉工程变更的有关规定，掌握对工程变更管理的要求；了解工程延误与延期的区别，熟悉合同对延期及暂时停工的规定，掌握工程延期审批的要求；掌握质量控制和费用控制的合同管理程序及要求；了解合同纠纷中的协调与处置；了解合同文件的组成及其档案管理的内容。

施工合同管理是工程项目管理的核心工作。施工合同管理从某种意义上来说涵盖了施工合同所涉及的方方面面。本章仅就施工合同管理的几个主要方面加以叙述。

4.1 工程分包管理

4.1.1 工程分包的概念

工程分包就是承包人按照合同规定，经工程师或业主代表（以下统称为工程师）批准，并取得业主的认可，将其所承担的合同中规定的工程的一部分再发包给另外的承包人，这种合同行为被称为工程分包。接受再发包的承包人被称为分包人。

需要指明的是，合同分包与合同转让是两种不同的概念。合同分包是不改变合同原来的性质，合同的主体关系也不发生变化，合同分包后不解除（总）承包合同中规定的任何责任和义务，（总）承包人应将任何分包人及其分包人的代理人、雇员或工人的任何行为、违约等完全视为自己的代理人、雇员或工人的行为、违约，并为其负完全责任。所以说，采取分包的形式并没有改变原有合同的性质和作用，也没有改变业主与承包人的合同关系。

合同转让则是承包人将合同转让给另一承包人。实质上已经解除了原承包人同业主签订的合同关系，原承包人将不再承担合同规定的责任和义务。合同中规定的承包人的责任和义务则由接受转让的承包人来承担。合同转让不仅是承包人的行为，业主也可以转让合同，但事先必须经对方同意，并办理手续。

在合同分包时，一般分包合同的产值或工程量不能超过总承包合同的半数以上，也就是说合同中的工程大部分由主承包人来完成，而合同转让则可以转让全部合同范围内的工作，也可以转让合同范围内的一部分工作，一般合同对转让出去的工作量没有限制。

我国《建筑法》中规定：禁止承包单位将其承包的全部建筑工程转包给他人，禁止承包单位将其承包的全部建筑工程肢解以后以分包的名义分别转包给他人。建筑工程总承包单位可以将承包工程中的部分工程发包给具有相应资质条件的分包单位，但是除总承包合同中约定的分包外，必须经建设单位认可。施工总承包的，建筑工程主体结构的施工必须由总承包单位自行完成。建筑工程总承包单位按照总承包合同的约定对建设单位负责；分包单位按照分包合同的约定对总承包单位负责。总承包单位和分包单位就分包工程对建设单位承担连带责任。禁止总承包单位将工程分包给不具备相应资质条件的单位。禁止分包单位将其承包的工程再分包。我国《合同法》中的第十六章第二百七十二条也做了相同的规定。因此，工程师应按有关法律法规及有关规定来正确认识和处理工程分包问题。

因为分包与转让有上述的不同，因此在FIDIC合同条件中规定，合同分包一般由工程师审批。承包人进行合同转让时必须由业主审批，这是因为合同转让改变了原合同的主体关系。

在工程的实施过程中，由于遇到下列情况时，承包人希望把自己承包的工程的一部分分包给其他承包人：

某些专业性很强的工程，无论从工程质量上或经济、进度方面都不如分包给专业化的施工队伍去完成有利，如在建筑工程中的土石方工程、基坑支护工程、幕墙工程、装饰工程、专用设备安装工程、消防工程等；

由于承包人自身原因使工程进度严重拖后，依靠自己的力量不能保证合同工期，因此采取分包的办法来实现合同工期；

也有由于承包人的施工设备不足或损坏，不得不把合同中一部分拿出来进行分包，以便按期完成；

另外，有的附属工程因受当地条件限制和业主单位要求，使承包人不得不将这部分工程分包出去。如厂区内的一些场地、绿化和道路工程。

把分包管理作为合同管理的一个重要组成部分的理由是：一是在工程招标时，对投标人的资质做了明确的界定，并进行了资格评审（预审或评标时审查）。招标文件的设计和合同的设计都是按照符合资质要求、具有良好社会信誉和突出业绩的完整的投标人来考虑的，如果投标人中标后将工程的一部分再发包给第三方实施，这就与原来的要求存在了差别，包括资质、能力、信誉，如果不加强管理和控制，就会为合同履行带来变数和风险。现实中的工程出现的大量质量问题和纠纷都和分包有关；二是就合同本身而言，发包人与承包人签订的合同是约束此当事人双方权利与义务关系的协议，但承包人把本属于自应履行的义务的一部分转给了分包人承担，这就构成了与主合同发生连带关系的从合同，从而产生了发包人与承包人合同关系的转移与延伸，因此，基于合同关系的管理工作也需要延伸到分包合同。分包管理属于项目管理中项目组织与范围管理范畴。

4.1.2 工程分包的种类

工程分包一般有两种形式，即：一般分包和指定分包。

1. 一般分包

(1)一般分包是指由承包人根据承包合同的约定提出分包要求并选择分包人，经工程师(业主)批准的转发包行为，体现了承包人的愿望和要求，由承包人与分包人签订分包合同。

(2)承包人应对分包人的分包行为负责，任何分包合同不能改变承包人在原合同中承担的责任和义务。

(3)承包人的分包合同必须得到工程师(业主)的批准，否则分包人不能进入工地进行任何工程的施工。

分包人在承包合同中完全是附属于承包人的，没有独立的地位，且在工作、工程进度计划、工程付款等方面完全服从于(总)承包人的安排。

2. 指定分包

指定分包是指承包人根据招标文件的规定，将工程中的一部分分包给由业主或工程师选定或批准的分包人承包，并与之签订分包合同的行为。按 FIDIC 合同条件规定，进行与合同中所列暂定金额有关的任何工程施工，或提供任何货物、材料、设备或服务的所有专业人员、商人及其他人员等被称为指定分包人。对指定分包人的确定，可以在招标文件中指定，也可以在工程开工以后指定。指定分包人在进行施工或服务过程中仍被视为承包人雇用的分包人，由承包人负责对他们进行协调和管理。

指定分包与一般分包有以下不同：

(1)指定分包人是由业主或工程师选定，或在合同中指定，而一般分包人则是由承包人选定，然后由工程师批准。

(2)指定分包人分包的项目一般列在工程量清单中的暂定金额中(事先在招标文件中明确)，一般分包人分包的项目则是由承包人根据客观条件自行决定的部分。

(3)一般分包人的工程款项由承包人根据与分包人的协议支付，而指定分包人的工程款项在承包人无正当理由而扣留或拒绝按分包合同向其支付的情况下可由业主根据工程师的支付证明直接支付。

(4)指定分包人与一般分包人在合同中的地位不同。指定分包人在合同中有一定的地位，他们与承包人既有一定的联系，又有一定的独立性，工程师在必要时可以直接对指定分包人下达指令。

为使承包人对指定分包人满意并准备和他们合作，工程师或业主在选定指定分包人时应听取承包人的意见，承包人不同意时，应另行指定。指定分包只适用于特定情况，如专业性很强的项目，或在招标时某些子项目的设计或技术要求尚未落实，只能给出暂定金额，或是与业主有合作项目等。需要指出的是，业主不能滥用指定分包的概念，更不能把招标文件或合同中已确定给承包人实施项目指定分包，这是《建筑法》所不允许的。

4.1.3 在工程分包中工程师的管理

工程分包中，选择合格的分包人是保证工程质量的重要条件。因此，工程师对分包人(包括一般分包人和指定分包人)应进行严格的审批和有效的管理。

1. 选择分包人的审批程序

根据ISO9000族标准的要求，分包人的选择属于分供方评定和客户提供产品的控制的范畴，承包人应重点对分包人的质量保证能力和履约能力进行评定，将合格者列入合格分供方名单中，建立其档案。具体选定时，应首先从合格分供方名单之中选择。否则，应进行评定。对于工程师或业主推荐或指定的分包人，也应先看其是否在合格者名单之中，如果不在，应进行分供方评定，若不合格可以拒绝。

(1)一般分包人的审批程序

①承包人根据拟分包工程的内容和范围，从合格的分包人档案中选择条件合适的分包人，并对其施工能力、企业财务、社会信誉等以及其他有关的情况进行对比，选定分包对象。

②承包人初步选定分包人后，向工程师提出分包申请报告。报告内容包括：

a. 分包工程的内容与范围，工程价值及占合同总价的比例；

b. 分包人的情况：包括资质、能力、企业规模、业绩、简历、财务状况等；

c. 分包协议：除有商务、法律条款外，还应有分包项目的施工工艺、分包人设备及到场时间、材料供应情况等。

③工程师审查承包人的申请报告。主要对"分包申请报告"进行详细审查，着重对分包人是否有能力按照合同条件完成分包的工程任务进行核实。

④工程师对分包人的调查。对基本符合分包条件的，工程师应做进一步调查后，再做结论，其目的是考核承包人所报告的分包人情况是否属实。所以，工程师应前往该分包人过去完成的且又与本次工程相似的工程中去了解分包人的技术水平、能力和设备等。如果工程师对分包人的各方面能力满意，则以书面形式予以批准。承包人收到工程师的书面批准后，则立即与分包人签订合同，并将副本报送工程师备案。对不具备分包项目资格的分包人，工程师不予批准，并向承包人指明原因。

(2)指定分包人的审批程序

①业主或工程师根据招标文件或合同的规定，编写需要指定分包工程的招标文件，提出指定分包人的候选人。

在颁发指定分包招标文件前应当与(总)承包人交换意见，因为本招标文件将要成为分包协议的一部分，事前沟通是非常必要的。

②承包人在接到指定分包人的候选人名单后，应看是否在合格者名单之中，若不在，则进行分供方评定，对不合格者应提出更换请求。

③业主或工程师根据各分包人投标情况以及资格、技术、信誉等因素选择分包人并通知承包人。

④业主或工程师选定的分包人在充分与(总)承包人协商的基础上与之签订分包合同。由于承包人需要对指定分包人进行协调和管理并对其行为承担连带责任,因此业主应向承包人支付管理费或由分包人支付此项费用。

2. 对分包人的管理

由于分包人进入工程施工的时间较晚,对合同条件也不太熟悉,因此工程师对分包人的管理就更为重要。工程师对分包人的管理应体现于以下几个方面:

(1)要严格坚持监理程序

这里所说的监理程序是指合同范围内的任何工作,凡属应由工程师确认的,承包人必须遵从首先按已获工程师批准的程序及顺序进行作业,然后自检合格后,填写申请报告,再由工程师核查、审批或确认的工作程序。按照监理程序进行各项工程施工活动,这是承包人必须严格遵守的原则,否则将导致施工现场的混乱,工程质量也无法保证。对分包工程也不例外。为制止分包人忽视监理程序而进行施工的行为,在分包人进场后,由工程师或者工程师指令承包人向其交代各项监理程序,要求分包人严格执行。工程师一旦发现分包人有违反监理程序行为,则应立即停止其施工。

(2)鼓励分包人参加工地会议

分包人是否参加工地会议则由承包人决定,但是工程师应建议承包人鼓励分包商参加工地会议。因为这样做不仅便于检查他们的工作,也能够使分包人了解整个工程情况,从而认清分包项目与整个工程的关系,提高他们执行工程计划的自觉性。

(3)检查分包人的现场工作情况

工程师针对下述三个方面对分包人的现场情况进行监督和检查。

①设备情况。设备数量、型号和技术状态应满足标书中所述的条件,否则分包协议将很难实现,甚至影响整个工程的进行。所以,工程师必须进行现场核实。

②施工人员情况。按照协议中确定的技术骨干和主要管理人员必须在现场工作,分包人也应健全自身的质量控制系统。

③关于工程质量标准。不论何种形式的分包,工程的技术标准只有一个,就是合同规定的标准,工程师则按合同规定的标准监督施工和验收。

(4)对分包人的制裁

为保证工程质量和避免不规范施工给工程带来损失,工程师应根据情况采取必要措施对分包人的违约行为进行有效的制裁。

①停止施工。分包人必须按照合同规定施工,严格执行监理程序。若有忽视合同规定且经工程师指出后不改正者,工程师有权停止他们的施工,直到工作得到改进为止。

②停止付款。对于工程质量未达到合同有关标准时,工程师有权拒绝付款。对于情况严重的,工程师可以采取停止支付其分包的一切款项等措施,以强化分包人的合同意识。

③驱逐分包人。由于分包人无力去完成分包合同或是技术能力差、自身管理混乱等,

又无视工程师的书面警告，那么工程师将建议业主对分包人予以驱逐，这是FIDIC合同条件规定的。但在实际工程中一般应尽量避免采取驱逐的办法，因为采用这种措施后，将会产生很多纠葛。

工程师采取对分包人的制裁措施时，应将所有的指令或通知主送总承包人，由其处理与分包人之间的各项事宜。

对分包人只有进行严格的管理和控制，才会收到好的效果，对合同的完成会起到积极的作用。否则，不仅会影响工程质量和进度，同时还会造成很大的经济损失，这是被无数事实证明了的。对此，业主、工程师和承包人都要有足够的认识，相互配合，共同管理，确保工程按合同要求完成。在对分包人的管理中，工程师要注意两点：一是不能抛开承包人去直接管理分包人，向其下达指令，而是通过承包人来实施管理；二是管理的依据是承包合同而不是分包合同。

4.2 工程变更管理

在实施一项建设工程承包合同的过程中，由于工程项目自身的性质和特点、设计图纸的深度、不可预见的自然因素与环境条件的变化以及合同双方当事人基于对工程进展有利着想等原因，都会引起对工程的变更需求。概括起来就是，随着对客观存在的认识不断深化，必将产生不断修改原拟定的设想或方案，从而引起工程的变更。工程变更既影响投资或造价，又对工程进度产生影响，处理不好还会影响工程质量。因此，作为合同管理的工程师需要与业主、承包人协商，正确处理好工程变更问题，有利于三大控制目标的实现。

下面具体阐述工程变更的含义及其范畴。

工程变更的含义包括两个方面，既包括工程本身进展形式、工程数量、工程质量要求及标准等方面的变更，同时也包括合同方面的任何形式的、内容的、数量的变更等。

工程变更的范畴比较广泛，合同文件的任何一部分的变化都属于工程变更的范畴，主要有如下几种：

(1)设计图纸的变更。即在施工前或施工过程中，对设计图纸任何部分的修改或补充都需要通过工程变更的形式作出决定。

(2)施工次序的变更。所谓施工次序，包括经过工程师批准的施工计划安排的次序和合同文件中规定的施工次序，也包括施工工艺的次序。按FIDIC合同条件的规定，施工次序的改变，视为工程变更。

(3)施工时间的变更。对于经过工程师批准的承包人施工计划中安排的开工时间或完成的时间，若业主或工程师对此提出改变，一般也需要采用工程变更的形式。

(4)工程数量的变动。对工程量清单中的数量的增加或减少，若工程师认为有必要，则也要采取工程变更的形式进行。

(5)技术规范的变更。若工程师认为技术规范有严重缺陷，需要进行必要的修改时，则工程师也应以工程变更的形式发出指示。

(6)合同条件的修改。如果业主与承包人根据工程的需要,双方协商同意对合同条件进行某些方面的修改,待双方签订有关修改部分的协议书后,也要按工程变更形式,由工程师发出变更的指令。

1. 工程变更的有关规定

我国对设计变更规定了两点,即:

(1)变更超过原设计标准和规模时,须经原计划审批部门批准,取得追加投资和计划指标;

(2)送原设计单位审查,取得相应图纸和说明。

由承包人提出变更时,应在上述两条基础上,经业主同意后,工程师签发。若由业主或工程师提出变更时,也须在上述基础上,并经与承包人协商后由工程师向承包人发出工程变更通知。若是因为业主或工程师提出的变更要求而导致的费用增加或承包人的损失,应由业主承担,延误的工期相应顺延。

对此,FIDIC 合同条件规定:

在颁发工程接收证书前,工程师可通过颁发变更指示或以要求承包商递交建议书的方式提出变更。除非承包商马上通知工程师,说明他无法获得所需的货物并附上具体的证明材料,否则承包商应执行变更并受此变更约束。如收到承包商的通知后,工程师应做出对已发出的变更指示的取消、确认或修改指示。除非有工程师的指示或同意变更,承包商不得擅自对永久工程进行任何改动。

如果工程师在变更指示之前要求承包商提交建议书,则承包商应尽快提交要进行工作的说明书及进度计划、对总体工程的进度计划和竣工时间做出必要修改的建议书、对变更估价的建议书;或提交不能实施变更的建议及理由说明。工程师收到上述建议后,应尽快予以答复,说明批准与否或提出意见。在等待答复期间,承包商不应延误任何工作。

工程师应向承包商颁发每一项实施变更的指示,并要求其记录费用。每项变更都应按合同中有关测量和估价的规定进行估价。

国外在工程承包中使用 FIDIC 合同条件时,一般用于单价合同,也就是说凡是在投标书工程数量表中列的工程单价经评标认可且在谈判时没有进行改动或在谈判协议上已确定的,在实施过程中,工程数量虽有增加或减少,但都不按工程变更处理,除此之外的部分应按工程变更处理。因此,规定工程变更的同时工程师应与业主、承包人事先商定好工程变更部分的工程单价,以便业主或承包人掌握变更后的工程总价。

2. 工程师在工程变更管理中的主要工作

工程师在工程变更管理中起着决定变更与否的重要作用。因为工程师在监理过程中用自己的知识为工程服务,对工程变更的必要性和可能性以及现场资料掌握得比较多,所以无论是承包人还是业主提出工程变更,都必须经工程师批准和发出工程变更指令。变更指令应不迟于变更前十四天以书面形式发出。工程变更的程序如图 4-1 所示。

承包人提出的工程变更,多数是为了方便施工,也有设计方面存在不足的原因。业主提出变更多数是由于政府及有关部门的要求,也有市场变化要求。工程师提出工程变更多数是因为设计中的不足或是变更后能降低工程造价。

工程师对工程变更应进行审查，其原则是：

(1)变更后的工程不能降低使用标准；

(2)变更后在技术上必须可行，并且又必须可靠；

(3)变更后的工程费用要合理。

变更后的施工工艺不宜复杂，一般也不应影响工期。

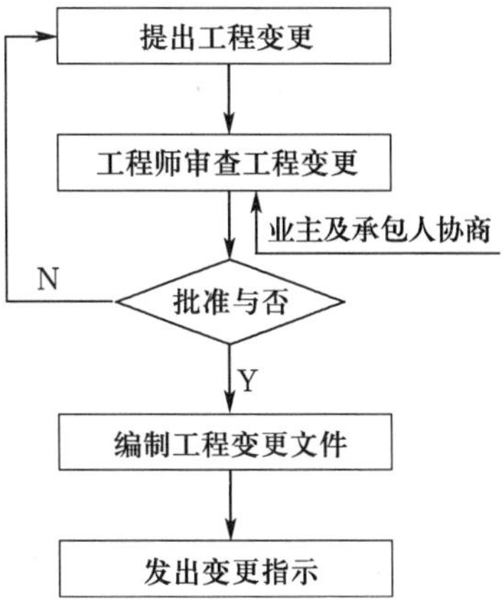

图 4-1　工程变更程序

工程师要与业主、承包人商定变更后的价格，确定好价格使业主和承包人对合同价格都有数，而且有时还起着调动承包人积极性的作用。一般承包人应在变更的设计确定后 14 日内提出变更价款的报告，经工程师确认后调整合同价款。变更合同价款可按以下方法进行确定：①合同中已有适用于变更工程的价格的，按此价格确定；②合同中只有类似的变更工程的价格，参照此价格确定；③合同中没有适用于或类似于变更工程的价格，由承包人提出适当的价格，由工程师审查，并在与业主和承包人沟通后确定，或由工程师审查后报业主确定。

工程师在工程变更中要编制工程变更文件，包括：

(1)工程变更令。可采用监理业务通知单的格式填写变更令，如表 4-1 所示。说明变更的理由和变更的概况、工程变更估价及对合同价的影响。

表 4-1　　**工程变更联系单**

监 B-02　　**监理业务联系(通知)单**

年　月　日

<table>
<tr><td>工程名称</td><td></td><td>编号</td><td></td><td>附文</td><td>(业主指令或图纸)</td></tr>
<tr><td rowspan="2">联系事由</td><td rowspan="2">(工程变更通知)</td><td>主报(送)单位</td><td></td><td>监理签名</td><td></td></tr>
<tr><td>抄送(报)单位</td><td></td><td>总监签署</td><td></td></tr>
<tr><td colspan="6">内容：</td></tr>
<tr><td colspan="6">主受文单位签署意见：</td></tr>
</table>

(2)承包人接到工程师的工程变更联系单后需申报工程变更费用申请表,格式如表4-2所示。工程变更的工程量清单与合同中工程量清单形式基本相同,但工程变更的工程量清单每个项目都需填写变更前、后的单价、数量和金额,便于计算由于工程变更对合同价的影响。尚须有工程量计算记录及有关单价确定的资料依据。需说明变更后工程计量方法的说明。

(3)设计图纸。图纸是工程师的语言,只有用图纸表达方为准确,因此需要有新的图纸、计算书和有关标准规定。

(4)其他有关文件。凡与本工程变更有关的函件,都列入变更文件中,如业主对变更的要求,地方政府对变更提供的有关资料或文件等。

表 4-2　　工程变更费用申请表

监 A-17

工程变更费用申请表

工程名称:　　　　　　　　　　　　　　　　　　　　　　　　　　______编号:

<table>
<tr><td>变更项目</td><td colspan="9"></td></tr>
<tr><td colspan="10">监理机构:______
依据______年______月______日第______号工程变更联系单,申请变更费用如下。
请审核</td></tr>
<tr><td rowspan="2">项目名称</td><td colspan="4">原设计数量</td><td colspan="4">变更后数量</td><td rowspan="2">工程款
增(+)
减(—)</td></tr>
<tr><td>工程量</td><td>单位</td><td>单价</td><td>合计</td><td>工程量</td><td>单位</td><td>单价</td><td>合计</td></tr>
<tr><td></td><td colspan="8"></td><td></td></tr>
<tr><td></td><td colspan="8"></td><td></td></tr>
<tr><td></td><td colspan="8"></td><td></td></tr>
<tr><td></td><td colspan="8"></td><td></td></tr>
<tr><td colspan="10">变更情况及理由:

承包人:______
负责人:______　日期:______</td></tr>
<tr><td colspan="10">监理机构审查意见:

工程师:______　日期:______
总工程师:______　日期:______</td></tr>
<tr><td colspan="10">业主审定意见:

业主代表:______　日期:______
业主负责人:______　日期:______</td></tr>
</table>

本表由承包人填报:一式三份,经监理、业主审批后,业主、监理、承包人各一份。

4.3 工程延期管理

4.3.1 工程延误与延期

在建设工程的施工过程中，经常遇到各种原因影响工程的正常进行，使工期延长，造成工期延长的原因大致分为两种情况：一是由于承包人的原因造成施工期的延长，称为工程延误；二是由于承包人（包括其风险责任）以外的原因造成工期的延长，称为工程延期。工程延误和工程延期都导致工程不能按照承包合同规定的竣工日期完成，但是它们是属于两种不同性质的问题，其最明显的特征是合同明确阐明造成拖期的责任方不同，业主与承包人承担着不同的责任。

由于工期延误导致工期的延长，其所发生的一切损失由承包人自己承担，承包人不仅要支付为加快施工进度而增加的额外支出，而且还要向业主支付一笔误期损失赔偿费用（若承包人采取措施仍然还没有达到正常进度，即合同规定的进度时）。由于承包人以外的原因导致的工程延期，承包人除了要求展延工期外，而且还要求业主提供因此而引起的一切费用损失的补偿。所以说，无论是工程延误还是工程延期，最终都会造成建筑物或构筑物使用时间的推迟和给对方带来一定的经济损失。

造成工期延长的原因有：

1.工程量的增加。由于工程师发出的工程变更指令增加了工程量，必然相应地延长工期。

2.合同条件中涉及的任何可能造成延期的原因：

(1)延期交图。工程师未能按照承包人被批准的施工进度计划，在合理的时间内向承包人提供施工设计图，造成施工的延误或中断。若合同中规定承包人提供施工图纸则不属上述情况。

(2)工程暂停。若承包人根据工程师的指令，暂停部分或全部工程的施工，而且暂停的原因又不属于由承包人造成的，由此而导致了工程的延期。

(3)延迟占用土地。业主应随着工程进展及时地向承包人提供施工场地，这是合同中规定的业主的义务。不论什么原因或理由，业主未能按被批准的施工进度计划在合理的时间内向承包人提供施工场地或通道，而导致工程的拖延或中断。

(4)开挖现场发现文物等。由于承包人在现场施工中在地下发现了文物或化石，按规定应保护好现场并报告国家文物保护部门，因此中断了工程进行或拖延了工程工期。如：××经济技术开发区在海堤工程施工过程中发现了古代文物，而停工近两个月。

(5)进行合同规定以外的检查。由于承包人按照工程师的指令，对工程进行了合同规定以外的检查，而且检查的结果表明，被检查的项目达到了合同规定的规范标准，因此而导致了工程的中断和延长。

(6)不利的外界条件影响。在承包人施工过程中，若即使遇到了一个有经验的承包人也无法预料到的外界障碍或条件而导致工程的延期或中断。

(7)业主未按规定时间付款。由于业主未按规定的时间向承包人支付工程进度款,或者拖延付款时间太长,致使承包人无法继续进行工程施工,则承包人有权通知业主及工程师暂停工作或减缓工作速度,由此导致工程延期和中断。

3.异常恶劣的气候条件。承包人在施工过程中遇到了恶劣的气候条件而导致工程延期或中断。一般在合同或设计资料中都规定了每月施工天数以及施工中的最大降雨标准,凡在合同或设计文件中规定的界限以内的气候条件,不属于异常恶劣的气候条件。

4.业主的干扰和阻碍。按照合同规定,承包人的施工组织设计和工程施工进度计划由工程师审核批准后,承包人按照批准的计划进行施工即可。业主不能对承包人的工程活动进行指挥和干预,业主干预承包人的任何行为都可能构成对承包人的干扰和阻碍,将导致工程施工的中断或延期。所以,明智的业主只能通过工程师的管理和工地会议进行商定和调整。

5.承包人自身以外的原因。承包人自身以外的任何原因(如不可抗力)造成工程施工的中断或拖延,工程师都应当按照合同条件的规定,批准承包人的工程延期。这是工程师处理工程延期的总的原则。

在合同执行期间,经过工程师批准的工程延期,所延长的时间都属于合同工期的一部分。则延长的工期加上原合同工期即为工程竣工的时间。工程延期管理属于项目管理中的进度控制范畴。

4.3.2 工程暂时停工及处理

在工程施工期间,无论是业主、工程师的原因,还是承包人的原因,都可能造成工程暂时停工,这种暂时停工可能是部分工程,也可能是全部工程。在暂时停工期间,承包人应积极采取措施妥善地保护好本工程或者是工程师认为必须保护好的任何工程部分。对工程的保护一是保护工程的安全,再就是在停工期间使其损失最少。譬如:在台风到来之前,由于工程没有完成设计的断面构造,特别是港口水工建筑工程中的防护工程,必须在台风到来之前予以保护好,避免造成更大损失,如坡度放缓、面层进行人工块体覆盖等,目的是保护好堤身不被台风造成的风浪击毁。

凡是在工程师的指令下工程发生的暂时停工,其原因不属承包人的,工程师都应给予适当的延长工期,并且补偿承包人由于停工造成的费用增加,这种费用增加和工期延长应在工程师与业主及承包人协商后确定。

暂时停工若是由承包人的某种失误或违约导致的,那么承包人除应妥善保护好工程外,其损失和责任应由承包人承担。

4.3.3 工程师对工程延期的管理

由于工程师是对工程进行全面监理,工程师对工程施工过程中出现的问题及承包人执行合同的情况应有比较全面的了解。在对工程延期管理方面，工程师要遵守一定的原则和审批程序。

1. 办理工程延期的一般程序

根据 FIDIC 合同条件，在延期事件发生的 28 天内承包人应向工程师提出工程延期的意向通知，并在“意向通知”发出后的 28 天内，向监理工程师提交详细的申述报告，说明造成延期的理由及有关方面的详细情况。工程师认为所发生的事件属于工程延期性质，在接到申述报告后可做出延长工期的临时决定，延期时间不应大于最终批准的延期时间。工程师应及时地调查，在事件结束后的 28 天内承包人应向工程师提交最终的详细报告。工程师应在与业主、承包人进行协商之后，再做决定。办理工程延期的一般程序如图 4-2 所示。

为了使工程延期的申请与审批程序化，除有详细报告外，还有一定格式的申请及审批表，见表 4-3。

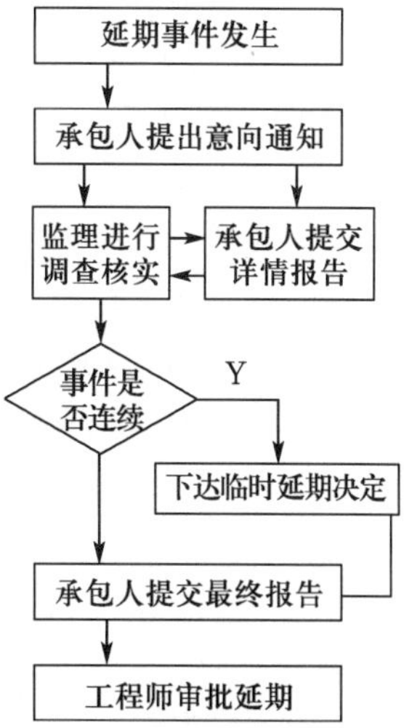

图 4-2　办理工程延期的一般程序图

表 4-3　　延长工期报审表

监 A-13

延长工期报审表

工程名称：______________________________ 编号：

监理机构：______________________

______________________________________ 工程，根据合同文件条款的规定，由于______________________的原因，我方要求工期从原来的________年________月________日延长到________年________月________日，延长工期________天，请予核准。

延长工期计算：

附件：

承包人：______________________

负责人：____________ 日期：________

监理机构审查意见：

工程师：______________________

总工程师：____________ 日期：________

业主审定意见：

业主代表：____________ 日期：________

业主负责人：____________ 日期：________

本表由承包人填报，一式三份，经监理、业主审批后，业主、监理、承包人各一份。

2. 工程师审批工程延期的原则

(1)应符合合同条款的要求

工程师批准的工程延期,必须符合合同条款,即导致工程拖延的原因必须是属于承包人以外的,凡是承包人自身原因造成的任何延误,都不能批准为工程延期。

(2)延期的工作应位于关键线路上

工程师审批的另一个原则是:发生的延期事件的工程必须在关键线路上。只有在关键线路上或超过总时差的项目的延期才能构成对整个工程工期的影响。凡发生延期事件的工程部位不在关键线路上,且不超过总时差的,不能批准工程延期。

(3)依据实际情况,实事求是

工程师批准的工程延期必须符合实际情况。承包人对延期事件发生后的各类有关细节要详细记载,及时向工程师提交详细报告。工程师也要对现场施工情况进行详细考察和分析,做好各种有关记录,从而使工程师审批的工程延期能够符合实际情况。

在工程中为减少和避免发生工程延期,工程师应经常提醒、督促业主做好以下几方面的工作:

①业主应做好施工前期的准备工作

a. 及时提供施工场地,做好三通一平工作,办理好各种与施工有关的手续,保证承包商及时进入施工现场。

b. 抓好设计工作,以保证能及时地向承包人提供由业主负责提供的设计文件。

c. 做好付款的准备工作。工程款在施工中起着润滑剂的作用,拖延付款将影响承包人的流动资金周转,甚至影响工程的各项准备工作,以致造成工程的停工或延期。

②施工中业主应多做协调工作而少干预或不干预

业主直接干预承包人的工作,往往成为承包人要求索赔的根据,严重的会使承包人无法进行工程施工。所以,聪明的业主是不去干涉承包人的工作的,而放手让工程师进行管理。

工程师也应做好减少工程延期的工作,主要体现在:

a. 在合适的时机下达开工令。当业主在开工前的准备工作完成后即可下达开工令。在下达开工令之前应与业主协商检查有无遗漏在开工前应完成的工作。

b. 提醒业主履行职责。随着工程的进展,提醒业主根据合同规定及时提供给承包人供施工或临时性使用的场地并按合同履行自己的职责。

c. 妥善处理好延期事件。当延期事件发生后,工程师应根据合同规定妥善处理。即根据现场实际情况,在可能的条件下,指令承包人进行不受延期事件影响的项目或工程部位的施工,以尽量减少延期的时间和损失。

另外,工程师应及时对延期事件进行调查,合理确定延期的时间并批准之。

4.4 质量控制与费用控制中的合同管理

对于质量控制和费用控制的内容将在专门的教材中讲述,本节仅就有关合同管理的程序问题加以论述。

4.4.1　质量控制中的合同管理程序

在工程监理过程中，工程师的一项很重要的工作就是控制工程的质量。在施工阶段，其控制的重点为原材料检验、隐蔽工程及中间工程验收、竣工初验及竣工验收。而合同管理工作的重点是确定在这些工作达不到合同规定的要求时应按什么程序处理及分清各方责任。

1.材料及设备检验

(1)甲方供应材料和设备

甲方(业主)责任：

根据《建设工程质量管理条例》规定，甲方(建设单位)供应材料和设备的合同责任为甲方应当保证建筑材料、建筑构配件和设备符合设计文件和合同的要求。一般在合同中应约定甲方供应材料设备一览表，一览表应包括所供应的材料设备的种类、规格、型号、数量、单价、质量等级，提供的时间和地点等。甲方应按一览表内约定的内容提供材料设备，并向承包人(乙方)提供其产品的合格证明。若甲方供应的材料设备与一览表不符时，可按下列情况处理：

①当材料设备的种类、规格、型号和质量等级等与一览表不符时，乙方可拒绝接收和保管，由业主运出现场并重新采购；设备到货时如不能开箱检验，乙方可只验收箱子的数量，待以后乙方开箱时应请工程师及甲方代表到场查验，若出现缺件或质量等级、规格等与一览表不符时，由甲方负责补足或更换；

②到货地点与一览表不符时，甲方负责运至一览表指定地点；

③到货时间早于一览表约定的时间，由甲方承担由此发生的保管费用；到货时间迟于一览表约定的时间，发生工期延期的，工期顺延，甲方赔偿由此造成的乙方损失；

④甲方供应的材料设备进场后需要重新检验或试验的，由乙方负责，但费用由甲方承担；

⑤乙方检验通过之后又发现甲方供应的材料设备本身存在质量问题的，甲方仍应承担重新采购及拆除重建的追加合同价款，并相应顺延由此延误的工期。

乙方责任：

乙方应按甲方或工程师通知的时间参加甲方供应材料设备验收，并负责进行标识和妥善保管，以防止未经批准就使用或不当处理。同时提供适当的贮存条件，在贮存期间应进行定期检查，查明质量状况，防止变质、丢失和损坏。自材料设备验收接管后，除去材料设备本身的质量问题外，其他责任和风险已由甲方转移给乙方，乙方应承担因贮存、保管、安装、维护不当所造成损失的责任。

工程师的工作程序：

①根据工程进展和合同约定，工程师应提前提醒业主供货并约定进场时间，应在货物进场之前不少于24小时通知承包人派人参加验收和接货；

②工程师组织甲乙双方对照一览表对甲方供应材料设备进行验收；

③若甲方供应材料设备符合要求,甲乙双方签署材料设备交接验收单,乙方按要求负责照管使用;否则,甲方更换,重验。

(2)乙方供应材料设备的验收程序

①承包人应在材料设备进场之前不少于24小时通知工程师验收,并准备好验收资料;

②若验收不合格,工程师应拒绝签字,书面通知承包人在规定时间内将不合格的材料设备清退出场,重新采购合格产品,并承担由此发生的费用,工期不予顺延;

③若工程师不能按时到场验收,事后发现材料或设备不符合设计或标准要求时,仍由乙方负责修复、拆除或重置,并承担所发生的费用,由此拖延的工期可以顺延;

④尽管经过工程师验收,若在而后的使用或调试中发现材料或设备本身质量存在问题时,由承包人负责修复、拆除或重新购置,并承担所发生的费用,由此延误的工期相应顺延。

2. 过程检验

(1)一定要在承包人自检合格后才能报请工程师检验。

(2)经工程师检验后达不到合同约定的标准时,工程师应书面通知承包人按要求返工,直到符合约定标准。

(3)因承包人原因达不到标准的,由其承担返工费用,工期不予顺延。若因业主原因达不到标准的,由业主承担返工费用,工期顺延。

(4)经检查验收合格后,又发现因承包人引起的质量问题,由其承担责任,赔偿业主的直接损失,工期相应顺延。

3. 隐蔽工程及中间验收

(1)承包人应对隐蔽工程或中间验收部位进行自检,在自检合格后至少在验收时间48小时之前填单向工程师申报验收。

(2)若验收合格,工程师应在不超过24小时的时间内在验收记录或报验单上签认,承包人可继续施工;若工程师在规定时间内不签字又无说明,则承包人可认为工程师已批准,可继续施工。

(3)若验收不合格,工程师应书面通知承包人返工。承包人应在工程师限定的时间内整改或返工并重新报验。所发生的费用由承包人承担,延误的工期不得延长。

(4)对于重要的隐蔽工程(如设置为停止点),工程师未参加验收或验收后没有正当理由而不签字,乙方应停工等待验收或签认。由此造成的费用增加由业主负担,工期顺延。

4. 重新检验

无论工程师是否参加验收,当其提出已经隐蔽的工程需重新检验时,承包人应按要求进行剥露,并在验收后按标准重新覆盖或修复。检验合格,业主承担由此发生的全部追加的合同价款,赔偿承包人损失,并相应延长工期;检验不合格,承包人承担发生的全部费用,工期不予顺延。

5. 试车

(1)设备安装工程经承包人检查具备单机无负荷试车条件,由承包人组织试车,并在试车前48小时书面通知工程师。联动试车由业主主持。

(2)工程师按通知要求的地点、时间参加试车。试车通过,工程师审查试车记录并签字。

(3)若试车达不到验收要求,按以下三种情况处理:①属设计原因,业主办理修改设计,承包人按修改的设计重新安装。业主承担修改设计、拆除及重新安装的全部费用和追加合同价款,工期相应顺延;②属于设备制造原因,承包人采购的,由其负责修理或重新购置、拆除及重新安装的费用,工期不予顺延;若为业主采购的,则应由其承担上述各项费用及追加合同价款,工期相应顺延;③属于承包人施工或安装原因的,工程师在试车后 24 小时内提出修改意见,承包人整改后重新试车,并承担整改和重新试车的费用,工期不予延长。

6. 竣工验收

(1)工程具备竣工验收条件,承包人按规定整理完整的竣工验收资料和竣工报告报送工程师。

(2)工程师组织业主、承包人和设计单位等进行竣工初验。初验不合格的项目,承包人按工程师的要求整改,满足要求后再重新报验,并承担相应的由自身原因造成的修改费用。

(3)经过初验后,承包人形成正式竣工验收报告,报请业主组织有关政府主管部门及有关行业主管部门或监督检查机构进行专业项目的检查验收(如建筑工程、建设工程、消防工程、环保工程、劳动卫生、电力工程、通讯工程等专项验收)。业主应在收到承包人的报告后 28 天内组织验收。由于承包人原因,工程质量达不到约定的质量标准,承包人承担违约责任。若业主在收到承包人竣工验收报告 28 天不组织验收,或验收后 7 天内不提出修改意见,应视为竣工报告已被认可,从第 29 天起(或验收后第 8 天起),由业主负责工程照管并应承担一切意外风险。在经专项验收确认合格后,承包人将工程交付业主使用,办理工程移交证书。由业主在试运行(生产)后组织正式的项目竣工验收。

4.4.2　费用控制中的合同管理

在施工合同中对合同价格(费用)的控制除了做好工程变更管理外,主要是做好合同的工程计量和支付管理工作。

1. 工程计量

(1)工程计量的重要性

工程计量是合同术语,FIDIC 合同条件中称之为“测量”。工程计量是指按合同文件规定的计算方式和方法,对承包人完成的质量合格的工程或工作进行测量或核算,按规定程序确认其工程量或工作量的工作过程和活动。实行工程量清单计价方式就必须伴随着工程计量,工程计量的作用为:

①计量是费用控制的关键环节;

②计量是约束承包人履行合同义务的手段;

③计量是工程款支付的重要依据。

(2)工程计量的条件

达到以下条件的施工项目可以申请计量:

①计量项目已经完成;

②计量项目应符合合同文件要求,即:申请计量的项目应为工程量清单中的项目、合同中规定的项目以及变更后的项目;

③计量项目的工程质量必须达到技术规格书(规范标准)的要求;

④计量项目的验收手续必须满足合同文件的要求。

(3)工程计量的依据

①工程质量合格证明;

②工程量清单序言和技术规格书;

③设计图纸。

(4)工程计量的原则

工程计量应遵循以下原则:

①不合格工程不得计量;

②计量方法、范围、内容和单位应与合同文件的规定相一致;

③工程计量的结果经各方确认后具有权威性。

(5)工程计量的方法与要求

方法:

①均摊法:适用于清单项目在施工期间每时(月)都发生的,可按合同工期平均计量;

②凭据法:适用于凭据报销或核销的项目(如保险费、设备费、手续费等);

③估价法:适用于无法按标准计量规则计算工程量的情况,如措施费、仪器设备购置等不是一次完成的情况;

④断面法:适用于土石方工程等根据地形、地质状况进行计量的情况;

⑤图纸法:适用于按照图纸给定尺寸施工的情况,这种方法在通常情况下使用;

⑥分项计量法:适用于工期超过计量期的项目,需要中期计量。

要求:

①技术规格书和工程量清单规定的单独计量支付的每一个项目都包含了相应的辅助工作,是对成品的计量;

②凡是超过了图纸所示或者工程师指示或同意的任何长度、面积和体积,都不予计量;

③工程中全部必需的模板、脚手架、机具和其他辅助工具或材料,均已包含在有关的支付项目(或者工程细目)中,均不单独计量;

④凡以质量(重量)为单位计量的材料,均应该在规定的磅秤上称量;

⑤除非合同另有规定,计算面积、体积的几何尺寸应按图纸所示净尺寸或按工程师指令计量;

⑥当质量与体积需要换算时,如将已经计量的质量需要换算成体积单位计量支付时,应由工程师批准;

⑦如计量单位是成套的结构物或者设施(设备),该结构物或设施所必需的设备、配件

和附属物都不予计量；

⑧工程量清单中没有列的项目但合同文件规定其费用应分摊入其他清单项目的，不予单独计量。

2. 工程款支付管理

工程款支付管理又称工程价款结算管理。工程款支付管理是工程师根据已确认的工程量或工作量，按照合同约定的程序和计算方法，对承包人的支付申请进行审核、确定支付数额，报业主批准并付款给承包人的过程。

(1)工程款支付的种类与原则

支付种类：

①按支付时间分：前期支付、中期支付和最终支付；

②按支付的内容分：工程量清单内支付和清单外支付；

③按合同执行情况分：正常支付和非正常支付。

支付的原则：

①支付必须以工程计量为基础；

②支付必须以技术规格书和报价单为依据；

③支付必须坚持合同条款和现场记录(签证)相结合；

④支付必须及时。

(2)工程预付款

工程预付款包括动员预付款和材料预付款。国内工程尤其是本区域内工程的预付款主要是材料预付款。预付款的比例和支付方式(一次支付还是分期支付)一般在招标文件或在合同的专用条款中作出规定。

①工程师应按合同约定，及时通知业主按期支付约定数额的工程预付款。

②若业主不按约定给付预付款，承包人在约定预付款时间的7日后向工程师发出要求业主给付预付款的通知。工程师接到通知后，应立即通报业主，提醒业主按约给付承包人预付款，并指出若不按约付款而可能产生的后果。

③若业主收到通知后仍不按要求支付，承包人可在发出通知的7天以后停止施工。业主应从约定应付之日起向承包人支付应付款的同期银行贷款的利息，并承担违约责任。

(3)工程进度付款

工程进度款属于期中支付，一般情况下，采用按月结算的支付方式。合同管理工作主要为：

①承包人按规定完成合格的工程数量后，应通知工程师参加计量，工程师对计量结果签证。

②承包人在计量确认后的14天内，提出付款申请报工程师审核签证，工程师审核后，提出付款意见报业主审查批付。

工程进度款的支付款额计算及核定内容应包括：

a. 本期已计量的清单内工程量与报价单的价格计算出的价款；

b. 计入本期的工程变更相应的价款；

c. 以运入工地的经验证的为永久工程用的设备和材料价格(合同规定可以支付的);

d. 本期应扣回的预付款(动员预付款和材料款)数额;

e. 根据合同约定允许调整的合同价款的原因而确定的可以补偿承包人的款项或应扣减的款项;

f. 经工程师批准的承包人的索赔款;

g. 按合同约定本期应扣留的质量保修金的数额。

③承包人在约定支付时间没有接到业主支付的进度款的 7 天以后,向工程师提出催款通知。

④工程师在接到催款通知后应迅速与业主协调。若业主确有困难,可与承包人协商,经同意后签订延期付款协议,业主可延期支付。但业主应支付延期支付期间的应付款的同期银行贷款利息。

⑤若承包人不同意延期支付,且无能力继续施工,承包人可以停止施工,或确认业主已无能力支付工程款时,按合同约定可部分或全部解除合同,业主承担违约责任。

(4)竣工结算与支付

①竣工结算的概念与作用

概念:竣工结算是一个合同概念。竣工结算是承包人在按照施工合同约定的内容和要求全部完成所承包的工程后,向业主进行最终合同价款清结的文件和过程。

作用:竣工结算单的作用主要有如下几个方面:

a. 是承包人与业主办理工程价款最终结算的依据;

b. 是承包人与业主签订的施工合同终结的凭证;

c. 是业主编制竣工决算的依据;

d. 是衡量费用目标控制是否成功的依据。

②竣工结算编制的要求

施工结算是依据施工决算编制的。简单地说,施工决算就是中标价加变更价。因此,施工决算编制的要求为:

a. 严格按施工合同文件的规定和变更文件编写;

b. 对工程变更内容按投标书的工程量清单的项目和编号编写,其价格为在原合同约定价格的基础上的净增减额。对原工程量清单中未含项目需单独编码;

c. 符合现行行业或部门的决算书格式要求;

d. 依据明确,分类清楚,数字准确,单价、合价、总价相符;

e. 造价师、负责人和法人代表签字及印章齐全有效。

③对施工决算进行审查的主要内容

a. 审查变更手续是否齐全,真实有效;

b. 审查变更的范围、内容及标准是否符合变更文件的要求;

c. 审查工程量计算是否符合计量或签证单的要求,工程量值是否真实准确;

d. 审查变更单价是否符合合同变更条款的规定,没有可用或参考单价的变更项目单价是否经过业主与承包人协商确定,没有确定的应进一步协商确定;

e. 变更部分与中标清单的项目的交叉部分是否分清，价款是否已扣除；

f. 单价、合价与总价的审核与修改。

④竣工结算与结算款支付规定

《建设工程施工合同示范文本》对竣工结算的规定为：

a. 承包人在竣工验收后 28 日内向业主递交竣工结算报告及完整的结算资料；

b. 业主在接到竣工结算报告后在合理的时间内(28 天)进行审查并予以确认，然后按合同约定支付工程结算价款；

c. 承包人在接到竣工结算价款后，在 14 日内将已竣工工程交付业主；

d. 若业主不能按期结算工程价款，业主在收到结算报告后合同约定的时间的第二日起支付拖欠工程价款的利息，并承担违约责任。承包人可不办理工程移交，并在 56 天内催告业主付款；

e. 若在规定日期的 56 天后，业主仍不支付工程结算款，承包人可以与业主协议将工程折价出售，也可以将工程依法拍卖，承包人应享有优先受偿权；

f. 若工程竣工报告经发包人认可后的 28 天内，承包人未能递交工程竣工结算报告和资料，造成不能按期进行工程竣工结算和支付的，发包人要求交付工程，则承包人应当交付；发包人不要求交付时，承包人应承担保管责任。

由于现实当中，工程师对费用的控制方面相对较弱，存在着业主拖欠工程款的现象，而现行法律对业主不按期付款的约束较严，因此工程师在帮助业主制定合同条款时，应确定合理的支付时间，并反复提醒业主到期付款，以免引起索赔和承担违约责任，造成不必要的损失。

⑤最终付款

如果合同约定扣留质量保修金的，按照合同约定，在承包人提交了保修期履约报告并经工程师确认后，业主按工程师确认的数额(可能有增有减)将剩余的保修金额最终支付给承包人，至此，承包合同义务已全部履行完毕。

国内合同对最终支付的规定不详。相比较而言，FIDIC 合同条件规定得比较详尽，具有可操作性。FIDIC《施工合同条件》规定：整个工程的保修期结束后的 28 天内，工程师应向承包人颁发履约证书，并在颁发后的 14 天内业主应将履约保证退还给承包人；承包人在接到履约证书的 56 天内向工程师递交最终报表和结清单，工程师在收到最终报表和结清单之后的 28 天内应向业主递交一份最终付款证书，业主在接到最终付款证书之后的 56 天内，将最终结算的差额支付给承包人，完成最终付款，合同价款清结完毕，业主合同责任终止。

4.5 合同纠纷的协调与处理

在建设工程施工合同的履行过程中，不可避免地会出现一些违约事件，致使各种争端经常发生。其原因是建设工程施工合同涉及的问题比较广泛和复杂，它包括地质勘探、工程测量、潮汐波浪、物资供应、现场施工、竣工验收、缺陷责任及其修复过程，而每一项进程中也都可能牵涉劳务、质量、进度、监理、计量和付款。这些都需要在合同中明确规定并要求双方全面而严格地执行。因此，合同执行中不发生任何变化和争端是很困难的。另外，建设工程施工合同履行期较长，难免会遇到客观环境条件、法律法规、经济政策的变化。这些变化使合同存在某些缺陷、考虑不周或双方理解不一致之处。特别是几乎所有合同条款都与工程成本、价格、计量支付和相应的责任与义务等发生关系，直接影响到业主和承包人的权利、义务和经济利益，致使合同的双方各持己见，彼此发生分歧、争议和争端。

凡是当事人对合同是否成立、成立的时间、合同内容的解释、合同的履行、违约的责任，以及合同的变更、中止、转让、解除、终止等发生分歧和争执，也包括对工程师的任何意见、指示、决定、证书或估价方面的不同意见，均为争端的内容。由此可见，在履行合同过程中发生纠纷和争端是不可避免的。

业主和承包人因合同发生争议，一般采取下述方式解决：

(1)向合同条款约定的机构或人员要求调解；

(2)友好协商；

(3)向合同条款约定的仲裁机构申请仲裁；向有管辖权的人民法院起诉。

通常对双方发生争议的处理程序是：首先应由工程师进行协调；协调不成可请(自愿)工程所在地的合同管理机关进行行政调解，一般是指工商行政管理部门的调解；调解不成或在规定的期限内不能作出调解时，任何一方可在规定的期限后提请约定的仲裁机构进行仲裁或向人民法院起诉。

4.5.1 双方协商解决

协商解决，是指合同争议的双方通过谈判的方式自愿达成协议，从而解决纠纷的一种方式。协商解决是任何争执首先采用的最基本、最常见、最有效的方法，它也是最简单、最廉价的方法，双方都不需要额外花费，且能保持融洽的关系。在国际工程中，绝大多数争执都通过协商解决。即使在执行FIDIC合同规定的仲裁程序前，也必须首先经过友好协商阶段。

采用这种方式解决争端，承包人应注意必须提交有说服力、无懈可击的索赔报告，这样在谈判中才会处于有利地位。协商解决争议的方法主要有：

1. 多层次谈判

先进行低层次谈判，再逐步扩展到高层次协商解决问题。凡是能在工地现场上决定的问题，应尽可能就地协商解决。如果解决不了，可以再与业主的代表或有关部门讨论遗留的较重要的问题。最后才是同业主进行高层次的正式谈判，以求解决一些重大问题的争议。

2. 会外协商

会外协商是指正式谈判之外的会见、相互递交证据材料时的情况介绍等。

3. 利用中间人进行说服工作

在谈判中，对一些争执的焦点问题必须请专家咨询鉴定，来弄清是非，分清责任，统一对合同的理解。而且还可通过他们充当中间人进行斡旋，这样往往可以避免谈判桌上过早摊牌，各方还可通过他们传递妥协退让意图，寻求进行妥协的可能性。

在我国，如果正常的索赔要求得不到解决，或双方要求差距较大，难以达成一致，还可以向业主的上级主管部门进行申述，作再度协商。

4.5.2 调解

如果合同双方经过协商谈判不能就索赔的解决达成一致，则可以邀请中间人进行调解。调解是在第三方的主持下进行的，第三方在调解活动中只是说服、劝说，让双方都做些让步，而不是作出裁决。

调解是在自愿的基础上进行的，调解人在解决建筑合同纠纷时，必须充分尊重当事人的意愿，而且要平等地对待双方当事人，公平合理地解决问题。但是调解的结果无法律约束力。如果合同一方对调解结果不满意，可按合同关于争执解决的规定，在限定期限内提请仲裁或诉讼要求。

1. 调解的方式

在我国，通常的工程施工合同争议的调解方式主要有以下三种类型：

(1)行政调解

行政调解是指根据双方当事人的申请，在上级业务主管部门的主持下，通过说服教育，自愿达成协议而解决纠纷的一种方式。

(2)法院调解或仲裁调解

是指在诉讼或仲裁过程中，在法院或仲裁机构的主持下，双方当事人平等协商，自愿达成协议，并经人民法院或仲裁机构认可，从而终结诉讼或仲裁程序的活动。

(3)民间调解

民间调解是指在人民法院、仲裁机构和上级业务主管部门之外的第三方主持下进行的调解活动。

2. 调解人

在合同实施中，日常索赔争执的调解人为工程师。其作为中间人和了解实际情况的专家，对索赔争执的解决起着重要的作用。如果对争执不能通过协商达成一致，双方都可以请工程师出面调解。工程师在接受任何一方的委托后，在规定的期限内作出调解意见，书面通知合同双方，如果双方接受，则争执可以得到满意的解决。

然而，由于工程师是业主单方面任命的，也是由业主单独支付报酬的，在合同规定的工程师职责中，有许多职责就是以业主代理人身份履行的，这就很难保证工程师的独立性，由其解决业主与承包人之间的争议也就很难保证公正，这也是常常引起争论的一个主要的问题。

除了工程师以外，调解人也可以是自然人临时组成的调解委员会或调解小组，也可以是较有声望的社会团体或组织，如工程师协会、律师协会等，还有就是专门的调解机构，有些国家或国际组织设有专门进行排解经济纠纷的调解中心，例如国际商会和斯德哥尔摩的商会以及中国国际商会、中国国际贸易促进委员会等，均有进行合同纠纷调解的专门机构，并有其调解程序和规则。由于国际工程承包合同的复杂性和技术争论问题较多，调解人除具有公正和独立的声誉外，还应当具有专业知识和经验，并有合同和法律知识。在调解委员会或调解小组中，最好既有工程专家又有法律专家参加。

4.5.3 仲裁

当争执双方不能通过协商和调解达成一致时，可按合同仲裁条款的规定采用仲裁方式解决。

1.仲裁的概念及特点

仲裁是指根据有关仲裁法律的规定及争议双方约定的仲裁条款，一方当事人向约定仲裁机构对相对方提出权益主张并要求仲裁机构予以解决和保护的请求。仲裁具有如下特点：

(1)仲裁属于法律行为

我国于1994年8月由我国人民代表大会常务委员会通过并于1995年9月1日起施行《中华人民共和国仲裁法》(以下简称《仲裁法》)，明确了我国仲裁活动包括涉外仲裁的法律依据。

(2)仲裁是争议双方自愿选择的解决争议的方式

仲裁必须是完全自愿的，这种自愿原则表现在双方签订的仲裁协议或合同中的仲裁条款。即争议双方都愿意接受该仲裁机构或仲裁庭的仲裁及裁决。许多国家的法律制度完全尊重这种自愿选择仲裁程序的原则，双方在协议中规定采取仲裁方式解决其争议时，法律规定法院不得受理。当然，仲裁裁决在执行时，如果任何一方不自愿执行，可能要通过法院强制执行，这时，法院将只审查仲裁协议的有效性、仲裁协议是否承认仲裁裁决是终局的以及仲裁程序的合法性等，而不审查实体问题。这样就保证仲裁程序能够独立公正、实际和迅速地进行。

(3)仲裁程序的保密性

仲裁程序一般都是保密的，在仲裁程序从开始到终结的全过程中，双方当事人和仲裁员及仲裁机构的案件管理人员都负有保密的责任，除非双方当事人一致同意，仲裁案件的审理并不公开进行，不允许旁听或者采访，这对于涉及商业秘密或者当事人不愿意因处理争议而影响日后商业信誉的活动的案件，当事人可以放心地将案件提交仲裁解决。

(4)仲裁程序的高效性

和司法程序相比较，仲裁效率要高一些。由于许多国家的法律制度对民事案件诉讼采用多审制，如我国采用二审终审制，每次审理都要花费大量的时间，如果对初审结果不服还需要再审，时间花费较长。而仲裁是一审终局的，无需上诉。总地来说，仲裁程序从立案到最终裁决的持续时间要短得多，而且争议各方可以指定熟悉专业的人士担任仲裁员，他们的专业知识有助于快捷地判断那些专业性较强的案件中的是非曲直，从而可以加快审理和裁决进程。仲裁程序所需的费用也会比诉讼程序相对要低一些。

2. 仲裁的一般程序

(1)仲裁申请和受理

当事人申请仲裁必须符合下列条件：有仲裁协议，有具体的仲裁请求和事实、理由，属于仲裁委员会受理的范围。

仲裁协议是申请仲裁的先决条件，只有当事人在合同内订立仲裁条款或以其他书面形式在纠纷发生前或发生后达成了请求仲裁的协议，仲裁委员会才会受理仲裁申请。

在具备申请仲裁条件后，当事人应当向仲裁委员会递交仲裁申请书，仲裁申请书应当载明下列事项：当事人的姓名、性别、年龄、职业、工作单位和住所、法人或其他组织的名称、住所和法定代表人或者主要负责人的姓名、职务；仲裁请求和所根据的事实、理由；证据和证据来源、证人姓名和住所。

仲裁委员会收到仲裁申请书之日起5日内，认为符合受理条件的，应当受理并通知当事人；认为不符合受理条件的，应当书面通知当事人不予受理并说明理由。

仲裁委员会受理仲裁申请后，应在仲裁规则规定的期限内将仲裁规则和仲裁员名册送达申请人，并将仲裁申请书副本、仲裁规则、仲裁员名册送达被申请人。被申请人收到仲裁申请书副本后，应在仲裁规则规定的期限内向仲裁委员会提交答辩书。仲裁委员会收到答辩书后，应当在规定的期限内将答辩书副本送达申请人。

当事人申请仲裁后，仍可以自行和解，达成和解协议，申请人可以放弃或变更仲裁请求，被申请人可以承认或者反驳仲裁请求。

(2)组成仲裁庭

仲裁委员会受理仲裁申请后，应组成仲裁庭进行仲裁活动，仲裁庭可以有下列两种方式组成：

①由三名仲裁员组成。采用这种方式，应当由当事人双方各自选择或者各自委托仲裁委员会主任指定一名仲裁员。第三名仲裁员由当事人共同选定或者共同委托仲裁委员会主任选定，共同组成仲裁庭，第三名仲裁员是首席仲裁员。

②由一名仲裁员组成。采用这种方式，由当事人共同选定或者共同委托仲裁委员会主任指定仲裁员。

仲裁庭组成后，仲裁委员会应当将仲裁庭组成人员书面通知当事人。组成仲裁庭的仲裁员，根据《仲裁法》规定，需要回避的应当回避，当事人也有权提出回避申请。

(3)开庭和裁决

仲裁应当开庭进行。当事人协议不开庭的，仲裁庭可以根据仲裁申请书、答辩书以及其他材料作出裁决。

仲裁不公开进行。当事人协议公开进行的，可以公开进行，但涉及国家秘密的除外。

当事人在仲裁过程中有权进行辩论。辩论终结时，首席仲裁员或者独任仲裁员应当征询当事人的最后意见。仲裁庭在作出裁决前，可以先行调解。当事人不愿调解或调解不成的，应当及时做出裁决。

仲裁裁决应当按照多数仲裁员的意见作出，少数仲裁员的不同意见可以记入笔录。裁决应当制作裁决书，裁决书应当写明仲裁请求、争议事实、裁决结果、仲裁费用的负担和裁决日期。裁决书由仲裁员签名加盖仲裁委员会印章，仲裁书自作出之日起发生法律效力。

(4)裁决的撤销或执行

当事人有证据证明裁决有下列情形之一的，可以向仲裁委员会所在地的中级人民法院申请撤销裁决：

①没有仲裁协议的；

②裁决的事项不属于仲裁协议的范围或者仲裁委员会无权仲裁的；

③仲裁庭的组成或者仲裁的程序违反法定程序的；

④裁决所根据的证据是伪造的；

⑤对方当事人隐瞒了足以影响公正裁决的证据的；

⑥仲裁员在仲裁该案时有索贿受贿、徇私舞弊、枉法裁决的行为的。

人民法院认定某裁决违背社会公共利益的应当裁定撤销。当事人申请撤销裁决的，应自收到裁决书之日起六个月内提出。人民法院应当在受理撤销裁决申请之日起两个月内作出撤销裁决或者驳回申请的裁定。人民法院裁定撤销裁决的，应当裁定终止执行；撤销裁决的申请被裁定驳回的，人民法院应当裁定恢复执行。

当事人应当履行裁决，一方当事人不履行的，另一方当事人可以依照民事诉讼法的有关规定向人民法院申请执行，受申请的人民法院应当执行。

3. 国际工程仲裁

根据联合国国际贸易法律委员会的定义，通常意义上的“国际工程”进行的仲裁都应称为国际仲裁，我国国内外的涉外项目上发生的仲裁均属于国际仲裁的范畴。因此，国际仲裁的适用范围是很宽的。

(1)国际工程仲裁适用的法律

①合同的适用法律

一般来说，合同方可以自由地选择合同的适用法律。如果合同方选择了适用的法律，那么仲裁庭将适用此法律。如果合同方没有选择适用法律，仲裁庭可以决定什么法律最适合合同使用。一般而言，最适合合同的法律是与合同方以及合同关系最密切的国家的法律。也就是说，仲裁庭会考虑合同的履行地以及合同双方的国别来选择适用的法律。

合同的适用法律将直接决定合同各方在合同下的权利和义务，当合同条款和合同适用法律有冲突时，合同法律优先。合同法律的特殊原则可以对合同条款的解释进行修正或补充，因此选择合同的适用法律很重要。

②仲裁程序的适用法律

仲裁的程序法适用仲裁地所在国的国家法律，这就是所谓的仲裁地管辖原则。国际上常设的仲裁机构有瑞典斯德哥尔摩商会仲裁院，瑞士苏黎世商会仲裁院，英国伦敦仲裁院，中国国际经济贸易仲裁委员会，罗马仲裁协会等。其中，斯德哥尔摩商会仲裁院目前处于领头羊的地位，它在国际上享有可信、公正的盛誉。在管辖权方面，它还是一个可以接受的、最接近中立的仲裁院。与其他仲裁地点相比，它的仲裁费用也相对较低，仲裁规则容易被人接受。伦敦仲裁院拥有一大批法律专家，特别是施工争议方面的法律专家，而且英国几年前引入了新的仲裁法，可以更好地控制仲裁费用及时间，因此伦敦也逐渐成为一个有吸引力的仲裁地点。对于我国境内而言，我国的国际经济贸易仲裁委员会也是有信誉的国际仲裁机构，根据需要，我国国际工程的业主和海外承包人也可选择其作为仲裁机构，选择北京作为仲裁地点。

③仲裁裁定执行的管辖法律

国际仲裁涉及的法律中，除了合同适用的法律和程序的适用法律外，还要涉及仲裁裁决执行地国家的法律。一般选择败诉方的财产所在地来申请执行仲裁裁决。对国际仲裁裁决的申请人而言，这个地点往往位于和仲裁地点不同的另一个国家，仲裁裁决能否执行取决于该国家是否是《承认和执行外国仲裁裁决的纽约公约》成员。为了保证将来的仲裁裁决顺利执行，合同当事人在缔约前应对对方的财产所在地进行检查，并确信仲裁执行地的法律体系和规定能够保证仲裁裁决的可执行性。

(2)国际工程仲裁的地点

在国际工程仲裁中，仲裁地点通常有如下几种情况：

①在工程所在国仲裁

这是较为常见的，许多第三世界国家，特别是中东一些国家规定，承包合同在本国实施，则只准使用本国法律，在本国进行仲裁，或由本国法庭裁决。裁决结果要符合本国法律，拒绝其他第三国或国际仲裁机构裁决。

在这种情况下，如果发生争执，应尽一切努力在非正式场合，通过双方协商或请人调解解决，否则，争执一交上当地法庭，解决结果就难以预料。

②在被诉方所在国仲裁

③在一指定的第三国仲裁，比如选择所选定的常设的仲裁机构所在国进行。

在国际工程中，仲裁过程往往很长，从提交仲裁到裁决常常需要1年甚至几年时间。仲裁费用也很大，不仅需要支付仲裁院费用，其他人工、服务、管理费用，双方还要聘请律师，这样旷日持久、耗资巨大，所以，若非重大的索赔或侵权行为，一般不要提请仲裁。

4.5.4　诉讼

诉讼是运用司法程序解决争执，由人民法院受理并行使审判权，对合同争执作出强制性判决。人民法院受理经济合同争执可能有如下几种情况：

(1)合同双方没有仲裁协议，或仲裁协议无效，当事人一方可向人民法院提起诉讼。

(2)虽有仲裁协议，当事人向人民法院提出起诉，未声明有仲裁协议，人民法院受理后另一方在首次开庭前对人民法院受理本案件未提出异议，则该仲裁协议被视为无效，人民法院继续受理。

(3)如果仲裁裁决被人民法院依法裁定撤销或不予执行，当事人可以向人民法院提出起诉，人民法院依法审理该争执。

4.5.5　争端审议委员会(DRB)

近十几年来，欧美许多国家对工程合同争执的解决提出了许多新的方案，并取得了很好的效果。除了上述谈判、调解、仲裁外，还有如小型审判、争端审议委员会、专家解决等。这些形式共同的特点在于给双方提供一个在非对抗环境中解决合同争执的机会，不损害双方的合作关系，更为公平合理，更符合专业性，而且时间短，费用少。其中争端审议委员会的方法在国际工程中使用较多。

“争端审议委员会”(Dispute Review Board，DRB)起源于美国的建筑工程管理领域，是美国最早采用的一种解决合同争端的方法。DRB的主要任务是协助合同双方解决一切不能自行解决的重要合同争端，包括合同责任争端、施工质量争端、工期争端和索赔款额争端等。它旨在通过非正式的方式，及时、公正、以较小的代价解决工程实施过程中发生的合同争端，其实质是争端双方邀请第三者进行调解。

近年来，国际工程承包行业由于通过仲裁等其他方式解决争端的费用越来越高，以及人们对工程师在解决争端中的独立性表示怀疑，因而逐渐广泛地采用传统方式之外的方式解决国际工程承包过程中发生的争端，其中最明显的趋势是采用DRB的方式。

1. DRB的构成

DRB审议委员会的推选、批准和“接受声明”。DRB由三位在工程施工、法律和合同文件解释方面具有经验的专家组成。一般业主和承包人在中标通知书签发后若干天内各推选一名审议委员并征得对方批准，再由这两位委员推选第三名委员作为DRB的主席，但必须征得双方的批准。如果在中标通知发出后规定的时间内，上述任何一位委员未能被推选或批准，则应由投标书附录中规定的权威机构来选定。由于任何原因需要更换委员时，也基本按照上述办法处理。

审议委员在被推选并批准后，每人应签署一份“接受声明”。主要声明两点：一是愿意为DRB服务并遵守有关合同条件及附件的约束；二是声明自己与业主、承包人、工程师中任一方没有经济利益和雇佣关系。这些实质上是对自己身份“清白”的声明和保证。审议委员应是独立的订约人，而不是业主或承包人的雇员或代理。审议委员会不能将自己的工作转让或分包给他人。

2. 争端的提交和审议程序

如果业主和承包人之间由于合同或工程实施产生争端(包括任一方对工程师的决定有异议时)，应将争端提交DRB。

(1)争端的提交：如果合同一方对另一方或工程师的决定持有反对意见，则可向另一方提出一份书面的“争端通知”，详细地说明争端的缘由，并抄送工程师。收到“争端通知”的另一方应对此加以考虑，并于收到之日后，一般在14天内给予书面答复。若收到此回复的一方一般在7天内未以书面方式提出反对意见，则此回复将是对此事项最终的、决定性的解决方式。若双方仍有较大分歧，则任一方均可以书面“建议书申请报告”的方式将此争端提交给DRB全体委员、合同另一方和工程师。

(2)听证会和审议：当争端交至DRB时，DRB应决定何时举行听证会，并要求双方在听证会前将书面文件和论点交给各委员。在听证会期间，业主、承包人和工程师应分别有足够的机会被听取申诉和提供证明。听证会通常在现场或其他方便的地点举行。听证会期间，任何审议委员不能就任一方论点的正确与否发表意见。

(3)解决争端的建议书:听证会结束后,DRB将单独开会并制定其建议书,会上所有审议委员的个人观点应严格保密。建议书应在DRB主席收到“建议书申请报告”后的若干天(一般为42天)内尽快以书面形式交给业主、承包人和工程师。建议书的制定应以相关的合同条款、适用的法律、法规以及与争端相关的事实为基础。DRB应尽力达到一个一致通过的建议书。如果不可能,多数方将作出决定,持有异议的成员可准备一份书面报告交给合同各方和工程师。

(4)双方收到DRB建议后一般在14天内,如均未提出要求仲裁的通知,则此建议书即成为对合同双方均有约束力的最终决定。如合同任一方既未提出要求仲裁的通知,而又不执行建议书的有关建议,则另一方可要求仲裁。如合同任一方对建议书不满,或DRB主席收到申请报告后在规定的时间内未能签发建议书时,合同任一方均可在此之后,一般在14天内,向另一方提出争端仲裁意向通知书并通知工程师,否则不能予以仲裁。

(5)仲裁:当任何DRB的建议书未能成为最终决定和具有约束力时,则应采用仲裁解决争端。合同中任何一方及工程师在仲裁过程中均不受以前向DRB提供证据的限制。仲裁过程中,审议委员均可以作为证人或提供证据。

3. 有关DRB的其他规定

(1)DRB审议委员的报酬

①月聘请费:等于“解决投资争端国际中心(ICSID)管理和财务规则”不定期制定的仲裁员日薪的3倍,或业主和承包人以书面形式商定的其他聘请费。此聘请费包括出席听证会、参加现场考察和会议以及办公费。

②日薪:等于ICSID仲裁员日薪或业主和承包人可能书面商定的日薪。此日薪仅指由审议委员住地到现场或会议地点的日程以及在现场或开会日期应按日计付的薪金。

③其他:如必要合理的旅行费、通讯费等均凭发票报销。

④税金:偿付工程所在国对审议委员收入征收的所有税费。如一方未能支付,另一方有权代表违约方支付,并从违约方收回。任一方不按协议对审议委员支付均将构成对合同的违约。

(2)现场考察

审议委员定期地在工程实施的关键时刻应合同一方书面要求进行现场考察,并与各方会晤,一般每12个月不得少于3次。现场考察将由业主和承包人的双方代表陪同参观工程各部位,并召开圆桌会议,听取上次会议以来的工程进展和存在问题的各方说明,听取各方对潜在争议的预测及其解决的建议。如有必要,可指定一方整理定期会议纪要供各方修改和定稿,并分发给三方备存。定期访问期间,DRB成员不得接受任何一方的单独咨询。如果考察期间处理已发生的争议,则按工作程序另外安排听证会议。

4. 采用DRB解决争议的优点

(1)DRB成员可以从项目开始就介入项目,了解项目管理情况及其存在的问题。由于DRB成员定期到现场考察工期情况,他们对争端的起因和所引起的后果了解得更为清楚，无需准备大量的文字资料和费尽口舌向仲裁庭或法院解释和陈述。所以DRB决策解决争端所需的时间较短，当争端一出现即可以尽快得到处理。这样可以防止因争端的解决而导致工期延误，也可以防止由于争端的积累而使之扩大和复杂化。

(2)DRB可以从中立方的角度，在充分考虑双方利益的基础上，而不仅仅从法律的角度，提出自己的看法。在这种情况下，业主和承包人的工作关系不致受到影响和破坏。

(3)DRB提出的意见一般较容易被双方接受，这一方面可能是由于DRB成员的水平和素质较高，经验丰富；另一方面可能是由于如果不接受DRB的建议，将事端诉诸仲裁，就要冒更大的风险。因为仲裁人员一般都是合同和法律方面的专家，而DRB成员多数还具有工程方面的专业知识和经验，对现场的情况容易了解，更容易理解业主和承包人的观点。

(4)DRB的费用比仲裁和诉讼要少得多。采用DRB不仅总费用较少，而且所花费用是由争端双方平均分摊的。而在仲裁或诉讼中，则任何一方都有可能要承担双方为处理争端而花费的全部风险。

(5)DRB不妨碍再进行仲裁或诉讼

DRB提出的建议并不是强制性的，不具有终局性和约束力，即便双方不接受，但双方至少可以在DRB建议的基础上进行谈判，并最终达成协议。或者一方仍不接受，仍然可以再诉诸仲裁或诉讼。

由于DRB的"非正式性"和"非强制性"的特点，当业主和承包人之间发生合同争端时，对于DRB提出的建议，业主和承包人可以接受，也可以不接受。表面看起来DRB的作用似乎软弱无力，但实践经验表明，DRB的这一特点决定了它在解决业主和承包人之间合同争端时的独特作用。

4.5.6 争端裁决委员会(DAB)

从1999年开始，在国际工程承包的许多标准合同条件中均写入了新的解决合同争端的组织措施——建立"争端裁决委员会"(Dispute Adjudication Board，DAB)。在FIDIC1999版的4个标准合同条件文本中，均提出了建立DAB的规定。DAB其实是DRB的继承和发展，在很多方面具有类似性，其中的细微差别如表4-4所示。

表4-4　DRB与DAB方式比较

内容	DRB	DAB
1.委员的选定	(1)在中标通知书签发日期28天内，双方各推选1名委员，再由这二人推选第三人，但须征得对方批准； (2)如推选有困难或对方未批准，由投标书附录中指定的权威机构选定委员。	(1)在投标函件规定的时间内，双方各推选1名委员，对方批准，由双方与这两名委员协商推举第三人作为主席； (2)如推选有困难，由专用条件中指定的机构或官方与双方协商后任命委员，此类任命是有约束力的。

（续表）

内容	DRB	DAB
2. 工作程序	(1)合同一方将工程师未能解决，而与合同另一方也不能协商解决的争端，以“建议书申请报告”的形式提交 DRB； (2)DRB在收到该报告后应予56天内提出“解决争端的建议书”； (3)合同双方收到“建议书”后14天内未要求仲裁，即应执行； (4)如任一方对建议书不满或DRB在56天内未能提出建议书，则可在14天内提出仲裁要求； (5)没有DAB要求友好解决的规定。	(1)合同任一方将争端以书面方式提交DAB主席，合同双方应立即提交可能要求的附加资料； (2)DAB收到提交的争端后，应于84天内作出决定； (3)合同双方收到DAB决定后，28天内未要求仲裁，即应执行； (4)如任一方对决定不满或DAB在84天内未能作出决定，则可在28天内提出仲裁要求； (5)收到仲裁函56天后才开始仲裁，在此期间应争取友好解决。
3. 委员报酬	(1)月聘请费：等于“解决投资争端国际中心(ICSID)管理和财务规则”不定期制定的仲裁员日薪的3倍，或业主和承包人以书面形式商定的其他聘请费； (2)日薪：等于ICSID仲裁员日薪或业主和承包人可能书面商定的日薪。此日薪仅指由审议委员住地到现场或会议地点的日程以及在现场或开会日期应按日计付的薪金； (3)旅行费、通讯费等均凭发票报销； (4)委员的税金； (5)以上费用由业主和承包人各承担1/2。	(1)月聘请费：按“争端裁决协议书”中规定； (2)日薪：委员从居住地到工地路费以及现场工作和准备听证会审阅文件时间的日薪，按“争端裁决协议书”中规定； (3)通讯费、旅店费等报销； (4)委员的税金； (5)以上费用由业主和承包人各承担1/2。
4. 委员工作的终止	(1)最后一个缺陷责任期已结束；或业主已将承包人逐出现场。不论上述任一情况，DRB应将对以前争端的建议书送交双方和工程师； (2)如DRB已终止日常工作，但仍留下来处理合同任一方的争端申请时，按表中第3项的(2)(3)(4)(5)支付报酬。	(1)在业主和承包人双方同意下才能终止对DAB的委任，在结清单生效时，或在合同双方商定的其他时间DAB任期终止； (2)DAB任期终止后则任何争端均直接通过仲裁解决； (3)未提及终止日常工作后留下来处理争端的支付办法。

4.6 合同档案管理

4.6.1 合同资料文档管理的内容

合同档案管理是一项十分重要的工作，是合同管理工作的重要组成部分，合同资料文档是工程师的主要监理依据。合同资料文档管理的好坏直接影响着工程管理的水平和效果。因此，在工程实施阶段必须做好合同资料的文档管理工作。所谓的合同资料文档管理，一般包括合同文件在内的资料的收集整理、加工处理、储存和提供等。

1. 合同文件资料的收集整理

后面的章节里我们将详细介绍有关合同文件的组成问题。那里所提到的诸如合同协议书、中标书、投标书、合同条件、图纸和资料等,都是合同文件的组成部分。而且在工程建设过程中,随着合同变更的发生,还将产生较多的新的合同文件资料,如变更单、估价调整表,各类报告、批复、会议记录、信件等。这些资料均需要进行收集,有些资料则是与其他文件资料相联系的,这样就需要在已收集的资料的基础上进一步整理,弄清其与相关资料的关系,作出相应的标注,以利于资料的加工处理。

2. 合同文件资料的加工处理

收集到的资料,必须对其进行加工处理,使其便于存储和提取使用,一般常见的加工处理方法有:信息处理;数学处理;逻辑判断等。

信息处理包括:建立索引、排序、插入和删除等项目。

数学处理包括:数值计算、数值分析和数值统计等项目。

逻辑判断包括:确定资料的真实性和准确性。

3. 合同文件资料的储存和提供

经加工处理的资料,应有目的、有秩序地存储,以备提供给有关人员使用。存储的方式有文书、胶片、磁盘(带)和光盘等数字化介质存储。

4.6.2 合同文件资料文档管理的方法

合同文件资料文档管理的方法有传统的手工方法和借助于电子计算机的计算机管理方法。在计算机管理中,目前应用较多的是数据库技术,常用的数据库管理系统有dBASE和FoxBASE以及Microsoft SQL SERVER等。但无论是哪种管理方法,都应包括以下工作内容。

1. 资料的编码

编码应具有较强的表达能力,查阅者根据编码即可了解该部分资料的大致内容。

一般合同文件的编码系统应有如下功能:

(1)能包含所有资料的统一的编码系统;

(2)能直接区分资料的类别和功用;

(3)能有足够的扩展余地;

(4)能同时适用于人工管理和计算机管理的需要。

通常,资料编码可由字母和数字构成,字母一般依据其英文或汉语拼音的含义取用,这样编码就容易识别。合同资料的编码一般反映以下几个内容:

(1)资料的内容范围。如本资料属于某项目。

(2)资料的种类。如图纸、文件、会议记录。

(3)资料的具体内容。如属于工程的哪一部分。

(4)日期和序号。

2. 索引系统

建立索引系统是合同资料文档管理的一项重要内容。它类似于书刊资料的索引,可以方便使用。

合同资料的索引一般可采用表格形式。在采用计算机管理时，可建立专门的数据库系统。不同的资料可以分类建立索引。

例如，采用计算机管理时，可建立如下的数据库形式，见表 4-5：

表 4-5

序号	资料名称存放地址	收到日期
94000106	设计变更 1	A_1
94000209	设计变更 2	A_2
94000308	设计变更 3	A_3
94000409	设计变更 4	A_4

我们通过访问这样的数据库，即可了解到文件资料的全部情况，以便迅速查找所要寻找的文件。

思考题

1. 简述工程师进行合同管理的特点、任务、意义和作用。
2. 简述合同管理的主要阶段和内容。
3. 合同管理与监理目标控制的相互关系是什么？
4. 简述工程分包的概念、种类和规定。
5. 简述工程分包的管理要求。
6. 简述工程变更的范围、规定和程序。
7. 简述工程变更的管理要求。
8. 工程延期及其原因，工程暂时停工的处理
9. 简述工程延期的管理要求。
10. 质量控制中的合同管理程序及要求是什么？
11. 费用控制中的合同管理程序及要求是什么？
12. 简述合同纠纷的协商、调解、仲裁的基本要求。
13. 试比较 DRB 与 DAB 的异同。
14. 合同档案应包括的内容有哪些？

第 5 章 建设工程索赔

学习要点 熟悉索赔的要义、成立条件及程序；掌握工期索赔的要求和索赔值确定的方法；掌握施工费用索赔的组成与计算方法。

5.1 索赔概述

“索赔”这个词近几年来已经越来越为人们所熟悉。工程索赔在建筑市场上主要是承包人保护自身正当权益、弥补工程损失、提高经济效益的重要和有效手段。许多国际工程项目，通过成功的索赔能使工程收入得到改善，达到工程造价的10%～20%，有些工程的索赔额甚至超过了工程合同额本身。“中标靠低价，盈利靠索赔”便是许多国际承包人的经验总结。索赔属于合同概念，是工程合同管理的重点内容，故将其作为独立一章加以介绍。

5.1.1 索赔的基本概念

1. 索赔的定义

索赔(Claim)一词具有较为广泛的含义，其一般含义是指对某事、某物权利的一种主张、要求、坚持等。在LONGMAN词典里的解释为：“索赔作为合法的所有者，根据自己的权利提出的有关某一资格、财产、金钱等方面的要求”。对于建设工程索赔来讲，通常是指在工程合同履行过程中，合同当事人一方因非自身因素(包括风险责任)或对方不履行或未能正确履行合同而受到经济损失或权利损害时，通过一定的合法程序向对方提出经济或时间补偿的要求。这是维护建设工程合同签约者合法权益的一种根本性管理措施，是维护双方合法利益的权利，它同合同条件中双方的合同责任一样，构成严密的合同制约关系。做好索赔管理工作，可以避免合同争议，使工程项目能够按照计划的时间优质建成，对业主和承包人都是有利的。

2. 索赔的特征

从索赔的基本定义可以看出，索赔具有以下基本特征：

(1)索赔是双向的。承包人可以向业主索赔,业主同样也可以向承包人索赔。但由于工程承包市场的特点是"买方市场",承包人作为卖方承担着更多的风险。而且在索赔处理中,业主始终处于主动和有利地位,其可以直接从应付工程款中扣抵或没收履约保函、扣留保留金甚至留置承包人的材料设备作为抵押等来实现自己的索赔要求。因此在工程实践中,索赔大多数是由承包人提出的,所以一般合同条款重的索赔都是特指承包人的索赔。业主对承包人的索赔亦时有发生,为了区别起见,在国际工程承包界其被称为"反索赔"(Counter Claims)。

(2)只有实际发生了经济损失或权利损害,一方才能向对方索赔。经济损失是指因对方因素造成合同外的额外支出,如人工费、材料费、机械费、管理费等额外开支;权利损害是指虽然没有经济上的损失,但造成了一方权利上的损害,如由于恶劣气候条件对工程进度的不利影响,承包人有权要求工期延长等。因此发生了实际的经济损失或权利损害,应是一方提出索赔的一个基本前提条件。因此,国际上有的合同条件,如英国土木工程师协会(ICE)编的《新工程合同条件》(NEC),就直接将索赔称为补偿事件(Compensation Events)。

(3)索赔是一种未经对方确认的单方行为。它与我们通常所说的工程签证不同。在施工过程中,签证是承发包双方就额外费用补偿或工期延长等达成一致的书面证明材料和补充协议,它可以直接作为工程款结算或最终增减工程造价的依据,而索赔则是单方面行为,对对方尚未形成约束力,这种索赔要求能否得到最终实现,必须要通过确认(如双方协商、谈判、调解或仲裁、诉讼)后才能实现。

综上所述,索赔是一种正当的权利或要求,是合情、合理、合法的行为,它是在正确履行合同的基础上争取合理的偿付。许多人一听到"索赔"两字,很容易联想到争议的仲裁、诉讼或双方激烈的对抗,因此往往认为应当尽可能避免索赔,担心因索赔而影响双方的合作或感情。实质上索赔同守约、合作并不矛盾、对立,索赔本身就是市场经济中合作的一部分,只要是符合有关规定的、合法的或者符合有关惯例的,就应该主动地向对方索赔。大部分索赔都可以通过协商谈判和调解等方式获得解决,只有在双方坚持己见而无法达成一致时才会提交仲裁或诉诸法院求得解决,即使诉诸法律程序,也应当被看成是遵法守约的正当行为。索赔的关键在于"索",你不"索",对方就没有任何义务主动地来"赔",同样"索"得乏力、无力,即索赔依据不充分、证据不足、方式方法不当,也是不可能成功的。国际工程承包的实践经验告诉我们,一个不敢、不会索赔的承包人最终必然是要亏损的。

5.1.2 索赔的起因

与其他行业相比,建筑业是一个索赔多发的行业。这是由建筑产品、建筑生产过程、建筑产品市场经营方式决定的。工程索赔主要是由以下几方面的原因造成的:

1. 工程项目的特殊性

现代承包工程的特点是工程量大、投资多、结构复杂、技术和质量要求高、工期长。这就使得工程本身和工程的环境有许多不确定的因素。它们在工程实施过程中经常会发生各种各样的变化，比如地质条件发生变化、建筑市场和建材市场变化、货币的贬值、国家政策和法律法规的变化等等，这些变化都会使工程的计划实施过程和实际情况不一样，进而影响工期和成本。

2. 工程合同的特殊性

建设工程合同都是在工程开始前签订的，因此是基于对未来情况的预测。对于如此复杂的工程和环境，合同不可能对所有的问题作出预见和规定。工程承包合同条件越来越复杂，合同中难免会有缺陷和不足之处，比如措词不当、说明不清楚、有二义性，这些都会导致在合同双方对合同理解造成差异，而且双方的立场、角度不同，会造成实施中双方对责任、义务和权利的范围和界限划定理解不一致，进而导致争执，影响到工程的工期和成本。

在国际承包工程中，合同双方来自不同的国度，使用不同的语言，适应不同的法律参照系，有不同的工程习惯，因此更容易造成双方对合同责任理解的差异，这也是引起索赔的主要原因之一。

3. 业主要求的变化

在工程实施过程中，业主的要求经常会发生变化，如建筑的功能、形式、质量标准、实施方式和过程、工程量、工程质量等等，这些变化会导致大量的工程变更，而合同中的工期和价格是以业主招标文件确定的要求为依据的，这些变更都会导致工期和成本发生变化，进而引起索赔。

4. 工程建设主体的多元性

由于工程参与的建设单位多，各方面的技术和经济关系错综复杂，互相联系又互相影响。各方面技术和经济责任的界面常常很难明确划分。在实际工作中，管理上的失误又是不可避免的，一方的失误不仅会造成自己的损失，而且会殃及其他合作者，影响整个工程的实施。在这种情况下，应按合同原则平等对待各方利益，受损失者有权提出索赔。

以上这些原因在任何工程承包合同的实施过程中都不可避免，所以无论采用什么合同类型，也无论合同多么完善，索赔都是不可避免的。承包人为了取得工程经济效益，不能不重视索赔问题。

5.1.3 工程索赔的现状

目前，我国已有许多对外工程公司先后涉足国际工程承包市场，通过多年的拼搏奋斗，积累了丰富的经验，已经在国际工程市场上占据了一定的份额。国际工程市场是一个竞争激烈的舞台，参与这个市场竞争的既有发达国家，也有发展中国家。经验证明，要想发展国际工程承包事业，在国际工程市场上占据主导地位，施工索赔是必不可少的业务，是决定承包施工经济效益的关键环节。

1. 我国工程索赔现状

我国的工程索赔是从 20 世纪 80 年代中期云南鲁布革引水发电工程出现的，由于该工程首次采用国际工程管理模式，给中国工程界带来了强烈的冲击波，而冲击的核心内容是出现的索赔，自此索赔概念开始进入中国。经历了二十多年的发展，随着我国大量外资项目和世界银行等贷款项目的建设，对外工程承包业务的发展以及经济建设法律、法规的不断完善，工程索赔也逐渐为国内的建设单位(业主)、监理单位(工程师)和施工单位(承包人)所认识和重视。但总体而言，工程索赔及其管理还是我国工程建设管理中一个相对薄弱的环节，承发包双方对索赔的认识都不够全面、正确，对索赔的方法、程序及计算等，也不够科学、规范，施工合同管理、企业内部管理与索赔工作的要求还有相当的差距。概括起来，我国工程企业对索赔管理的认识及其现状可以描述如下：

(1)对索赔概念普遍存在模糊认识甚至错误认识。许多承包人一直对索赔存在羞怯或惧怕心理，担心索赔会损害自己与业主之间的关系，害怕引起争端，怕打官司，不敢索赔。有些业主则由于项目投资不足、自己决策失误等原因，利用自己的有利地位和条件，不准承包人索赔，不让承包人索赔，也不同意承包人的正当和合理索赔要求。

实际上，索赔的性质属于经济补偿行为，不是一种惩罚。索赔损失的结果与被索赔的行为不一定存在法律上的因果关系。但是，有些人对索赔概念认识不够，认为发生索赔必然受到法律的惩罚，从而采取违背常规的手段，以致损失更大。

由于我国工程企业对索赔的模糊认识，在过去的工程实践中丧失了许多很好的索赔机会，不仅蒙受了重大经济损失，而且也丧失了索赔经验积累的机会。我国工程企业也很少对索赔经验和教训进行系统总结，对典型索赔案例进行收集、整理和分析，所以企业在针对具体工程索赔时，还存在不知如何进行运作，不会索赔的现象。

(2)索赔经验及索赔证据管理不足。国际上通用的合同条件对于索赔时限都有明确的规定，如果超过了规定的时限，损失方就会丧失索赔的机会。同时，索赔事由必须要有证据的支持，证据必须真实、全面和及时。证据如果不能满足上述条件，索赔要求就很难被满足。

(3)索赔专门人才缺乏。工程索赔尤其是大型、复杂项目的索赔对专业人员有很高的要求，索赔既是一门科学，又是一门艺术。参与索赔管理的工作人员应当既熟悉有关法律的规定和各种条例，又要具有丰富的施工管理经验，能够全面掌握施工的各个环节，同时还要具备一定的财会贸易、公共关系等多方面的知识，这样在索赔时才能做到有理有据。而我国目前的施工企业中，懂施工管理的人才比较多，但懂法律法规和经济管理的人才比较缺乏。

(4)“人情扭结”较为严重。在建筑市场领域里，承包人为了今后能在未来的工程中占有一席之地或避免一些麻烦，对业主拖欠工程款、各种变更指令等都照单全收，很少拿起法律的武器来赢得自己的利益。而业主对于承包人拖延工期的行为，也很少提出索赔。

由于以上种种原因，我国建筑市场领域里，索赔的发生率仍然很低。

2. 我国建设工程索赔存在的主要问题

目前在我国建设工程领域中，工程索赔仍然存在着较多的问题，归纳起来，主要有如下几点：

(1)合同管理中存在的问题较多

合同是索赔的基本依据，合同管理是索赔管理的基础，这在任何国家的工程建设管理体系中，均是重要的组成部分。对于我国大多数工程建设项目，合同管理的现状与问题主要有以下几个方面：

首先，合同条款自身不够完善。我国现在的《建设工程施工合同示范文本》(GF—1999—0201)是参考借鉴 FIDIC 合同基础之上的版本，尽管该版本合同与以前相比，已经在规范性、完备性、可操作性、市场性等各个方面均有较大的提高，但缺陷仍较多。该合同是独立的、供业主与承包人使用的工程承包合同，没有与工程中其他合同形成配套使用的合同体系，对于工程中出现的复杂的多方利益关系，难以正确调解。而且，该合同中经常出现自相矛盾的内容，体现计划经济与市场经济的不协调管理模式，这在具体的合同执行中经常会导致不必要的纠纷。另外，该合同仅仅参考了 FIDIC 合同，却没有考虑到我国缺少 FIDIC 合同运行的经济环境与制度环境，因此必然造成合同执行的先天缺陷。

其次，工程管理人员对于合同的价值与作用缺乏实质性的认识。在我国，依据经验而不依据工程的具体约定来进行工程的现场管理，是多年来形成的思维定式和管理方式。工程中任何一方的现场管理人员基本上不参加合同的签订，而且也极少接触具体的合同，人们大多依靠自己对于工程的理解来管理工程。尽管多数具有丰富经验与技术的管理人员对于工程的理解大同小异，但“小异”往往就是纠纷的来源。目前我国多数工程都不设专门的合同管理工程师，因此也缺乏对工程进行严密的合同跟踪管理，不依靠合同对工程进行及时反馈。另外，目前我国合同管理手段单一，没有形成合同管理体系，对于多数建设项目，除了阅读合同以外，再没有其他措施。而实际上，合同对于不同层次的管理与技术人员，其要求理解的范围与深度是不一样的。依据不同工程技术人员技术分工、职责分工、层次分工、权力范围等多方面的前提条件，一份工程合同可以分解为不同的合同执行文件，供不同人员参考。由于缺乏上述环节，导致我国建设工程的合同管理工作没有办法做到随时进行、时刻跟踪工程的进展，当工程索赔事件发生时，经常漠然视之，并不知道该事件与合同约定的差异，更不了解该事件可以进行的相关索赔，因此往往贻误了索赔的时机，在发现损失时，已经悔之晚矣。

(2)缺乏企业自己的定额

我国建筑业的企业成本分析基本上是空白，因为自新中国成立以来，各建筑施工企业基本上依赖于国家或地方定额来代替企业自身的成本分析，从而使企业对于自身的成本消耗基本没有测算。但是定额仅仅是建筑业的社会一般必要成本消耗，而不是企业的个体成本消耗，更不是具体施工计划的成本消耗，依据社会统一的定额进行报价与投标，使企业毫无特色与优势可言。而且由于定额并非企业具体的成本分析，因此，在索赔时往往不被采用。

(3)计划管理落后

工程索赔必须以网络计划为基础，其意义在于可以通过网络计划的时差分析，具体确定实际的时间耽搁是否在工程中形成实质性的延误。如果时间耽搁发生在非关键线路工序的时差允许范围内，则该耽搁是不需要进行工期延误补偿的。而在我国，工程建设的习惯做法是采用横道图来进行工程计划管理，即使编制了网络计划，也往往流于形式，没有具体贯彻，在出现问题时也不能及时调整。由于横道图无法表示复杂工艺工序之间的逻辑关系，因此也就难以表示时差关系，在意外事件发生时，也就难以计算出具体的时间影响。因此，采用横道图进行索赔，无疑会导致证据不足，不能说明问题，这经常会使建筑施工企业面临工期索赔时，无法获得相应的补偿。

5.1.4 改变工程索赔现状的对策

走向世界工程市场是我国建筑业发展的一条必由之路，工程索赔制度是国际惯例，我国实施市场经济改革，没有任何理由拒绝索赔制度，建立符合我国国情的工程索赔制度，是促进国内建筑市场国际化的必然趋势，对于提高工程建设的效应，将发挥非常重要的作用。目前，从我国的现实状况出发，可以采取如下措施推进工程索赔制度的发展。

1. 建立健全工程索赔制度，制定工程索赔的标准体系

我国现行工程索赔行为，仅仅是在个别工程中引入的，并未在全社会范围内形成索赔概念与制度，在工程管理的法规体系中并没有得到确认。因此，建立索赔制度，就是建立工程纠纷管理的法律认定制度，使索赔制度化、法律化。

2. 加强现有施工企业人才的培养与培训工作

索赔是一项很复杂、很困难的工作。要做好施工索赔，必须十分熟悉工程项目的全部合同文件，并能熟练应用有关的合同条款。经验证明：凡是有丰富的承包施工经验、合同管理水平较高的公司，其索赔要求的成功率较大。我国的施工企业中，绝大多数人员都具有较坚实的专业技术基础，而对于法律法规、经济管理等方面精通的人才较少，因此结合市场发展形势和我国的实际条件出发，应大力培养知识全面的复合型人才。

3. 注意经验的总结与整理工作

我国工程承包公司涉足海外市场已有二十几年的时间，因此也有许多成功的经验与失败的教训。然而，许多企业在工程结束后并没有认真总结经验与教训，许多索赔事件只有当事人自己比较清楚。各企业应该加强这一工作，这样在未来的工程中可以提高索赔成功的概率。

5.1.5 索赔管理工作应遵循的原则

在进行施工索赔管理工作中，合同双方的合同管理人员应遵循以下一些原则：

1. 尽量减少索赔的立案数量

在承包施工中，索赔是不可避免的。它对维护业主和承包人的合理经济利益起着十分重要的作用。但是，合同双方应对索赔要求持以慎重的态度，不要热衷于索赔，尤其是承包人应牢记这一点。

施工索赔频繁发生的原因除了业主的责任以外，承包人编标报价时的疏忽大意也是一个重要的原因。由于承包人没有仔细地研讨招标文件，对工程项目的关键性合同条款的含义没有吃透，以至于投标报价过低，在施工过程中才发现亏损甚多，因而不断提出索赔要求，企图扭转亏损的局面。

经验证明，凡是在投标报价过程中仔细地研究过招标文件和合同条款，对投标单价做过认真分析的，其报价均比较接近实际，对减少施工过程中的索赔次数作用甚大。为了做到投标报价比较贴近实际，减少报价的风险，必须对合同中的关键性条款进行仔细研究。

2. 纠正错误的投标策略

在招投标工作中，有些承包人为了争取中标，大量地压低报价，而有意地在中标后的施工过程中进行大量的索赔，以求盈利，这就是经常说的“低报价、高索赔”策略。

多次实践已证明，这种经营策略是错误的。它不仅达不到盈利的目的，反而会造成无法挽回的经济亏损，而且给国际工程承包施工带来了许多不良后果。在某些特定的条件下，承包人可以采取“低价中标”的策略，以期在投标竞争中取胜，夺得施工项目。这大致出现于某些特殊的情况，例如：该承包人在此地区（或国家）内的承包项目已经或即将竣工，其拥有的大量的施工设备将失去用场，形成积压和破损，如果取得低价中标的施工项目，可以物尽其用，而且也不会造成亏损。又如：从该企业的长远发展规划考虑，要开拓某地区的承包工程市场，宁可以低价中标为手段，承受暂时的少量亏损，而为将来占有该市场创造条件，在将来获取最大的效益。

但是，在国际性公开招标竞争中，并不是报价最低的承包人就能中标。过分压低报价，使精明的业主和工程师发现其许多不合理之处，断定其在施工中会出现问题，故不予授标。世界银行等许多金融机构的贷款项目，在招标规定中亦明确指出，并不是最低报价者就能得标，报价合理才有望中标。

“低报价、高索赔”策略的危害性主要在于：

(1)它并不能使承包人达到“靠低价中标、靠索赔盈利”的目的

承包人通过索赔取得的经济收入或工期延长，都是由于它完成了原合同规定的“工作范围”以外的施工任务，或者承担原报价书列举的条目以外的额外费用。这是他应得的补偿，而不是对其“低报价”的补贴，与其“低报价”无关。比如说，承包人为了中标，有意地将报价压低 100 万美元。这意味着，他从一开始就承担 100 万美元的报价亏损风险，这个亏损是永远不能挽回的。因为他在施工中所能得到的付款数额，是报价书中的单价（大量压低了的单价）和实际完成工程量的乘积，这个数额是不能变动的。假如他在施工中得到 50 万美元的索赔款，这是由于他完成了合同工作范围以外的“额外工作”而得到的经济补偿，即索赔款。这项索赔款远远不能“填补”他报价时主动承担的 100 万美元的投标亏损风险。如果他在投标报价时不压低这 100 万美元，他仍然可以获得这 50 万美元的索赔款。如果说这项索赔款给他带来了好处，那只是使他的报标亏损在表面上减少了 50 万美元。

(2)它给合同实施埋下了隐患

低报价形成的经济亏损形势，从施工开始就给承包人带来了巨大的精神压力，承包人势必想方设法地减少施工开支，扭转亏损的局面。

有的承包人为了压缩施工开支，往往采取偷工减料等不正当的方法，以次料充好料，在施工中不按照程序或规定的工艺要求施工。如果工程师没有发现，就会给工程质量留

下隐患，影响工程的使用。

承包人为了压缩施工开支，经常不按照投标书的计划准时地购进施工设备和材料，不及时调进足够的劳动力。这必然会影响到施工的计划进度，引起工期的拖延。当工程师发现某些工程部位的进度严重拖后以后，便指令承包人赶工。这样的赶工又往往带来施工质量的问题。

(3)它给合同管理带来了麻烦

承包人在采取低价中标的策略时，早已打定主意要大力进行施工索赔，以挽回亏损，并增加盈利。这样，在整个施工过程中索赔报告便层出不穷。这些索赔报告，一般都是论据不足而要价甚高，给合同双方的业务协作带来了很多麻烦。

靠索赔要钱是一个相当困难的事。首先，索赔要有合同根据，要有充分的事实论证。其次，索赔款的计算有严格的规定，单价的确定有严格的程序和反复的协商，不能有任何的含糊。因此，在任何一个工程项目的实施过程中，频繁的高额索赔报告必然会引起合同双方的关系紧张，甚至引起仲裁或法律诉讼。这都是很不愉快的事，在合同管理工作中应力争避免。

3. 及时解决索赔要求

对承包人的每个索赔报告，业主和工程师应认真对待，严格审查，并及时地作出处理：对合理的予以接受，对无根据的予以驳回，对论证不足的可要求其补充资料。对承包人的正当索赔要求长期不予理会，或轻率地反驳否定，往往会引起合同争端，不利于项目的实施。对于索赔报告中的重大分歧意见，应举行会议协商，即索赔谈判。通过谈判和争议，工程师可以掌握确切的情况，有利于做出正确的决定。对于论据不足的索赔要求，经过审议达成共识，可以避免索赔争议的升级，避免进入仲裁的程序。

对于合理的索赔款以中期支付方式解决。承包人在每月申报施工进度款结算单的同时，报送一份已协商同意的索赔款结算单，经工程师审核签署后由业主予以支付。这样，及时地按月支付索赔款，适时化解索赔争端，有利于合同双方的合作。

4. 严格掌握索赔权的论证

在解决索赔争端的过程中，要经过两个步骤：首先，要确定索赔权，即论证此项索赔要求是否成立，即检查索赔者是否具备合同依据，是否拥有索赔权。对没有索赔权的任何索赔要求，将一律予以拒绝，这是一个质的问题。第二，要确定索赔款额或批准工期延长的天数，这是一个量的问题。在索赔权成立的前提下，可以据实计算应支付的索赔款额和批准工期延长的天数。

所以，解决索赔要求的关键是确定有无索赔权。这是承包人提出索赔要求时需要重点论证的问题，也是业主和工程师在审核索赔报告中最关注的首要问题。因此，在索赔管理工作中要特别注意索赔权的问题，严格掌握索赔权成立的条件。

每项索赔要求是否具备索赔权，要以下列标准来确定：

(1)本工程项目的合同文件。这是最主要的合同依据。凡是在合同条件、施工技术规程、工程量清单及图纸中能找到索赔依据的索赔要求，都属于合同内索赔，具有索赔权。

(2)国际工程索赔先例和惯例。在国际承包业中，适用普通法。普通法的重要原则之一是“按例判决”，即可参照类似的先例进行判决。这已经形成国际惯例，在国际工程承包界已达成共识。所以，凡是有类似先例可循或符合国际惯例的索赔要求，均认为具备索赔权。

(3)符合工程所在国的法律。每一项工程的合同文件，都适用工程所在国的法律，即受该国有关法律、法规的约束，按其法律规定进行解释，不符合该国法律的合同条款被视作无效。这是国际工程合同的普通规则。

5.2 索赔的分类

由于索赔贯穿于工程项目的全过程，可能发生的范围比较广泛，其分类随标准、方法不同而不同，主要有以下几种分类方法。

5.2.1 按索赔目标分类

按索赔目标或要求，索赔可分为：

1. 工期索赔(Claim for Extension of Time)

即由于非承包人自身原因造成拖期的，承包人要求业主延长工期，推迟竣工日期，避免违约误期罚款等。

一般而言，工程承包合同中都有工期和工程延缓的罚款条款，如果工程延期是由承包人管理不善造成的，则承包人必须承担责任，接受合同规定的处罚。而对于外界干扰引起的工期延误，承包人可以通过索赔，取得业主对合同工期延长的认可，在这个范围内则可免去对承包人的合同处罚，同时承包人也可能获得由于工期延长造成的费用增加方面的补偿。

2. 费用索赔(Cost Claim)

对于非承包人责任造成的工程成本增加，使承包人增加额外的费用、蒙受经济损失，可以根据合同规定提出费用索赔要求。如果该要求得到监理工程师和业主的认可，业主应追加支付，以补偿损失。

5.2.2 按索赔的依据分类

按索赔的依据，索赔可分为：

1. 合同内索赔(Contractual Claim)

合同内索赔是指索赔所涉及的内容可以在合同条款中找到依据，并可根据合同规定明确划分责任。一般情况下，合同内索赔的处理和解决要顺利一些。

案例 S公司在E国以预期利润为负数的报价，取得一项总价为2.27亿美元的大型建筑工程，合同工期长达4年。施工期间，该地区发生大规模的政治动乱，工程所在地区为戒严地区，S公司停工半个月，将外籍雇员遣散回家。

S公司利用该国的政治事件向业主提出了巨额的索赔，索赔的动因是发生了不可抗力事件。索赔要8000万美元，占合同总价的35%。经过艰苦的讨价还价，历时半年，S公司在免除了因误期罚款的前提下，获得6000万美元的巨额赔偿，该金额占到工程总价的26.4%。

S公司及时抓住索赔机会，索赔的动因是不可抗力事件，它依据了合同中规定暴乱为不可抗力事件，而且E国政府明确宣布发生暴乱，因此暂时停工和遣散外籍员工，保护施工现场，就成了理所当然的事情。由此而产生的费用的增加、时间的延长，必然要向业主索赔。

S公司的索赔报价利用无国际惯例可依据的机会，采用了高上限的报价，争取到了巨额赔偿。

2. 合同外索赔(Non-Contractual Claim)

合同外索赔是指索赔的内容和权利难以在合同条款中找到依据，但可从合同引申含义和合同适用法律或政府颁发的有关法规中找到索赔的依据。

案例 P公司在法国承包一项咖啡生产工程，合同条款中关于不可抗力的定义没有提出罢工是否应视为不可抗力事件。

施工期间，法国因为闹学潮而触发了大规模罢工，该咖啡生产线项目也受到罢工影响，一些工人因交通阻塞而缺勤，P公司因此致函业主，提出索赔，指出罢工应视为不可抗力事件。

法国的宪法规定，罢工是非法的，但在执行时对罢工却是默许的，从来不曾视为不可抗力事件，因此业主拒绝P公司的索赔要求，由此引起双方的争端，最终诉请国际仲裁。

仲裁法庭在裁决该案时，首先查阅承包合同，未发现对罢工有明确的规定。接着根据国际惯例和FIDIC合同条款，但未能找到对罢工一事带有普遍性的处理方法。合同中有一款规定："凡本合同未涉及的事项，依据国际惯例或国家现行法律执行"，于是，仲裁法庭根据法国的宪法裁定P公司胜诉。

本案中，承包人成功利用合同中的漏洞，根据默示条款取得索赔成功。实际承包人并非不知道该国的宪法与实际执行情况的差别，但在缔约时没有提出，而是等到时机成熟时再利用合同的漏洞提出索赔要求，这也是常用的索赔技巧之一。

3. 道义索赔(Ex-Gratia Payment)

道义索赔是指承包人在合同内或合同外都找不到可以索赔的合同依据或法律根据，因而没有提出索赔的条件和理由，但承包人认为自己有要求补偿的道义基础，而对其遭受的损失提出具有优惠性质的补偿要求，即道义索赔。道义索赔的主动权在业主手中，业主在下面四种情况下，可能会同意并接受这种索赔：第一，若另找其他承包人，费用会更大；第二，为了树立自己的形象；第三，出于对承包人的同情和信任；第四，谋求与承包人更能相互理解或更长久的合作。

案例 某合同条件中关于工程变更的条款为："……业主有权对本合同范围的工程进行他认为必要的调整。业主有权指令不加代替地取消任何工程或部分工程，有权指令增加新工程，……但增加或减少的总量不得超过合同额的25%。这些调整并不减少乙方全面完成工程的责任，而且不赋予乙方针对业主指令的工程量的增加或减少任何要求价格补偿的权利。"在报价单中有门窗工程一项，工作量为10133.2m²。承包人对工作内容的理解(翻译)为"以平方米计算，根据工艺的要求运进、安装和涂刷门和窗，根据图纸中标明的规范和尺寸施工。"即认为承包人不承担门窗制作的责任。对此项承包人报价仅为2.5LE(埃磅)/m²。而上述的翻译"运进"是不对的，应为"提供"，即承包人承担门窗制作的责任，而报价时没有门窗详图。如果包括制作，按照当时的正常报价应为130LE/m²。在工程中，由于业主觉得承包人对门窗报价很低，则下达变更令加大门窗面积，增加门窗层数，使门窗工作量达到25090m²，且大部分门窗都有板、玻璃、纱三层。

承包人的要求：承包人以业主扩大门窗面积、增加门窗层数为由要求与业主重新商讨价格。业主的答复为：合同规定业主有权变更工程，工程变更总量在合同总额25%范围之内，承包人无权要求重新商讨价格，所以门窗工程都以原合同单价支付。对合同中"25%的增减量"是指合同总价格而言，而不是某个分项工程量，例如本例中尽管门窗增加了150%，但墙体的工程量减少，最终合同总额并未有多少增加，所以合同价格不能调整。实际付款必须按实际工程量乘以合同单价，尽管这个单价是错的，仅为正常报价的1.3%。承包人在无奈的情况下，与业主的上级接触。由于本工程承包人报价存在较大的失误，损失很大，希望业主能从承包人实际情况及双方友好关系的角度考虑承包人的索赔要求。

最终业主同意：

(1)在门窗工作量增加25%的范围内按原合同单价支付，即12666.5m² 按原价格2.5LE/m²计算。

(2)对超过的部分，双方按实际情况重新商讨价格。最终确定单价为130LE/m²，则承包人取得费用赔偿：

$$(25090-10133.2\times1.25)\times(130-2.5)=12423.5\times127.5=1583996.25\ \text{LE}$$

案例分析：

(1)这个索赔实际上是道义索赔，即承包人的索赔没有合同条件的支持，或按合同条件是不应该赔偿的。业主完全从双方友好合作的角度出发同意补偿。

(2)翻译的错误是经常发生的，它会造成对合同理解的错误和报价的错误。由于不同语言之间存在着差异，工程中又有一些习惯用语。对此，如果在投标前把握不准或不知业主的意图，可以向业主询问，请业主解答，切不可自以为是地解释合同。

(3)在本例中，报价时没有门窗详图，承包人报价会有很大风险，就应请业主对门窗的一般要求予以说明，并根据这个说明提出的要求报价。

(4)当有些索赔或争执难以解决时，可以由双方的高层进行接触，商讨解决办法，问题常常易于解决。一方面，对于高层，从长远的友好合作的角度出发，许多索赔可能都是"小事"；另一方面，使上层了解索赔处理的情况和解决的困难，更容易借鉴、吸取合同管理的经验和教训。

5.2.3 按索赔处理方式分类

按索赔处理方式，索赔可分为：

1. 单项索赔(Singal Case Claim)

单项索赔就是采取一事一索赔的方式，即每一索赔事件发生时或发生后，由合同管理人员立即处理，并在合同规定的索赔有效期内向业主或监理工程师提交索赔要求和报告。单项索赔通常原因单一，责任单一，分析起来相对容易，由于涉及的金额一般较小，双方容易达成协议，处理起来也比较简单。因此，合同双方应尽可能地用此种方式来处理索赔。

单项索赔要求合同管理人员能够迅速识别索赔机会，对索赔事件做出快速反应，根据合同要求，在规定时间内向对方提出索赔要求。

2. 综合索赔(Compound Claims)

综合索赔又称一揽子索赔，一般在工程竣工前和工程移交前，承包人将工程实施过程中因各种原因未能及时解决的单项索赔集中起来进行综合考虑，提出一份综合索赔报告，由合同双方在工程交付前后进行最终谈判，以一揽子方案解决索赔问题。

采用综合索赔是在特定情况下的一种被迫行为。在合同实施过程中，有些单项索赔问题比较复杂，不能立即解决，为不影响工程进度，经双方协商同意后留待以后解决。有的是业主或监理工程师对索赔采用拖延办法，迟迟不作答复，使索赔谈判旷日持久。有时，在施工过程中受到非常严重的干扰，承包人的施工活动和施工计划有很大不同，原合同规定的工作与变更后的工作相互混淆，承包人无法为索赔提供准确的成本记录资料，无法分辨哪些费用是原来合同规定的，哪些是新增的工作量，只能在工程接近完工时，对整个工程的实际总成本与原预算成本进行比较，提出一揽子索赔。

由于在一揽子索赔中许多干扰事件交织在一起，影响因素比较复杂而且相互交叉，责任分析和索赔值计算都很困难，索赔涉及的金额往往又很大，双方都不愿或不容易作出让步，使索赔的谈判和处理都很困难。因此，综合索赔的成功率比单项索赔要低得多。承包人在采取综合索赔时，应该向工程师证明下列内容：

(1)承包人的投标报价是合理的，承包人不存在故意低报价格的行为。

(2)实际发生的成本是合理的。

(3)承包人对成本的增加没有任何责任，成本的增加是由于业主工程变更或其他非承包人的原因引起的。

(4)不能采取其他方法准确地计算出实际发生的损失数额。承包人只能比较工程总成本与原来的预算成本，提出索赔。

即使承包人能够证明确实存在费用损失，采用综合索赔方法因为涉及的因素太多，也很难获得满意的结果。

5.2.4 按索赔当事人分类

按索赔当事人分类，索赔可分为：

(1)承包人与业主间的索赔。这类索赔大都是有关工程量计算、变更、工期、质量和价格方面的争议，也有中断或终止合同等其他违约行为的索赔。

(2)承包人与分包商间的索赔。其内容与前一种大致相似，但大多数是分包商向总包商索要付款和赔偿及承包人向分包商罚款或扣留支付款等。

以上两种发生在施工过程中的索赔，有时也称为施工索赔。

(3)承包人与供货商间的索赔。其内容多系商贸方面的争议，如货品质量不符合技术要求、数量短缺、交货拖延、运输损坏等。

(4)承包人与保险公司的索赔。此类索赔多系承包人受到灾害、事故或其他损害或损失，按保险单向其投保的保险公司索赔。

以上两种发生在物资采购、运输及工程保险等过程中的索赔，有时也称为商务索赔。

5.2.5 按索赔事件的性质分类

按索赔事件的性质，索赔又可分为：

(1)工程延误索赔。因业主未按合同要求提供施工条件，如未及时交付设计图纸、施工现场、道路等，或因业主指令工程暂停或不可抗力事件等原因造成工期拖延的，承包人对此提出索赔。这是工程中常见的一类索赔。

(2)工程变更索赔。由于业主或监理工程师指令增加或减少工程量或增加附加工程修改设计、变更工程顺序等，造成工期延长和费用增加，承包人对此提出索赔。

(3)工程终止索赔。由于业主违约或发生了不可抗力事件等造成工程非正常终止，承包人因蒙受经济损失而提出索赔。

(4)工程加速索赔。由于业主或监理工程师指令承包人加快施工速度，缩短工期，引起承包人的人、财、物的额外开支而提出的索赔。

(5)意外风险和不可预见因素索赔。在工程实施过程中，因人力不可抗拒的自然灾害、特殊风险以及一个有经验的承包商通常不能合理预见的不利施工条件或外界障碍，如地下水、地质断层、溶洞、地下障碍物等引起的索赔。

(6)其他索赔。如因货币贬值、汇率变化、物价上涨、工资上涨、政策法令变化等原因引起的索赔。

5.3 工程索赔的处理程序

在合同实施阶段中所出现的每一个施工索赔事项，都应按照施工索赔的管理和项目合同的具体条件，抓紧协商解决，并与工程进度款月结算制度同时进行支付，做到按月清理,避免合同完成时形成巨额的综合索赔。

关于索赔处理的全部程序,一般按以下 5 个步骤进行:

1. 提出索赔要求;
2. 报送索赔资料;
3. 会议协商解决;
4. 邀请中间人调解;
5. 提交仲裁。

以上 5 个程序,综合起来可以归纳为两个阶段,即友好协商解决和诉讼仲裁。对于每一项索赔工作,承包人和业主应当力争通过友好协商的方式来解决,尽量避免诉诸仲裁。

5.3.1 提出索赔要求

在工程实施过程中,凡是由于业主或工程师方面的原因,出现工程范围或工程量的变化引起工程延迟或工程成本增加时,承包人就有权提出索赔。在索赔事件出现后,承包人应在合同规定的时间内,及时向业主或工程师书面提出索赔意向通知(Notice of Claim),亦即向业主或工程师就某一个或若干个索赔事件表示索赔愿望、要求或声明保留索赔的权利。索赔意向的提出是索赔工作程序中的第一步,其关键是抓住索赔机会,及时提出索赔意向。

索赔意向通知对于延续时间比较长、涉及工程内容比较多的工程来说,在索赔处理方面起着较好的促进作用,具体表现在以下几个方面:(1)它可以提醒发包方,使发包方意识到所通知事件会引起事后的索赔。(2)对发包方起着监督作用,使发包方要特别注意该事件持续过程中所产生的各种影响。(3)给发包方创造挽救机会,发包方接到索赔意向通知后,可以尽量采取必要措施减少事件的不利影响,降低额外费用的产生。(4)对承包方的合法利益起到保护作用,避免事后因发包方以承包方没有提出索赔要求而使索赔落空。(5)承包方提出索赔意向通知后,应进一步留意事态的发展,有意识地收集用于后期索赔报告的有关证据。(6)承包方可以根据发包方收到索赔意向通知的反映及提出的问题,有针对性地准备索赔资料,避免失去重大索赔机会。必须说明的是,承包方不提出索赔意向通知,并不意味着今后就不能得到索赔的补偿,它和具体合同的规定有关。FIDIC 合同条件和我国建设工程施工合同示范文本中都规定,承包人应当在索赔事件发生后的 28 天内,将其索赔意向通知工程师,反之如果承包人没有在合同规定的期限内提出索赔意向或通知,则承包人就会丧失在索赔中的主动和有利地位,业主和工程师也有权拒绝承包人的索赔要求。

索赔意向通知没有统一的要求,一般可考虑有下述内容:(1)事件发生的时间、地点或工程部位;(2)事件发生的双方当事人或其他有关人员;(3)事件发生的原因及性质,应特别说明并非承包人的责任;(4)承包方对事件发生后的态度。应说明承包方为控制事件的发展、减少损失所采取的行动;(5)写明事件的发生将会使承包方产生额外经济支出或其他不利影响;(6)提出索赔意向,注明合同条款依据。

索赔意向通知可采用如下格式：

第××××号索赔通知书

尊敬的先生：

根据合同条款第××条，我特此向您通知我方对实施的××工程发生的额外费用保留取得补偿的权利，该项额外费用的数额，我将按合同××条的规定，以额外费用月报表的形式向您报送。

项目经理　××××

年　月　日

如果在写索赔通知书时，承包人还拿不准合同文件中的哪一个合同条款，则可暂时不指明所依据的条款，仅申明自己的索赔要求，采用下列措辞：

第××××号索赔通知书

尊敬的先生：

根据合同规定，我特此向您通知我方对实施的××工程发生的额外费用保留取得补偿的权利，该项额外费用的数额，我将按合同的规定，以额外费用月报表的形式向您报送。

项目经理　××××

年　月　日

在实际工作中，有些承包方不重视索赔意向通知，认为相互比较了解，口头说说就可以了。有的即使写了索赔意向通知，也只是简单的一句话了事，待事件终止，办理索赔证明时才发现忽视了许多看来简单平凡，但对索赔补偿却十分重要的内容。

5.3.2 报送索赔资料

在正式提出索赔要求后，承包人应抓紧准备索赔资料，计算索赔款额，或计算所必需的工期延长天数，编写索赔报告书，并在递交索赔通知书后按规定的时间提出。FIDIC 合同条款规定的时间是 28 天，如果索赔事项影响继续存在，事态还在发展时，则每隔 28 天向工程师报送一次补充资料，说明事态发展情况，最后，当索赔事项的影响结束后，在 28 天内报送此项索赔的最终报告，附上最终账单和全部证据资料，提出具体的索赔款额或工期延长天数，要求工程师和业主审定。

对于大型土建工程，承包人的索赔报告应就工期索赔和费用索赔分别编写报送，不要混为一体，因为每一种索赔都需要进行大量的合同论证、数量计算和证据资料，分量都相当大，需要工程师分别地审核并提出处理意见。对于小型工程或比较简单的事项，在争得工程师同意后,可将工期索赔和费用索赔合并到一个索赔报告书中。

一个完整的索赔报告书,必须包括以下 4 个部分:

1. 总论部分

索赔报告书的首页,应该是索赔事项的一个综述。它概要地叙述发生索赔事项的日期和过程,说明承包人为了减轻索赔事项造成的损失而做过的努力,索赔事项对承包人施工工期拖延的天数、造成的经济损失以及自己的索赔要求。其具体内容有:

(1)序言;

(2)索赔事项概述;

(3)具体的索赔要求(工期延长天数和费用补偿);

(4)报告书编写及审核人员。

2. 合同引证部分

这部分是索赔报告关键部分之一,其目的是承包人论述自己具有索赔权,这是索赔成立的基础。合同引证的主要内容是该工程项目的合同条件以及有关的法律规定,说明自己理应得到工期延长和费用补偿。这部分一般包括以下内容:

(1)概述索赔事项的处理过程;

(2)发出索赔通知书的时间;

(3)引证索赔要求的合同条款;

(4)指明所附的证据资料。

3. 索赔论证部分

承包人在施工索赔报告中进行索赔论证的目的是为了获得工期延长和费用补偿。对于工期索赔部分,首先,为了获得施工工期的延长,以免承担误期损害赔偿费的经济损失。其次,可能在此基础上,探索获得费用补偿的可能性。承包人在工期索赔报告中,应该对工期延长、实际工期和理论工期等工期的长短进行详细的论述,说明自己要求工期延长的根据,并对其进行明确的划分。对于费用索赔部分,承包人要首先论证遇到了合同规定以外的额外任务或不利的合同实施条件,为了完成合同承包人承担了额外的经济损失,并且这些经济损失应该由业主承担。最后,在论证费用索赔成立的前提下,承包人应根据合同执行的实际情况,选择适当的费用计算方法,计算承包人额外承担的人工费、材料费、机械费、管理费等具体数额,提出承包人对可索赔事件的费用索赔的数额。

4. 证据部分

通常以索赔报告书附件的形式出现,它包括该索赔事项所涉及的一切有关证据资料以及对这些证据的说明。索赔的证据是索赔报告中必要的组成部分,承包人所提供的证据必须翔实可靠。索赔证据资料的范围甚广,它可以包括工程项目施工过程中所涉及的有关政治、经济、技术等许多方面的资料。但这些资料并不需要都放在附件中,而是要有针对性地选取。

工程师在接到承包人的索赔报告书和证据资料后,应迅速审阅研究,在不确认责任归属的情况下,可要求承包人补充必要的资料、论述索赔的原因、重温有关的合同条款。同时,与业主协商处理,争取尽快做出答复,以免长期拖延而影响双方的协作或使施工进度受到影响。如果对索赔额有待核实，难以立即确定时，也应该按原则通知承包人，允许日后处理。如果工程师和业主对承包人的索赔要求，不论合理与否一律驳回，或长期置之不理，这样做不仅违背合同责任，还会加剧业主与承包人之间的矛盾，导致合同争端，甚至严重影响合同进展。

5.3.3 会议协商解决

当某项施工索赔要求不能在每月的施工进度款中得到解决，而需要采取合同双方面对面地讨论决定时，应将未解决的索赔问题列为会议协商的专题，提交会议协商解决。这种会议一般由工程师主持，承包人和业主代表出席讨论。

一般来说，第一次协商采取非正式的形式，双方交换意见，互相探讨立场观点，了解可能的解决方案，友好求实地协商，争取通过一次或数次会谈，达成解决索赔问题的协议。如果多次会议均不能达成协议时，则需要采取进一步的协商解决措施，如邀请中间人调解，或报送 DAB 解决等方案。

在直接谈判中需要讲究技巧，不仅要熟悉有关的法律条款，了解工程项目的技术情况和施工进程，而且要善于同对方斗智，在不失原则的前提下灵活退让，最终达成双方满意的协议。

5.3.4 邀请中间人调解

当争议双方直接谈判无法取得一致的解决意见时，为争取友好解决的方式解决索赔争端，根据施工索赔的管理，可由争议双方协商邀请中间人进行调停，通常也能够比较满意地解决索赔争端。

中间人，可以是争议双方都信赖熟悉的个人，比如工程技术专家、律师、估价师或有威望的人士，也可以是一个专门的组织，比如工程咨询机构或监理公司、工程管理公司、索赔争端评审组、合同争端评委会等。

中间人调解的过程，也是争议双方逐渐接近而趋于一致的过程。中间人通过与争议双方单独地或共同地交换意见，在全面调查研究的基础上，可以提出一个比较公正而合理的意见。这个调解意见，只作为调解人的建议，对争议双方都没有约束力。但是由于仲裁或诉讼等解决方案需要花费大量的时间和较高的成本，而独立的第三方的调解成本较低，合同双方为避免更大费用，一般在中间人的调解下，能够达成共识。

5.3.5 提交仲裁

与其他合同争端一样，对于索赔争端，最终的解决途径是通过仲裁或诉讼来解决。仲裁虽然不是一个理想的解决方法，但当一切协商都不能奏效时，仍可以作为一个有效的最终解决途径。因为仲裁具有法律权威，对合同双方都有约束力，可以强制执行。

以上即为施工索赔处理的全部程序，可以简单归纳为图 5-1。

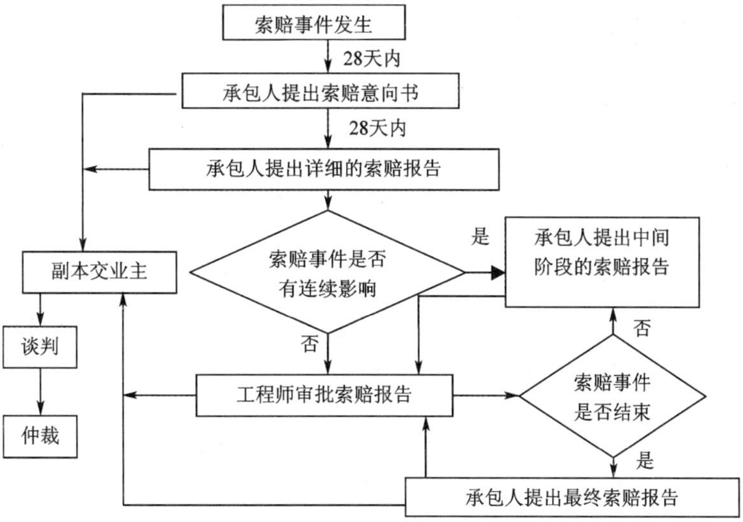

图 5-1　施工索赔处理的全部程序

5.4　工期索赔

所谓工期索赔，是指合同的一方根据工程项目合同的规定，在工期超出合同规定的条件下，提出的工期补偿要求，以弥补本身遭受的损失。

在建筑工程施工过程中，由于项目的建设周期比较长，在施工过程中容易受到外界因素的干扰，比如水文气象、地质条件的变化、规划及设计的变更、所在国家的法律的变化或其他人文的因素等，这些干扰因素都有可能造成工程不能按照合同工期按时完成，造成工期延误。工程工期是工程承包合同中的重要条款之一，涉及业主和承包人多方面的权利和义务关系，工程一旦延误对合同双方都会造成损失。对于业主来说，如果工程不能及时交付使用，投入生产，就不能按计划实现投资效果，失去盈利机会，损失市场利润；对于承包人来说，工期延误会增加工程成本，使企业信誉受到影响，最终还可能导致合同规定的误期损害赔偿费处罚。因此，工程延误的后果是形式上的时间损失，实质上的经济损失，无论是业主还是承包人，都不愿意无缘无故地承担由工程延误给自己造成的经济损失。工程工期是业主和承包人经常发生争议的问题之一，工期索赔在整个索赔中占据了很高的比例，也是承包人索赔的重要内容之一。

在正常情况下，承包人提出工期索赔的目的主要是：

(1) 根据合同条款的规定，免去或推卸自己承担误期损害赔偿费的责任。

(2) 确定新的工程竣工日期及其相应的维修期。

(3) 确定与工期延长有关的赔偿费用，如由于工期延长而产生的人工费、材料费、机械费、分包费、现场管理费、总部管理费、利息、利润等额外费用。

由此可见，工期索赔和费用索赔是相辅相成，不可分割的，应予整体考虑。

5.4.1 工程延误的分类

1. 按工程延误原因划分

(1)因业主及工程师原因引起的延误

业主及工程师原因引起的延误一般可分为以下几种，具体包括：

①业主拖延交付合格的施工现场。

在工程项目前期准备阶段，由于业主没有及时完成征地、拆迁、安置等方面的有关前期工作，或未能及时取得有关部门批准的施工执照或准建手续等，造成现场交付时间推迟，承包人不能及时进驻现场施工，从而导致工程拖期。

②业主拖延交付图纸。

业主未能按合同规定的时间和数量向承包人提供施工图纸。目前国内较多的工程采用边设计、边施工的方式，更加容易引起工期索赔。

③业主或工程师拖延审批图纸、施工方案、计划等。

④业主拖延支付预付款或工程款。

⑤业主指定的分包商违约或延误。

⑥业主未能及时提供合同规定的材料或设备。

⑦业主拖延关键线路上工序的验收时间，造成承包人的下道工序施工延误。

⑧业主或工程师发布指令延误，或发布的指令打乱了承包人的施工计划。

⑨业主提供的设计数据或工程数据延误。

⑩业主暂停施工导致的延误。

⑪业主设计变更或要求修改图纸，导致工程量增加。

⑫业主对工程质量的要求超出原合同的约定。

⑬业主要求增加额外工程。

⑭业主的其他变更指令导致工期延长等。

(2) 因承包人引起的延误

由承包人引起的延误一般是其内部计划不周、组织协调不力、指挥管理不当等原因引起的，具体如下：

①施工组织不当，如出现窝工或停工待料现象。

②质量不符合合同要求而造成的返工。

③资源配置不足，如劳动力不足，机械设备不足或不配套，技术力量薄弱，管理水平低，缺乏流动资金等造成的延误。

④开工延误。

⑤劳动生产率低。

⑥承包人雇佣的分包商或供应商引起的延误等。

显然，上述延误难以得到业主的谅解，也不可能得到业主或工程师给予延长工期的补偿。承包人若想避免或减少工程延误的罚款及由此产生的损失，只有通过加强内部管理或增加投入，或采取加速施工的措施。

(3) 不可控制因素导致的延误

①人力不可抗拒的自然灾害导致的延误。如有记录可查的特殊反常的恶劣天气、不可抗力引起的工程损坏和修复。

②特殊风险，如战争、叛乱、革命、核装置污染等造成的延误。

③不利的施工条件或外界阻碍引起的延误等。如施工现场发现化石、古钱、文物或未探明的障碍物。

2. 按工程延误的可能结果划分

工程延误按照承包人是否应该或能够通过索赔得到合理补偿而分为可索赔延误和不可索赔的延误。

(1) 可索赔延误

可索赔延误是由业主的责任和客观原因所造成的延误，并非承包人的过错，并且该延误工序或作业一般应在关键线路上。这类延误是无法合理预见和防范的，因此属于可索赔的延误。在国际工程索赔实践中，根据延误是否由于业主或工程师的过错或违约，可索赔延误又可进一步分为以下三种情况：

①只可索赔工期的延误

这类延误是由业主、承包人双方都不可预料、无法控制的原因造成的延误，如不可抗力、异常恶劣气候条件、特殊社会事件等原因引起的延误。对于这类延误，一般合同规定，业主只给予承包人延长工期，不给予费用损失的补偿。

②可索赔工期和费用的延误

这类延误主要是由于业主或工程师的原因而直接造成工期延误并导致经济损失。在这种情况下，承包人不仅有权向业主索赔工期，而且还有权要求业主补偿相应的费用损失。

③只可索赔费用的延误

这类延误是指由于业主或工程师的原因引起的延误，但发生延误的活动对总工期没有影响，而承包人却由于该项延误负担了额外的费用损失。在这种情况下，承包人不能要求延长工期，但可要求业主补偿费用损失，前提是承包人必须能证明其受到了损失或发生了额外费用，如因延误造成的人工费增加、材料费增加、劳动生产率降低等。

(2)不可索赔的延误

不可索赔的延误是指因承包人原因引起的延误，在这种情况下，承包人不仅得不到工期的延长或费用的补偿。相反，如果承包人未能按期竣工，还应支付误期损害赔偿费。

3. 按事件发生的时间对延误进行分类

(1)单一延误

单一延误是指在某一延误事件从发生到终止的时间间隔内，没有其他延误事件的发生，该延误事件引起的延误称为单一延误。

对于由单一延误引起的索赔称为单事件索赔(Claims of Single Event Delay)。由于事件单一，其处理的关键在于事件原始责任或风险负担的认定，故计算和处理相对较为简单。

(2)共同延误

在同一时段上有两个或多个延误,称为共同延误,它可以作用在同一工序或不同工序上,责任方可以涉及业主、承包人、不可抗力或它们的共同作用。

对于由共同延误引起的索赔称为多事件交叉索赔(Claims of Multi-Event Delay),对于这类索赔,由于事件发生的原因涉及业主和承包人两个合同主体,双方存在直接的利益冲突。在究竟由哪一方承担责任以及承担多大责任的问题上,很难达成一致,因此,这类索赔处理起来相对比较复杂。

4. 按是否处于关键线路上对延误进行分类

(1)关键线路延误

关键线路延误是指发生在工程网络计划关键线路上的延误。由于在关键线路上任何工序的延误都会造成总工期的推迟,因此,非承包人原因引起的关键线路延误,必定是可索赔延误。

(2)非关键线路延误

非关键线路延误是指位于工程网络计划非关键线路上的延误。由于非关键线路上的工序可能存在机动时间,因而当非承包人原因发生非关键线路延误时,会出现两种可能性:

①延误时间少于该工序的机动时间。在此种情况下,所发生的延误不会导致整个工程的工期延误,因而业主一般不会给予工期补偿。但若因延误发生额外开支时,承包人可以提出费用补偿要求。

②延误时间多于该工序的机动时间。此时,非关键线路上的延误会全部或部分转化为关键线路延误,从而成为可索赔延误。

5.4.2 工程延误的相关处理原则

1. 工程延误的一般处理原则

以上工程延期的影响因素,可以归纳为两大类:第一类是合同双方均无过错的原因或因素而引起的延误,主要指不可抗力事件和恶劣气候条件等;第二类是由于业主或工程师原因造成的延误。

一般地说,根据工程惯例,对于第一类原因造成的工程延误,承包人只能要求延长工期,很难或不能要求业主赔偿损失;而对于第二类原因,假如业主的延误已影响了关键线路上的工作,承包人既可要求延长工期,又可要求相应的费用赔偿;如果业主的延误仅影响非关键线路上的工作,且延误后的工作仍属非关键线路,而承包人能证明因此(如劳动窝工、机械停滞费用等)引起的损失或额外开支,则承包人不能要求延长工期,但完全有可能要求费用赔偿。

2. 多事件交叉索赔的处理原则

多事件交叉条件下工期延误的责任归属和计算原则,目前主要有四种观点:

(1)初始事件原则

初始事件原则(Principle of Responsibility on Initial Event)是指,在多事件交叉时段之前业已发生的时间,承担交叉时段内的全部责任。如图 5-2 所示。

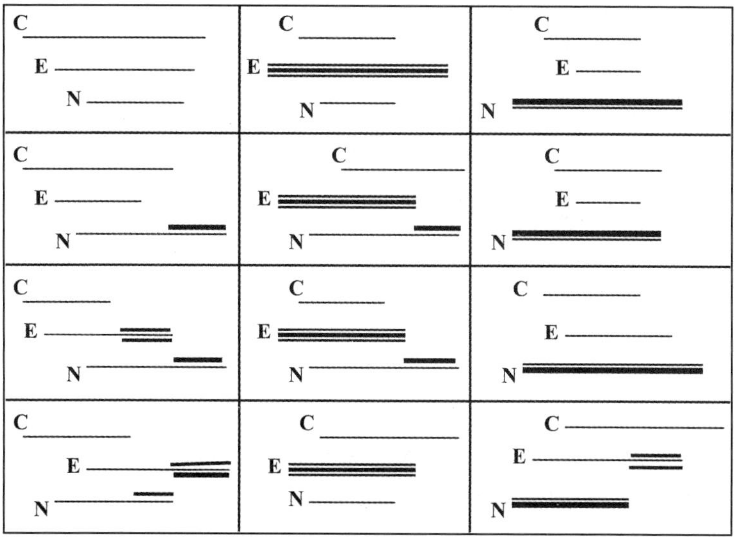

注：C 为承包人责任的延误；E 为业主责任的延误；N 为非双方责任的延误

工期不顺延，费用不赔偿；工期可顺延，费用不赔偿；

工期不顺延，费用可赔偿；工期可顺延，费用可赔偿。

图 5-2　工程延误的交叉与补偿分析图

这种处理原则体现的是“逻辑原则”,有其逻辑合理性,但是它不考虑交叉时段内干扰事件的重要性和可能的交互影响,也违背了合同法关于“当事人双方都违反合同的,应当各自承担相应责任”的规定,违反了公平原则。

(2)不利于承包人原则

不利于承包人原则(Principle of Adverse Responsibility on Contractor)的含义是:在交叉时段内,只要出现了承包人的责任或风险,不管其出现次序,亦不论干扰事件的性质,该时段的责任全部由承包人承担。

这种处理原则,在旧版的 FIDIC 条件中有所体现。典型的是业主聘用的工程师在争端进入仲裁或诉讼程序前拥有最后决定权,而对业主违约的规定则十分单薄,形成了对承包人的单边约束。但是,新版的 FIDIC 条件对业主作出了更多、更严格的约束,对承包人索赔赋予了更多的权利,并建立了可能更公正的 DAB 程序。不利于承包人原则既不符合逻辑,又违背公平原则,也与国际惯例相抵触。

但是初始事件原则和不利于承包人原则的最大优势,在于能够迅速对交叉时段内的索赔给予定量的判定。

(3)责任分摊原则

责任分摊原则(Principle of Responsibility Sharing)是指,当交叉时段的事件由业主、承包人分别承担责任时,按各干扰事件对干扰结果的影响分摊责任,并由干扰事件的责任方承担。

这种折中的处理，符合公平原则。它与前两种原则正相反，问题在于没有定量的概念，责任比例的确定即使是在理论上也是十分困难的。

(4)工期从宽、费用从严原则

施工合同实施的根本目的是建造并完成一个符合合同意图的工程，这一目标是双方的根本利益之所在，合同当事人在这一层面上的目标完全一致。追究违约责任、合理负担风险是实现这一目标的内在要求和外在表现，而不是目的。在追究过错责任或划分合同风险时，由于最大限度实现合同目标的需要，或由于工程所处特定地域人文背景的制约，当事人必然会按照“最终利益第一”的原则来灵活处理，比如放弃或减轻对对方过错的追究，主动承担部分甚至全部应由对方承担的责任或风险等。因此，这一原则的含义就是在对事件交叉时段内，对于工期索赔，只要存在业主责任或业主风险，即给予承包人工期补偿。而对于费用索赔正相反，只要在交叉时段内存在承包人责任或风险，则承包人的索赔均不成立。

工期从宽、费用从严的原则主要是为了保证合同最终目标的实现，体现了在合作中追求双赢的良性经济关系。因为一旦工期拖延已成为事实，在存在交叉干扰的情况下，不论采用哪一种原则，都无法挽回工期损失。而不予延期的结果，只能是使承包人在面临没收履约保函和承担误期损害赔偿金时，被迫在比原计划更短的时间内完成剩余工程，而这将影响到质量或安全，或者影响到承包人的情绪。不论哪种情形的出现，实际上最终都会影响到项目的顺利实施，从而影响业主的根本利益。

以上即为在多事件交叉条件下工期延误索赔的处理原则，需要说明的是，这四种观点的要害是彼此独立的，在同一案例的处理中，非此即彼。

例 按不同原则处理多事件交叉干扰工期索赔的对比

设某工程在实施中，其中一个关键工作从某月 1 日至 7 日出现了多事件交叉干扰。已知其中 1 日工地发生不可抗力并持续影响至 4 日；3 日至 5 日出现了承包人的施工机械故障引起的关键作业中断；4 日至 6 日出现了业主供料迟到；5 日至 7 日检验判定施工质量缺陷并予返工。如图 5-3 所示。

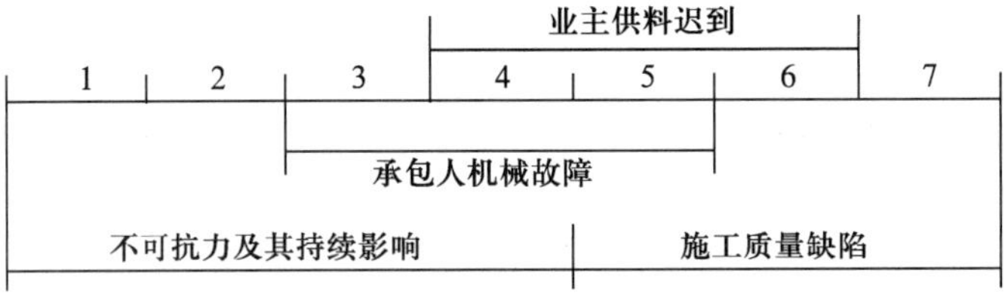

图 5-3 多事件工期延误

从给定条件可知，这里共有 2 个单一事件时段和 3 个多事件交叉时段，由于单一事件处理起来比较简单，因此我们只讨论 3 至 6 日的多事件交叉时段。其中，3 日不可抗力与承包人风险交叉；4 日不可抗力与承包人风险、业主责任交叉；5 日承包人风险、业主责任、承包人责任交叉;6日业主责任、承包人责任交叉。

(1)按照初始事件原则处理

3日、4日交叉时段内不可抗力发生在先,均按不可抗力处理,补偿工期2天;同理,5日按承包人风险处理,工期不予补偿;而6日按业主违约处理,补偿工期1天,如有费用损失,还应补偿费用。这样,4天的交叉时段内,承包人可索赔工期3天。

(2)按照不利于承包人原则处理

3日、4日时段内虽然存在不可抗力和业主责任,仍需按照承包人风险处理;5日、6日时段内,虽然业主违约在先,仍按承包人责任处理,不予补偿。这样,承包人在全部交叉时段内无权提出索赔。

(3)按照责任分摊原则处理

现假定交叉时段内各干扰事件的贡献相等,均摊责任。3日不可抗力与承包人风险交叉,补偿0.5天;4日不可抗力、承包人风险、业主责任交叉,补偿0.67天;5日承包人风险、业主责任、承包人责任交叉,补偿0.33天;6日双方责任各半,补偿0.5天,合计延期2天。

(4)按照工期从宽、费用从严原则处理

根据这一原则,交叉时段内始终存在业主责任或风险,故共可以延期4天。但同时,始终存在承包人风险或责任,故承包人不能提出费用方面的施工索赔。

5.4.3 工期索赔的计算方法

1. 网络分析法

网络分析法是通过分析索赔事件发生前后的网络计划,对比前后两种工期计算的结果计算出的索赔值。按照FIDIC合同规定,基于网络计划技术进行工期索赔分析提供了更为有效的方法,为工程师公平、公正地处理工期索赔提供了可靠、准确的依据,它的应用有利于有效地维护业主和承包人的合法权益。网络分析是一种科学、合理的计算方法,通常可适用于各种干扰事件引起的工期索赔,但对于大型、复杂的工程,手工计算比较困难,需借助计算机来完成。

(1)分析过程

已知某工程项目的进度计划如图5-4所示,总工期为149天。在实施过程中先后发生了以下事件:

①因业主不能及时供应材料,使E工作延误3天,G工作延误2天,H工作延误3天。

②因承包人施工机械故障使E工作延误2天,G工作延误2天。

③因设计变更,使F工作延误3天。

④因外部供电故障,使F工作延误1天,I工作延误1天。

上述四项延误发生的时间没有交叉。

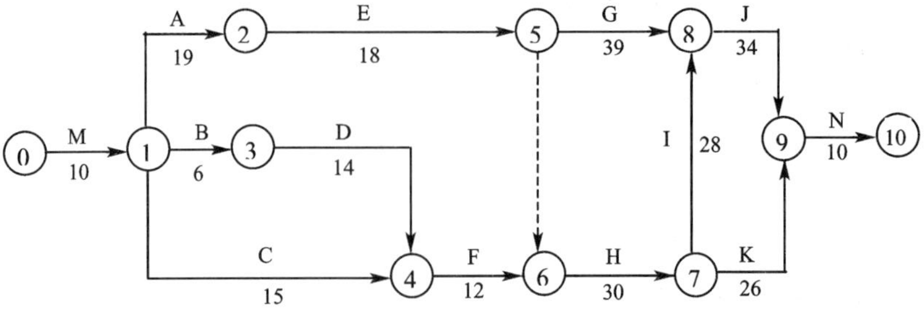

图 5-4　某项目分部工程网络计划图

通过网络分析，可以确定该项目的施工进度关键线路和各工序的时间参数，如图5-5所示。

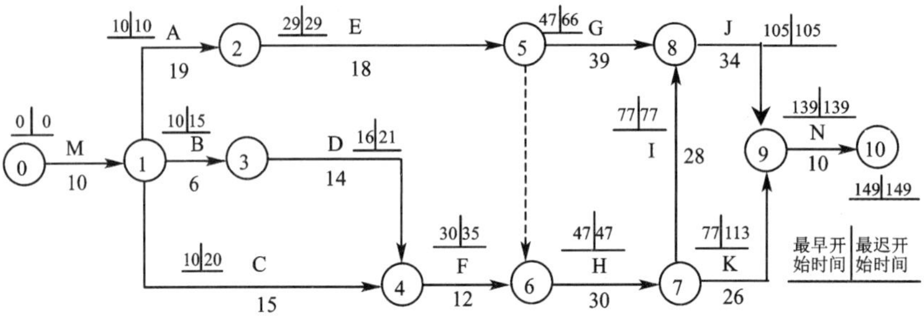

图 5-5　某项目网络时间参数计算图

该分部工程的计划工期为 149 天，关键工序为 M→A→E→H→I→J→N。将延误后新的持续时间代入原网络计划，即得到工程实际网络图，见图 5-6。

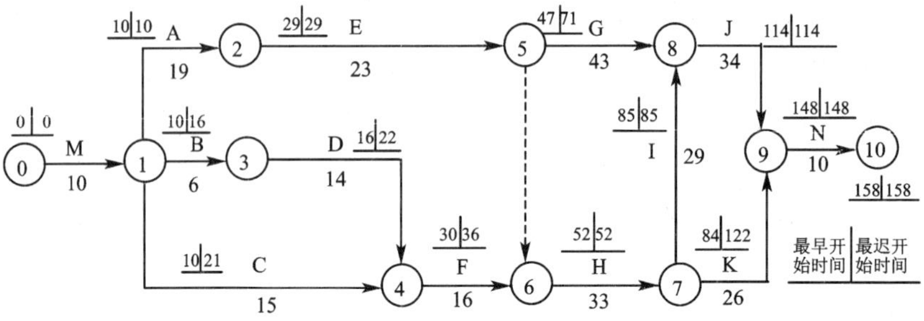

图 5-6　延误后的工期计划

从新的网络计划可以看出，总工期延长了 9 天，这其中因为 E 工作延误了 5 天，H 工作延误了 3 天，I 工作延误了 1 天，而其他几项延误由于不处于关键线路上，延误的时间也没有超过其总时差，因此，对总工期没有影响。

而在影响工期的几个事件中，其中事件 1、事件 3、事件 4 均属于甲方责任，故应该进行工期补偿，事件 2 为承包人自己的责任，得不到任何补偿。故在索赔时应扣除因承包人责任造成的延误，即 E 工作延误的 2 天，G 工作不在关键线路上，因此承包人可向业主要求 7(9－2)天的工期延长。

(2)网络分析中需要注意的问题

①实际工作中时差的使用。上面的分析仅为理论上的分析,在实际工程中必须考虑到工期延误事件发生前的实际施工状态。由于多数导致工期延误的事件都是在合同实施过程中发生的,有许多活动已经完成或已经开始。这些活动可能已经占用线路上的时差,使延误事件的实际影响远远大于上述理论分析的结果。

②在实际工程中,网络活动可能有几百个甚至上千个,在这种情况下,可能会出现工期延误事件比较多的情况,许多因素综合交织在一起,会使实际的网络计划和预计的网络计划大相径庭,使实际分析非常困难,这就需要有实际的工作经验。

2. 比例类推法

前述的网络分析方法是最科学,也是最合理的,但它需要的条件是必须有计算机的网络分析程序,否则分析和计算几乎是不可能的。

在实际工程中,若工期延误事件仅影响某些单项工程、单位工程或分部分项工程的工期,要分析它们对总工期的影响,可采用较简单的比例类推法。比例类推法可分为两种情况:

(1)按工程量进行比例类推

案例 某工程基础施工中,出现了不利的地质阻碍,业主指令承包人进行处理,土方工程量由原来的2760立方米增至3280立方米,原定工期为45天。因此承包人可提出工期索赔值为:

工期索赔值=原工期×额外或新增工程量/原工程量=

45×(3280−2760)/2760=8.48≈8.5

若上例中合同规定10%范围内的工程量增加为承包人应承担的风险,则工期索赔值为:

工期索赔值=[3280−2760×(1+10%)]×45/2760=4(天)

(2)按合同价所占比例类推

案例 某工程合同总价为380万元,总工期为15个月,现业主指令增加额外工程76万元,则承包人提出工期索赔为:

工期索赔值=原合同工期× 附加或新增工程量价值/原合同总价=

15×76/380=3个月

比例类推法的特点是计算简单、方便,不需作复杂的网络计划,易于被人们理解和接受,所以用得也比较多。但其缺点是不尽科学、合理,有时常常不符合工程实际情况,因为我们从网络分析可以看出,关键线路活动的任何延长,即为总工期的延长,而非关键线路活动的延长常常对总工期没有影响,所以不能统一以比例进行折算。而且这种方法对有些情况不适用,比如业主变更施工次序、业主指令采取加速措施、业主指令删减工程量等,如果仍用这种方法,甚至会得出错误的结果,在实际工作中应予以注意,正确掌握其适用范围。

3. 直接法

有时工期延误事件直接发生在关键线路上或一次性地发生在一个项目上，造成总工期的延误。这时可通过查看施工日志、变更指令等资料，直接将这些资料中记载的延误时间作为工期索赔值。

案例 某高层住宅楼工程，开工初期，由于业主提供的地下管网坐标资料不准确，于是经双方协商，由承包人经过多次重新测算得出准确资料，花费5周时间。在此期间，整个工程几乎陷于停工状态，于是承包人直接向业主提出5周的工期索赔。

4. 其他方法

在实际工程中，工期的补偿天数的确定方法可以是多样的，例如在工期延误事件发生前由双方商讨，在变更协议或其他附加协议中直接确定补偿天数，或按实际工期延长记录确定补偿天数等。

5.5 费用索赔

5.5.1 费用索赔的含义

1. 费用索赔的含义

费用索赔是指承包人向业主要求补偿不应该由承包人自己承担的经济损失或额外开支，费用索赔是工程索赔的核心。索赔费用不应被视为承包人的意外收入，也不应被视为业主的不必要开支。实际上，索赔费用的存在是由于建立合同时还无法确定的某些应由业主承担的风险因素导致的结果。承包人的投标报价中一般不考虑应由业主承担的风险对报价的影响，因此一旦这类风险发生并影响承包人的工程成本时，承包人提出费用索赔是一种正常现象和合情合理的行为。

2. 费用索赔产生的原因

引起费用索赔的原因是由于合同环境发生变化使承包人遭受了额外的经济损失。归纳起来，费用索赔产生的常见原因主要有：

(1)施工现场条件变化引起的费用索赔

施工现场条件变化的含义是：在施工过程中，承包人“遇到了一个有经验的承包人不可能预见到的不利的自然条件或障碍”，因而承包人为完成合同要花费计划外的额外开支，按照国际工程惯例，应得到业主方面的补偿。在索赔实践中，“有经验的承包人”的界定常常出现分歧，业主总是试图将现场条件的变化界定为承包人应该知晓的，所发生的费用已包含在承包人的投标报价中，从而拒绝承包人的索赔。

施工现场条件变化主要是指施工现场的地下条件的变化，它们给项目的实施带来了严重灾难。这些地基或现场条件，同招标文件中的描述差别很大，或在招标文件中根本没有提到，承包人在现场考察也不可能预见到这些现场不利条件。在国际工程承包施工中，常常把施工现场条件的变化分为两类：

第一类现场条件的变化是指招标文件描述现场条件失误，即在招标文件中对施工现场存在的不利条件虽然已提出，但严重失实，或其位置差异较大，或其严重程度差异较大，从而使承包人误入歧途。比如在开挖现场挖出的砾石或岩石位置的高程与招标文件中所述的差别很大，设计指定的取土场或采石场开采的土石料不能满足强度需要，实际遇到的地下水位位置等与招标文件中的数据相差悬殊等等。这一类现场条件的变化会导致工程量的变化和承包人费用的增加，承包人可以据此向业主提出索赔。

第二类现场条件的变化是指在招标文件中根本没有提到，是完全出乎意料的不利现场条件。这类不利的现场条件是承包人和业主都难以预见的，比如在开挖基础时发现了古代建筑遗迹文物与化石，遇到了高度腐蚀性的地下水或有毒气体，给承包人的施工人员或设备造成意外伤害等等。这类现场条件的变化是属于业主应该承担的风险，承包人可以提出工期和费用索赔。

例 某高速公路一标段工程，施工难度大、地质条件复杂、质量要求高。承包人与业主合同规定土方比例按土：软石：坚石＝2：2：6 计价；其中土每方 4.80 元，软石每方 13.50 元，坚石每方 18.50 元，则每方单价平均数为：

20％×4.80 元＋20％×13.50 元＋60％×18.50 元＝14.76 元

而实际在开挖过程中，土：软石：坚石＝1：2：7，坚石的比例较高，造成承包人的费用增加。承包人向业主提出费用索赔，并递交给工程师和业主。

工程师提出处理意见：原设计与实际情况有出入，经业主、勘察设计部门、承包人等实际勘测协商，同意实际调整为土：软石：坚石＝1：2：7，平均单价为：

10％×4.80 元＋20％×13.50 元＋70％×18.50 元＝16.13 元

业主最终同意了承包人的索赔要求。

(2)工程范围变更引起的费用索赔

工程范围变更是指业主和工程师指令承包人完成某项工作，而承包人以为该工作超出了原合同的工作范围，或超出了投标时估计的施工条件，因而要求补偿其附加开支，即新增开支。

根据 FIDIC 合同的变更定义，变更的含义非常广泛，这种变更主要表现在两个方面：合同方面的变更和狭义的工程变更。前者指对原合同条件的修改和补充协议，包括：增加工作范围外的任务，改变合同工期，改变合同规定的程序和方法，改变合同某一方面原承诺提供的条件或改变合同双方责任、权利和义务的规定。狭义的工程变更则指合同范围以内的修改与补充，对全部工程项目或部分工程项目其中的任何一种进行变更，包括：工程量的增减，工程任务的增减，改变质量标准或类型，改变某部分工程的位置、高程、基线和尺寸，增加附加工程，改变施工工序或工作时间。

在工程范围变更索赔中，应区分附加工程和额外工程，它们在工程索赔中有不同的处理方法。附加工程可以根据承包人在投标时相应工作的报价，直接计算索赔额；额外工程则需要双方重新协商单价。

(3)业主原因引起的工程延误的费用索赔

业主因为未按规定时间向承包人提供施工现场或道路、未按时提供设计图纸等情况导致工程延期,从而使承包人为完成合同花费了更长的时间和更大的开支。在这种情况下,承包人有权向业主提出费用索赔和工期索赔。业主原因引起的工程延误常见的有下列情形:

①业主拖延交付合格的施工现场;

②业主拖延交付图纸;

③业主或工程师拖延审批图纸、施工方案、计划等;

④业主拖延支付预付款或工程款;

⑤业主指定的分包商委约或延误;

⑥业主未能及时提供合同规定的材料或设备;

⑦业主拖延关键线路上的工序的验收时间,造成承包人下道工序延误;

⑧业主或工程师指令错误,打乱了承包人的施工计划;

⑨业主提供的设计数据或工程数据延误;

⑩业主原因暂停施工导致延误;

⑪业主设计变更或要求修改图纸,导致工程量增加;

⑫业主对工程量质量要求超出原合同的规定;

⑬业主要求增加额外工程;

⑭业主的其他变更指令导致工期延长。

(4)加速施工导致的费用赔偿

由非承包人原因导致工程延期时,业主只有两种选择,或者给承包人延长工期,容许整个工程项目的竣工日期相应地拖后;或者要求承包人采取加速施工的措施,宁可增加工程成本,也要按计划工期建成投产。

业主在决定采取加速施工时,向承包人发出书面的加速施工指令,并对承包人拟采取的加速施工措施进行审核批准,同时明确加速施工费用的支付问题。承包人根据加速施工指令,分析其成本开支,向业主提出书面的索赔文件,这就是加速施工导致的费用索赔。

承包人在采取加速施工措施时,要增加相关资源的投入量,使原来的工程成本大量增加,形成了附加成本开支。这些附加开支主要包括以下几个方面:

①采购或租赁原施工组织设计中没有考虑的新的施工机械和相关设备;

②增加施工的工人数量,或采取加班施工;

③增加建筑材料供应量,生活物资供应量;

④采用奖励制度,提高劳动生产率;

⑤工地管理费增加。

由于加速施工导致工程成本大量增加,承包人在采取加速施工措施以前,一定要取得业主和咨询工程师的书面认可。在施工拖期责任归属不明的情况下,未经业主书面认可,承包人采取加速施工措施,会为将来的加速施工索赔埋下隐患。

5.5.2 费用索赔计算的基本原则

在承包工程中，各种不同的干扰事件对工程成本和费用的影响和定量分析计算是极为困难和复杂的，目前还没有统一认可的、通用的计算方法。但是，不论采用什么样的方法进行计算，必须要符合以下几个大家所公认的基本原则：

1. 实际损失原则

费用索赔都必须以赔偿实际损失为原则。所谓实际损失，是指干扰事件对承包人工程成本和费用的实际影响，这个实际损失应该包括直接损失和间接损失两个方面。直接损失通常表现为承包人成本的增加和实际费用的超支，间接损失是指承包人可能获得利益的减少，比如业主拖欠工程款，使承包人失去存款利息的收入。

另外，这些干扰事件造成的损失都应有具体的证据，包括费用支出的账单、工资表、现场用工用料用机的证明、工程成本核算资料等等。如果在索赔报告中没有证据，承包人的索赔要求是很难成立的。

在实际工程中，许多承包人常常以自己的实际生产值、实际生产效率、工资水平和费用开支水平计算索赔值，这样做常常会过高地计算索赔值，从而使索赔报告被对方否定。在索赔计算中必须要扣除承包人自己责任造成的损失，即由承包人自己管理不善、组织失误等原因造成的损失由承包人自己负责。

2. 合同原则

合同原则是指费用索赔的计算方法必须符合合同的规定，具体包括：

(1)符合合同规定的赔偿条件，扣除承包人应承担的风险。在任何工程承包合同中都有承包人应承担的风险条款。对风险范围内的损失由承包人自己承担。

(2)符合合同规定的计算基础。合同是索赔计算的依据，合同中的人工费单价、材料费单价、机械费单价、各种费用的取值标准和各分部分项工程合同单价都是索赔值的计算基础，在索赔计算中，必须以此为依据。

3. 合理性原则

合理性原则包括两个方面：

(1)符合规定的或通用的会计核算原则。索赔值的计算是在成本计划和成本核算基础上，通过计划和实际成本对比进行的。实际成本的核算必须与计划成本的核算有一致性，而且符合通用的会计核算原则。例如采用正确的成本项目的划分方法、各成本项目的核算方法、工地管理费和总部管理费的分摊方法。

(2)符合工程惯例。即采用能为业主、调解人、仲裁人认可的，在工程中常用的计算方法。

4. 有利原则

如果选用不利的计算方法，会使索赔值计算过低，使自己的实际损失得不到应有的补偿或失去可能获得的利益。对于重大的索赔，在最后的解决中，承包人常常必须作出让步，在原索赔值上打折扣，因此在索赔计算中必须要留有余地，索赔要求应大于实际损失值，最终这样解决才会有利于承包人。

5.5.3 费用索赔的计算方法

1. 总费用法

总费用法又称总成本法，是指在索赔事件发生后，计算出该项索赔事件的实际总费用，再从这个实际总费用中减去投标报价时的估算费用，得出要求补偿的索赔款额。具体公式为：

索赔款额＝实际总费用－投标报价估算总费用

总费用法是一种简单的计算方法，但通常用得比较少，且不容易被对方、调解人和仲裁人认可，在采用总费用法时，应注意以下几点：

(1)由于该项索赔在施工时，通常是多个索赔事件混杂在一起，导致难以准确地进行分项记录和收集资料、证据，不容易分项计算出具体的损失费用，只得采用总费用法进行索赔。

(2)承包人的投标报价是合理的，反映实际情况。如果报价计算不合理，则按这种方法计算的索赔值也不合理。

(3)承包人必须能够提供证据证明费用损失的责任完全在于业主或其他人，承包人在工程中没有任何过失，而且没有发生承包人风险范围内的损失。

2. 修正总费用法

修正总费用法在原则上同总费用法一样，只是对总费用法进行了相应的修改和调整，即在总费用计算的原则上，除掉一些不合理因素，使其更合理。修正的内容如下：

(1)将计算索赔的时段局限于受到外界影响的时间，而不是整个工期。

(2)只计算受影响时段内的某项工作所受影响的损失，而不是计算该时段内所有施工工作所受的损失。

(3)与该项工作无关的费用不列入总费用中。

(4)对投标报价费用进行核算，按受影响时段内该项工作的实际单价进行核算，乘以实际完成的该项工作的工程量，得出调整后的报价费用。

3. 分项法

分项法是按照每个索赔事件所引起的损失的费用项目分别计算索赔值的一种方法。该方法是在明确责任的前提下，将需索赔的费用分项列出，并提供相应的工程记录、收据、发票等证据资料，这样可以在较短的时间内给以分析、核实、确定索赔费用，顺利解决索赔。

分项法的计算比总费用法复杂，处理起来困难，但是它能够反映实际情况，比较合理、科学，它为索赔报告的进一步分析评价、审核，划分双方责任和最终解决索赔提供了方便。所以在实际工程中，费用索赔的计算通常都是采用分项法来处理的，它的应用面比较广，在逻辑上也易于为人们所接受。

分项法计算索赔值通常分为以下几步：

(1)分析每个或每类索赔事件所影响的费用项目，不得有遗漏。这些费用项目通常应该与合同报价中的费用项目一致。

(2)计算每个费用项目受索赔事件影响后的数值,通过与合同价中的费用值进行比较即可得到该项费用的索赔值。

(3)将各费用项目的计算值列表汇总,得到总费用的索赔值。

用分项法进行计算,重要的是不能遗漏。分项法的索赔费用主要包括该项工程施工过程中所发生的额外人工费、材料费、机械使用费、管理费以及应得利润。许多承包人提交索赔报告时常常仅考虑人、材、机的费用,而忽略其他费用。

4. 合理价值法

合理价值法是根据公正调整理论要求得到合理的经济补偿。根据公正调整理论,当施工合同条款没有明确的规定时,承包人有权根据自己已经完成的工程量取得合理的经济补偿。对于合同范围以外的额外工程,或施工条件完全变化了的施工项目,承包人有权取得经济补偿,得到合理的索赔款额。

5. 审判裁定法

审判裁定法是解决索赔争端、确定索赔款额的一条法律途径。它通过法庭审判,研究承包人的索赔资料和证据,并听取业主一方的申辩,最后确定一个索赔款额,以法庭裁决的形式使承包人得到相应的经济补偿。

审判裁定法是在上述的索赔计算方法均未能解决索赔争端时使用的方法。

以上即为计算费用索赔时经常采用的几种方法,计算方法的选择对最终索赔金额影响很大,估算方法选用不合理容易被驳回,这就要求索赔人员具有丰富的工程估价经验和索赔经验。

对于具体的索赔事件的费用计算,在实际应用时,计算方法是千差万别的。但一般来说都是先计算与索赔事件有关的直接费,然后在此基础上计算应分摊的管理费、利润等,基本上与工程项目的报价计算相似。

5.5.4　基本索赔费用的计算方法

承包人在进行费用索赔时,基本的索赔费用主要包括:人工费、材料费、施工机械使用费、分包费等直接费。

1. 人工费

人工费是可索赔费用中的重要组成部分,承包人可以在以下几种情况下,提出人工费的索赔:

(1)因业主增加额外工程,或因业主或工程师原因造成工程延误,导致承包人人工单价的上涨和工作时间的延长。

(2)工程所在国法律、法规、政策等变化而导致承包人人工费用方面的额外增加,如提高当地雇佣工人的工资标准、福利待遇或增加保险费用等。

(3)若由于业主或工程师原因造成的延误或对工程的不合理干扰打乱了承包人的施工计划,致使承包人劳动生产率降低,导致人工工时增加的损失,承包人有权向业主提出对生产率降低造成损失的索赔。

在计算人工费索赔时，人工费可根据不同的起因按照下述公式分别进行计算：

(1)加班费人工单价＝人工单价×加班系数

(2)额外工作所需人工费单价＝合同中的人工单价或计日工单价或重新议定之单价

(3)劳动效率降低的费用索赔额＝(该项工作实际支出工时－该项工作计划工时)×人工单价

2. 材料费

材料费在工程造价中占据较大比重，也是重要的可索赔费用。在以下几种情况下，承包人可提出材料费的索赔：

(1)由于业主或工程师要求追加额外工作、变更工作性质、改变施工方法等，造成承包人的材料耗用量增加，包括使用数量的增加和材料品种或种类的改变。

(2)在工程变更或业主延误时，可能会造成承包人材料库存时间延长、材料采购滞后或采用代用材料等，从而引起材料单位成本的增加。

材料费索赔主要包括材料耗用量增加和材料单位成本上涨两个方面。其计算方法为：

材料用量增加费＝(实际用料量－计划用料量)×材料单价

材料单价上涨费用＝(现行价格－基本价格)×材料量

增加的材料运输、采购、保管费用＝实际费用－报价费用

其中，基本价格是指在递交投标书截止日期前，该种材料的价格。

3. 施工机械使用费

施工机械使用费索赔包括由于完成额外工作增加的机械使用费；因非施工单位责任的工效降低而增加的机械使用费；由于建设单位或监理工程师原因导致机械停工的窝工费。

施工机械使用费索赔时要注意自有机械和租赁机械的区别，两者计算使用费的方法是不一样的。施工机械费索赔可采用如下公式：

机械闲置费＝机械折旧费×闲置时间

增加的租赁机械使用费＝机械租赁价格×持续工作时间

机械作业效率降低费＝机械作业发生的实际费用－投标报价的计划费用

4. 分包费

因业主或工程师原因造成分包商的额外损失，分包商首先应向承包人提出索赔要求和索赔报告，然后以承包人的名义向业主提出分包工程增加费及相应管理费用索赔。分包费索赔应包括两个部分，即分包工程增加费用和分包工程增加费用相应的管理费。

5.5.5 管理费和利润索赔的计算方法

企业管理费是指为整个企业的经营活动提供支持和服务所发生的管理费，属于工程成本的组成部分。它是一种相对固定的费用，是一种与施工时间相关的固定成本。在合

同工程延误期间，施工企业将失去从其他工程项目获得补偿的机会，致使部分企业管理费由于直接成本总数的减少而无法摊销，造成了企业管理费的损失。

在确定索赔事件的直接费用以后，还应提出应分摊的管理费。管理费属于工程成本的组成部分，包括现场管理费和企业总部管理费。

1. 现场管理费

现场管理费是某单个合同发生的、用于现场管理的总费用，一般包括现场管理人员的费用、办公费、差旅费、固定资产使用费、工具用具使用费、保险费等。它一般约占工程总成本的 5%～10%。现场管理费的索赔计算方法一般有两种情况：

(1)直接成本的现场管理费索赔

对于发生直接成本的索赔事件，其现场管理费索赔额一般可按该索赔事件直接费乘以现场管理费费率，而现场管理费费率等于合同工程的现场管理费总额除以该合同工程直接成本总额。

(2)工程延期的现场管理费索赔

如果某项工程延误索赔不涉及直接费的增加，或由于工期延误时间较长，按直接成本的现场管理费索赔方法计算的金额不足以补偿工期延误所造成的实际现场管理费支出，则可用 Hudson 公式计算。

①Hudson 公式

工期延误工地管理费索赔 =(合同中包括的工地管理费/合同工期)×延误期限

在实际工程中，由于索赔事件的干扰，有时承包人现场没有完全停工，而是在一种低效率和混乱状态下施工，这种情况下，使用 Hudson 公式时应扣除这个阶段已完工作量应占的工期份额。

Hudson 公式由于计算简单方便，所以在不少工程案例中使用，但它不符合赔偿实际损失原则。它是以承包人应完成计划工作量的开支为前提的，而实际在停工状态下，承包人的实际工地管理费开支会减少。因此，按此公式计算赔偿费用往往过高，在实际应用中应考虑打一个适当的折扣。对于大型的或特大型的工程，按 Hudson 公式计算误差会很大，争执也会很多，这时可采用实际处理的方法。

②实际处理

实际处理是指按工地管理费的分项报价和实际开支分别计算。即按照施工现场停滞时间内实际现场管理人员开支及附加费，属于工地管理费的临时设施、福利设施的折旧、营运费用，日常管理费的开支等逐一列项计算，求和，再扣除这一阶段已完工程中的工地管理费份额。这种计算方法虽然比较精确，但实际计算和审核起来却比较困难，因此通常只有在大工程中用得比较多。

2. 企业总部管理费

企业总部管理费是承包人企业总部发生的、为整个企业的经营运作提供支持和服务所发生的管理费用，一般包括总部管理人员费用、企业经营活动费用、差旅交通费、办公费、固定资产折旧、修理费、职工教育培训费用、保险费、税金等。它一般约占企业总营业额的 3%～10%。对于索赔事件来讲，由于它以总部实际管理费开支为基础，所以其证实和计算都很困难，而且总部管理费金额较大，常常会引起双方的争议，因此分摊方法的选择甚为重要。通常有两种计算方法：

(1)总直接费分摊法

总部管理费一般首先在承包人的所有合同工程之间分摊，然后再在每一个合同工程的各个具体项目之间分摊。其分摊系数的确定与现场管理费类似，即可以将总部管理费总额除以承包人企业全部工程的直接成本(或合同价)之和，据此比例即可确定每项直接费索赔中应包括的总部管理费。

总直接费分摊法是将工程直接费作为比较基础来分摊总部管理费。它简单易行，说服力强，运用面较宽。其计算公式为：

$$\text{单位直接费的总部管理费率}=\frac{\text{总部管理费总额}}{\text{合同期承包人完成的总直接费}}\times 100\%$$

$$\text{总部管理费索赔额}=\text{单位直接费的总部管理费率}\times\text{争议合同直接费}$$

总直接费分摊法的局限之处是，如果承包人所承包的各工程的主要费用比例变化太大，误差就会很大。如有的工程材料费、机械费比重大，直接费高，分摊到的管理费就多，反之亦然。此外，如果合同发生延期且无替补工程，则延误期内工程直接费较小，分摊的总部管理费和索赔额都较小，承包人会因此而蒙受经济损失。

(2)日费率分摊法

日费率分摊法，又称 Eichleay，得名于 Eichleay 公司一桩成功的索赔案例。其基本思路是按合同额分配总部管理费，再用日费率法计算应分摊的总部管理费索赔值。这种方法通常适用于因等待变更或等待图纸、材料等造成工程中断，或业主(工程师)指令暂停工程，而承包人又无其他可替代工程的情况。其计算公式为：

$$\text{争议合同应分摊的总部管理费}=\frac{\text{争议合同额}}{\text{合同期承包商完成的合同金额}}\times\text{同期总部管理费总额}$$

$$\text{日总部管理费率}=\text{争议合同应分摊的总部管理费}/\text{合同履行天数}$$

$$\text{总部管理费索赔额}=\text{日总部管理费率}\times\text{合同延误天数}$$

例 某承包人承包某工程，合同价为 500 万元，合同工期为 720 天，该合同实施过程中因业主原因拖延了 80 天。在这 720 天中，承包人承包其他工程的合同总额为 1500 万元，总部管理费总额为 150 万元。则

$$\text{争议合同应分摊的总部管理费}=500/(500+1500)\times 150=37.5\text{ 万元}$$

$$\text{日总部管理费率}=37.5\text{ 万元}/720\text{ 天}=520.8\text{ 元/天}$$

$$\text{总部管理费索赔额}=520.8\times 80=41664\text{ 元}$$

该方法的优点是简单、实用，易于被人理解，在实际运用中也得到了一定程度的认可。存在的主要问题有：一是总部管理费按合同额分摊，这不容易被人们接受，因为通常会计核算按工程实际直接费总成本或人工费分摊管理费；二是“合同履行天数”中包括“合同延

误天数”，降低了日总部管理费率及承包人的总部管理费索赔值。

总之，总部管理费的分摊标准是灵活的，分摊方法的选用要能反映实际情况，既要合理，又要有利。

3. 利润

利润是管理者按投标策略和企业经营战略确定的一个系数。在以下几种情况下，承包人一般可以提出利润索赔：

(1)因设计变更等引起的工程量增加；

(2)施工条件变化导致的索赔；

(3)施工范围变更导致的索赔；

(4)合同延期导致机会利润损失；

(5)合同终止带来预期利润损失等。

5.6　索赔争端的解决

承包人提出索赔后，要将索赔报告提交业主委托的工程师，经工程师审核后再交业主审核。如果业主和工程师认可，则表示索赔成功。而在实际工程中，直接地、全部地认可索赔要求的情况是比较少的，绝大多数索赔都会导致争执，尤其是在索赔额比较大的时候。

工程索赔纠纷的解决途径主要有两种：一种是通过协商解决，可以双方商讨解决，也可以请他人调解，这完全由合同双方决定；一种是通过仲裁和诉讼解决。但是仲裁和诉讼要花费大量的人力和物力，而且仲裁的过程也日渐复杂，因此，双方都应尽量通过协商的方式解决。详细内容见第4章。

思考题

1. 没有造成实际经济损失是否可以索赔?

2. 我国的合同体系和国际合同体系为什么都对索赔规定了时效期限?

3. 分析索赔对于施工合同全面履行和公正履行的作用。

4. 分析索赔程序中需要把握的关键节点。

5. 在使用网络计划确定工期索赔值时，一般情况下承包人就按因索赔事件的发生致使关键线路上的某关键工作的持续时间延长值来作为工期索赔值。请根据网络计划技术的工期调整原理说明工程师是否就会认可申请值? 如有特例，请示之。

6. 由于非承包人原因，造成工程暂时停工，使得承包人产生了窝工损失，请举例说明费用索赔项目是否包括利润? 并说明理由。

7. 如果承包人的索赔要求未获业主批准，由此产生争议，请根据我国《建设工程施工合同示范文本》给出解决争议的途径。

第 6 章 国际工程合同管理

学习要点 本章主要介绍国际工程合同与典型的合同条件。通过学习，了解国际工程合同的特点，熟悉 FIDIC 合同文件体系及主要使用条件；掌握 FIDIC 施工合同条件的主要条款和管理要点；了解 ICE 工程施工合同(NEC)的特点，熟悉合同关系，掌握合同选项策略。

6.1 国际工程合同

6.1.1 国际工程合同的含义

国际工程合同是指一国的当事人为取得酬金，以自己的人力、物力和技术，在他国境内承包兴建该国政府或业主投资兴建的工程项目或为其提供咨询和管理服务所签订的协议。在构成此合同的三大要素中，总有一个或两个要素发生在国外、境外，因此它属于涉外工程合同。按照国际工程的业务划分，国际工程合同分为国际工程咨询合同和国际工程承包合同。为了能使从事国际工程业务的公司更好地开展业务，避免因合同条款发生争执或产生歧义以致在合同履行中产生纠纷，按国际惯例，一般当事人双方协议采用国际上比较通用的且规范和全面严谨的标准合同条件供其使用。这就是国际工程合同条件。

6.1.2 国际工程承包合同的种类

国际工程承包合同从不同的角度，依据不同的标准，可以有多种分类方式，通常的分类如下：

(1)根据承包内容的不同，可以分为工程设计承包合同、工程施工承包合同和总体承包合同等。

工程设计承包合同是某工程项目的业主与设计咨询公司或咨询人之间为该项目的设计而签订的承包合同。承包的内容包括承包人为业主提供设计方案和施工图纸，以及在施工阶段提供设计监理(相当于我国的设计代表工作)。

对某项工程的施工进行承包而签订的合同称为工程施工承包合同,承包的内容是承包人负责按发包人提供的图纸要求完成项目的施工任务。

对工程设计和施工同时进行承包而签订的合同叫做总体承包合同(All-in Contract)。它又可分为统包合同或"交钥匙"合同(Turnkey Contract)、半统包合同(Semi-Turnkey Contract)、产品到手承包合同(Product in Hand Contract)和分项承包合同(Separate Contract)。其中,统包合同是指由承包人与发包人之间直接签订某项工程的全部任务的协议,包括从方案的选择、规划、勘察、可行性研究、设计材料供应、施工和安装到操作人员培训、试车投产等,直到产品质量、数量及原材料消耗达到设计要求后,再移交给发包人的合同;半统包合同是指由一个承包人统包一个工程项目的全部技术和建设工作,直到该工程项目符合合同规定的各项指标和效率,但不必对产品的质量、数量、原材料消耗标准负责的合同,又称"半交钥匙合同";产品到手承包合同是指承包人不仅必须履行从勘察、设计施工交付使用的各项建设任务,而且还必须承担在工程使用后一定时间内的技术指导、设备维修和技术培训等任务,并保证能按照合同规定的各项指标生产出合格产品的合同;分项承包合同是指发包方将一项总的工程分为若干部分,每个部分包含一个或几个子工程项目,分别与若干承包人签订的合同,各承包人只对自己所承担的项目负责,而整个工程项目由发包人负责协调组织。

此外,还有阶段发包方式(Phased Construction Method)合同,也称为CM方式(Construction Management Approach)合同;建造-运营-转让(Build-Operate-Transfer,BOT)模式合同。BOT合同模式的合同主体为:①东道国政府(Host Government)/部委(Ministry)/公营部门机构(Public Sector Agency),为项目的建议、立项和最终所有者。②特许或私营项目公司,为项目的承办、融资、运行者,在项目经营期内拥有特许权,可以自行经营,也可以出租。一般由承包商、设备供应商及维修和经营项目的公司所组成的联合体。保险公司、国际金融机构、某些基金会或东道主政府都可能成为其股东。③施工联合集团(Construction Consortium),是交钥匙项目的固定总价合同的承包商,负责设计、建造、设备采购、安装和调试等项工作。这种方式多用于国家的大型的基础设施建设,如道路、桥梁、交通隧道、供水、排污、废物处理、港口、电站、电信和一些工业项目。

(2)依据计价和支付方式的不同,可分为总价合同、单价合同和成本加酬金合同。

总价合同(Lump-sum Contracts)是指承包人同意按照当事人双方在合同中确定的总价,负责完成合同规定的全部工程任务的合同,是最通用的一种合同形式。适用于业主已有详细的设计,预先能比较准确地估计出工程的总造价,并以此总合同价发包给承包商,通常是通过投标竞争来确定合同总价。它又分为固定总价合同(Fixed Price Contract)和可调整的或浮动的总价合同(Adjustable Price Contract)两种。固定总价合同的特点是其价格不随外部条件的变化而变动,承包商不得以此变动向业主要求补偿。这种合同形式对承包商来说风险较大。可调整的总价合同的特点是双方在合同中约定,当某种因素使价格的变化超过一定范围时,可以调整合同价。风险由承包商和业主按比例分担。

单价合同(Unit Price Contract),又称按量计价合同(Admeasurement Contract),是

总价合同的一种变形。它是根据承包商自己在投标时或其他方式拟定的单价和价格，按照已完成的工程量进行结算的一种计价合同。其特点是量变价不变。一般又分为工程量表合同和单价表合同。前者是招标文件中列有工程量清单，由承包商报价确定单价，执行中单价不能变，而工程量可按实结算。FIDIC《施工合同条件》即属于此种合同形式。但该合同条件又规定在某项目实际完成的工程量超出或少于工程量表中规定的工程量的10%以上时，可以对该项目的单价进行调整。而后者是只列出工程项目名称，但无工程量，只载明承包商要对各给出项目报出单价，最后按实际完成的工程量，乘以所报单价计算合同价格，又称之为纯单价合同(Straight Unit Price Contract)。这种合同形式适用于没有详细图纸就进行招标的情况。单价合同对承包商来说没有工程量风险，但有单价风险。

成本加酬金合同(Cost Plus Fee Contract)是指承包商为完成工程项目和合同中规定的其他任务所实际发生的成本再加上业主向承包商支付的一笔酬金和应得的利润而确定的合同价格的一种合同形式。此种合同又分为成本加百分率酬金合同，成本加固定数目酬金合同，成本加奖金合同以及最高限额成本加固定酬金合同。这种合同的特点是成本费实报实销，对承包商来说承担的风险是最小的。一般适用于特殊工程项目(如军事或国防项目)的承包。

(3)依据发包人的身份不同，可以分为主包合同和分包合同。

主包合同(Main Contract)是由发包人(业主)同承包人(商)直接签订的合同，双方之间存在着直接的权利和义务关系；分包合同(Sub-Contract)是主包合同的承包人(即主承包人)将自己所承包的工程项目中的一部分分包给其他承包人(即分承包人)而签订的合同。

(4)其他分类。如单独承包合同和联合体承包合同；工程承包合同和机电设备制造安装合同以及劳务合同等。

6.1.3 国际工程合同条件简介

国际工程合同条件是一种供国际工程参与者选择使用的标准格式合同文本。使用标准格式的合同条款有明显的优点：有利于平衡各方之间的权利和义务关系，尤其能公平地在合同各方之间分配风险和责任。大多数情况下，由于权利和义务关系明确，则避免了履约程度低下，成本增加，以及由于施工合同各方彼此之间缺乏应有的信任而引起的争端。

使用标准合同条件不仅有利于顺利地完成合同，而且很有可能使标价有所降低，这是因为投标者熟悉合同规定的适用条件。由于投标者熟悉合同条件，所以他们的估价也将是准确的，而不必过多地考虑资金的额外备用问题。同时，标准合同条件有利于合同管理人员的工作，这将提高合同管理人员的工作效率和业务水平。

目前，国际工程上常用的合同条件主要有：国际咨询工程师联合会(FIDIC)编制的各类合同条件；英国土木工程师学会的“ICE 土木工程施工合同条件”，英国皇家建筑师学会的“RIBA/JCT 合同条件”；美国建筑师学会的“AIA 合同条件”，美国承包商总会的“AGC

合同条件”，美国工程师合同文件联合会的“EJCDC合同条件”，美国联邦政府发布的“SF-23A合同条件”等。其中以FIDIC“土木工程施工合同条件”、“ICE土木工程施工合同条件”和“AIA合同条件”最为流行。

大部分国际通用的施工合同条件由“通用条件”和“专用条件”两部分组成。通用条件是指对某一类工程都适用，如FIDIC《施工合同条件》对各类土木工程如房屋建筑、工业厂房、公路、桥梁、水利、港口、铁路、机场等均适用；专用条件则是针对一个具体的工程项目，根据项目所在国和地区的法律法规的不同，根据工程项目的特点和业主对工程建设的不同要求，而将通用条件进行具体化和修改、补充。

1. FIDIC合同条件

FIDIC是国际咨询工程师联合会（FEDERATION INTERNATIONALE DES INGENIEURS CONSEILS）的法文名称的缩写，它是各国咨询工程师协会的国际联合会。FIDIC合同条件是一个系列合同条件。其中最常用的有五个合同条件，即：《土木工程施工合同条件》（简称红皮书），《业主/咨询工程师标准服务协议书》（简称白皮书），《电气与机械工程合同条件》（简称黄皮书），《设计-建造和交钥匙工程合同条件》（简称桔皮书）和《土木工程分包合同条件》（简称赭皮书）。1999年FIDIC在原合同条件的基础上进行修改，又出版了最新的《施工合同条件》（简称新红皮书）、《永久设备和设计-建造合同条件》（简称新黄皮书）、《EPC交钥匙项目合同条件》（简称银皮书）及《合同简短格式》（简称绿皮书）四个合同条件文本。

2. ICE合同条件

ICE是英国土木工程师学会（The Institution of Civil Engineers）英文名称的缩写。它是设在英国的国际性组织，是根据英国法律具有注册资格的教育、学术研究与资质评定的团体。ICE在土木工程合同方面具有很高的权威性，它编制的土木工程合同条件在土木工程界具有广泛的应用。ICE属于固定单价合同格式。同FIDIC合同条件一样，ICE合同条件是以实际完成的工程量和投标文件中的单价来控制工程项目的总造价的。ICE也为设计-建造模式制定了专门的合同条件。同ICE合同条件配套使用的还有《ICE分包合同标准格式》，用于承包商与分包商签订分包合同时使用。

3. AIA合同条件

AIA是美国建筑师学会（The American Institute of Architects）英文名称的缩写。AIA在美国建筑界及国际工程界具有较高的威信。AIA出版的系列合同文件在美国建筑界和国际工程承包界，特别在美洲地区应用广泛。AIA制定和发布的合同条件主要用于私营的房屋建筑工程，共有五个系列：A系列是用于业主与承包商的标准合同文件，不仅包括合同条件，还包括承包商资格申报表、保证标准格式等；B系列是用于业主与建筑师之间的标准合同文件，其中包括专门的用于建筑设计、室内装饰工程等特定情况的标准文件；C系列是用于建筑师与专业咨询机构之间的标准文件；D系列是建筑师行业内部使用的文件；E系列是建筑师在企业及项目管理中使用的文件。其中，“施工合同一般条件A201”是AIA合同文件的核心。

6.2 FIDIC《施工合同条件》

6.2.1 FIDIC《施工合同条件》概述

FIDIC《施工合同条件》(Condition of Contract for Construction)是在FIDIC《土木工程施工合同条件》的基础上重新编写而成的。FIDIC《土木工程施工合同条件》共出版了四版,第一版于1957年发行。在此以前还没有专门编制的适用于国际合同的条件。FIDIC条件的第1版(由于其标题长且封面为红色,很快以"红皮书"为众人所知)正是在国际承包业蓬勃发展,需要一套标准条件业已明显的时期出版发行的。第一版是以正在英国使用的合同格式为蓝本,该合同格式由土木工程师协会(ICE)出版,因而所反映出的传统和法律制度具有英国特色。第2版于20世纪60年代中期发行,但没有改变第1版中包含的条件,只是在第1版的基础上增加了一个第三部分。第三部分提供了用于疏浚和填筑合同时,对通用条件所作的一些具体变动。第3版对前两版作了全面修订,并于1977年出版,同时还有与之配套的解释性文件,题为"土木工程合同文件注释"。第四版是于1987年出版发行的,1992再次修订重印。与第3版相比,第4版主要有如下改动:第二部分(专用条件)已从备忘录形式扩展为一整套全面展开的示范条款,并单独装订成册。这就能够使第一部分(通用条件)以印刷形式附在标书文件中,作不变的证据。对第一部分不作任何改动,如果要求任何改动,则须通过第二部分中某一条款来体现;疏浚和填筑工程已被编入第二部分,不再列出。FIDIC《土木工程施工合同条件》已为我国工程界所熟知。

FIDIC《施工合同条件》(1999年第一版,由于封皮颜色仍为红色,又称新红皮书)的主要应用条件与FIDIC《土木工程施工合同条件》基本相同,即可用于由雇主或由其委托的设计工程师设计,在施工过程中由工程师为业主进行项目管理,以单价合同为计价基础的施工合同。但其适用范围由土木工程扩展到包括房屋建筑、土木工程、电力、机械等各类工程的施工。

在我国改革开放不断深入的20世纪80年代,不论是在国境外承包的工程,还是在国内使用世界银行、亚洲开发银行或其他国际金融机构提供贷款的工程建设中,都普遍遇到了国际惯例做法,如招标投标制、工程监理制等,并在承包合同中采用了FIDIC《土木施工合同条件》,而且取得了一定的经验。如大连的大窑湾港区工程即是采用FIDIC合同条件进行管理的工程;京津塘高速公路为我国第一条世界银行贷款的高速公路,一方面采用了FIDIC合同条件进行管理,另一方面注重提高业主、监理工程师和承包商各方的素质,不仅工期和造价得到了有效的管理,而且工程质量也达到了国内最高水平,得到了中外专家的好评。实践证明,采用FIDIC合同条件,是适应社会主义市场经济的需要,是开拓国际市场的需要,是推行监理制度的需要。正是借鉴了FIDIC合同条件,我国才制定和完善了适应国情的建设工程合同示范文本。加入WTO以后,我国再次面临着学习和使用国际上通行的合同条件,进行合同管理。因此,学习FIDIC合同条件仍然是必要的。

6.2.2　FIDIC《施工合同条件》的组成和特点

1. FIDIC《施工合同条件》的组成

FIDIC《施工合同条件》第一版，共有四部分组成，即通用条件；专用条件；争端裁决协议书格式；投标函、投标函附录及合同协议书格式。

(1)通用条件

通用条件共分20条，163款。其作用是明确双方的权利和义务关系。通用条件部分是在总结以往工程的合同管理经验的基础上编写的，针对各类工程施工和合同管理中常见的问题，依据有关的法律进行示范性的规定。这些规定有的不需要做任何改动，有的需要在专用条件中予以进一步说明和修改，有的必须在专用条件或投标函中予以明确，如通用条件的第1.1.2款中定义了雇主、承包商、分包商和工程师等词的含义，但又同时指出，这些词所指的具体对象必须在投标函及附录中具体填入相应的人或公司。通用条件的编制原则是尽可能地全面和细致，使用时对不需要的条款只需在专用条件的相应条款中注明不采用即可，避免重新填写条款。通用条件的具体内容可大致分为四类：费用控制条款；进度控制条款；质量控制条款；规章、法规及其他条款。

这些条款并不是截然分开的和相对独立的，因此，在理解和应用FIDIC《施工合同条件》时应当全面阅读，特别是对那些相互联系的条款应重点阅读和理解。

(2)专用条件

专用条件的作用，是对通用条件进行补充和修正，使合同条件能够适应不同的国家地区的不同项目的实际情况。正因为专用条件是依据实际情况和具体对象而制定的，所以专用合同条件在合同文件中占有重要的地位。通用条件与专用条件共同构成了制约合同各方权利和义务的条件。因此，对具体合同编写时都应编写专用条件，才能使合同条件更具有针对性和可用性，并且专用条件在合同文件中的优先顺序高于通用条件。一般专用条件对通用条件的修正和补充有以下三种形式：填入具体内容；修正合同条款；增加合同条款。

①填入具体内容

通用条件中有一部分条款没有具体内容，或有些条款明确了具体的约定在专用条件中加以说明，这类条款在专用条件中必须加以说明。

②修正合同条款

根据本工程的特点，在专用合同条件中，可以对通用条件的任何条款进行适合本工程的任何修正。例如，通用条件中通常是由工程师来行使合同管理的权力，如要求工程师在行使某种权力之前应获得业主的批准，则必须在专用条件中规定。

③增加合同条款

在专用合同条件中，除在通用条件的20条163款号之内，按条款号一一对应修正、补充外，必要时也可增加条款数量。这要依据工程的具体情况而定。如法律方面条款、技术条款和经济、财务方面的条款。

(3)争端裁决协议书格式

由于新红皮书引进了采用争端裁决委员会来代替以往版本由工程师解决争端的做法,故在合同条件后面给出了雇主、承包商和被任命的裁决委员员之间的协议的有关条款供选用。

(4)投标函、投标函附录及合同协议书格式

投标函是由承包商填写并签署的被雇主(业主)接受的投标报价书。主要内容为:“我方研究了实施上述之工程的合同条件、规范、图纸、工程量表、资料表、所附附录和编号______的补遗,我们以__________(以支付货币填写)金额或按照合同条件可能决定的其他此类金额作为报价,按照本投标书(包括以上所有文件)去实施,完成上述工程并修补其中任何缺陷。”“在制定和签署一份正式的协议书之前,本投标书连同你方的书面中标通知,应构成在我们双方之间具有约束力的合同。”投标函是合同文件的重要组成部分,且优先于合同专用条件。

投标函附录是投标函的补充文件。它与投标函是投标文件的重要组成部分,用于说明业主和承包商对合同项目的某些重要约定,包括业主、承包商、工程师的定义(以往版本应在专用条件中定义);通讯方式、合同语言、适用法律;进场、正常工作和竣工时间;履约保证金、误期赔偿、暂定金额以及价格调整、支付规定、工程设备和材料、保险等有关比例和数量的规定;争端解决和区段定义等。其中大部分内容由业主填写,少部分由承包商填写。以往由专用条件确定的有关内容现在都在投标函附录中约定,这是新红皮书的一大特点。

合同协议书是合同的首要文件,其内容包括:签约日期、发包方、承包方、工程名称、构成合同的文件目录、协议生效日期,公证人、发包方、承包方签字。

2.《施工合同条件》的特点

新版《施工合同条件》与《土木工程施工合同条件》相比,具有如下特点:

(1)从总体框架上借鉴了 FIDIC 1995 年出版的《设计-建造与交钥匙工程合同条件》格式,跳出了英国“土木工程师协会(ICE)”的框架,由原红皮书 72 条 194 款变为 20 条 163 款。共定义了 58 个关键词,其中新增 30 个关键词是原红皮书没有的,并且每个关键词的定义更为确切。

(2)内容上作了比较大的改动与补充,条款顺序也重新进行了合理调整,其中采用原版内容只有 33 款,进行补充和改动较大的有 68 款,新编写的条款有 62 款。其中在内容编写上遵循的宗旨是将通用条款写得多一些、详细一些,用户不用时可以删除,尽量减少在专用条款中编写附加条文。

(3)新版合同条件表现出更多的灵活性,使得既符合世界银行要求,也给雇主留下了选择余地,如履约保证的格式。

(4)新版合同条件更强调了对知识产权的保护,专门增加了“知识产权和工业产权”一款,对雇主和承包商各自对哪些文件可保留版权和知识产权以及文件的适用许可范围等作了明确的规定。

(5)新版合同条件对雇主和承包商双方的职责和义务,以及工程师的职权都作了更为

严格而明确的规定。例如：设置了“雇主的资金安排”一款，对雇主的资金安排和支付提出了要求，以保障承包商的利益；对承包商的工作提出的更严格更具体的要求有：要求承包商按照合同建立一套质量保证体系；承包商每月应向工程师提交月进度报告，此报告应随其中支付报表的申请一起提交；若承包商不按规定去延长履约保证的有效期或业主向承包商索赔成立后承包商不按期支付此项款额或雇主要求修补缺陷而承包商未按期进行修补等，雇主有权没收承包商履约保证；对工程的检验和维修提出了更高的要求等。

(6)索赔争端与仲裁方式及规定发生了变化，新版合同条件中承包商向雇主索赔的明示条款明显增多，并且工程师对承包商索赔要求答复的日期有了明确的时间限制(42 天内)。在解决争端时加入了争端裁决委员会(DAB)方式和工作步骤，即由雇主方和承包商方各提名一位 DAB 委员提请对方认可，合同双方再与这二人协商确定第三位委员任主席，共同组成 DAB，由 DAB 裁决合同双方争端。如有一方不同意裁决意见，则可提交仲裁。

6.2.3 FIDIC《施工合同条件》第一部分“通用条件”的基本内容

FIDIC《施工合同条件》第一部分为通用条件，共编写了 20 条，内容为：一般规定，业主，工程师，承包商，指定分包商，职员和劳工，工程设备、材料和工艺，开工、延误和暂停，竣工检验，业主的接受，缺陷责任，测量和估价，变更和调整，合同价格和支付，业主提出终止，承包商提出暂停和终止，风险和责任，保险，不可抗力，索赔、争端和仲裁。为了便于学习，可将这 20 个部分的内容按其顺序和性质划分成八个方面。分述如下：

1. 一般规定

这部分内容为通用条件的第一条，共包括 14 款。

(1)定义。本版合同条件共定义了 58 个措词和用语，其中 30 个是新出现的。主要有：有关合同，如合同、投标函、投标书、投标函附录、中标函、资料表、规范、图纸等；合同各方与当事人，如业主、承包商、工程师、分包商；日期、检查、期限和竣工，如基准日期、开工日期、竣工时间、竣工检验、竣工后的检验、缺陷通知期；款项与支付，如接受的合同款额、合同价格、费用、外币；工程和货物，如永久工程、临时工程、工程、区段、工程设备、承包商的设备、业主的设备、货物、材料；其他定义，如工程所在国、现场、承包商的文件、变更等。

(2)解释。凡指当事人或当事人各方的词应包括公司和企业以及具有法人资格的任何组织。单数形式的词也包含复数的含义，反之亦然。书面或用书面系指手写、打字、印刷、电子制作并形成永久性记录。

(3)通讯联络。合同中涉及的有关批准、证书、同意、决定、通知和要求等项必须以书面形式为通讯联络方式，且不得无故扣押或拖延。其方式是面交、邮寄、电子传输等。

(4)法律和语言。合同受投标函附录中规定的国家或地区法律的约束，并以投标函附录中规定的主导语言编写的合同版本为正版，以此表述优先。

(5)文件的优先顺序。构成合同的文件应互为说明、互为补充，合同文件执行的优先顺序为：

①合同协议书(Contract Agreement)(如有)；

②中标函(Letter Acceptance);

③投标函(Letter of Tender)(包括其附录);

④专用条件(Particular Condition);

⑤通用条件(General Condition);

⑥规范(Specification);

⑦图纸(Drawings);

⑧资料表(Schedules)以及其他任何构成合同之一部分的文件(Documents)。

如果在上述文件中出现含混或矛盾时,工程师应给出必要的澄清和解释。

(6)合同协议书。除非另有协议,否则双方当事人应在承包商接到中标函(如有)后的28天内按照专用条件所附格式签订合同协议书,费用由业主承担。

(7)转让。没有一方的事先同意,另一方不得转让整个或部分合同,或合同项下的任何好处或利益。

(8)文件的保管、提供和使用。规范和图纸由业主保管,承包商的文件在工程移交给业主之前由其自行保管。承包商应在现场保留一套完整的文件供工程师在合理的时间内查阅。

(9)拖延的图纸或指示。若因必要的原因致使图纸或指示未能及时送达给承包商,可能造成工期拖延或中断施工,则承包商应事先通知工程师,承包商可以依此索赔。

(10)业主使用承包商的文件。

(11)承包商使用业主的文件。

业主和承包商对由自己编写的设计文件享有版权和其他知识产权,双方可以通过签订协议给予对方复印、使用及传输上述文件的许可,但未经一方同意,另一方不得为第三方复印、使用、传输上述文件。

(12)保密事项。

(13)遵守法律。

(14)共同的责任与各自的责任。若承包商为联营体或联合集团时,则各当事人在履行合同时均向业主承担共同的和各自的责任,各当事人应指定其中一人作为负责人,有权管辖此联营体或联合集团及每个成员。没有业主的事先同意,承包商不得改变其组成或法律单位。

2. 各方及当事人的权利与义务

(1)业主(Employer,一般翻译成雇主)

业主的主要义务有:按规定时间为承包商提供施工场地,否则承包商有权索赔工期、费用和利润;帮助承包商获得工程所在国的相关法律文本并帮助其获得法律要求的各项许可、执照和批准;业主有责任保证其雇员或其他承包商配合本承包商的工作,并遵守现场安全和环保规定;按合同约定向承包商支付工程款,并应承包商请求向其提供资金安排计划,如若实质性变更付款计划,应向承包商说明,需要承包商垫资,应向承包商开具支付保函(这是一新增条款,以往都是承包商向业主开具预付款保函)。

业主的权利有:如果业主根据合同认为因承包商的责任给自己造成了损失,可以向承包商提出索赔，包括索赔工期（延长缺陷责任期）和费用、利润等。

（2）工程师（Engineer）

工程师由业主任命并与其签订咨询服务协议，如果业主要更换工程师，则必须提前不少于 42 天发出通知以征得承包商同意，否则不得更换。工程师的职责和权力为：工程师应履行施工合同中规定的以及可由合同合理推断的职责和权力；如若要求工程师在行使某种权力之前需要获得业主批准，则必须在合同专用条件中规定。若未得到承包商的同意，业主不得对工程师的权力进一步加以限制。但工程师无权修改合同，无权解除任何一方合同规定的职责、义务或责任，所作的任何批准、审查、同意、检查、指示、建议和检验并不能解除承包商对此事项应负的合同责任。

工程师可随时对其助理授权或撤销授权，助理在授权的范围内向承包商发出的批准、审查、开具证书等行为与工程师具有等同的效力。但对于任何工作、工程设备和材料，如果工程师助理未提出否定意见并不构成批准，工程师仍可拒绝验收；承包商对工程师助理的决定有异议时，可提交工程师确认、否定或更改。

承包商仅接受工程师及其授权的助理的指示，这种指示应为书面形式。如若为口头指示，承包商应在该指示发出后两日内书面要求确认，若工程师或其助理在接到确认函后两个工作日内未答复，则此确认函已构成工程师或其助理的书面指示。

工程师在做出决定前，应与业主和承包商协商并力争达成一致；如果达不成一致，可根据合同规定自行做出一个公正的决定；承包商应遵守工程师的决定，如有异议，可提出索赔或仲裁。

（3）承包商（Contractor）

承包商的一般义务如下：①按照合同规定及工程师的指示进行设计、施工和修补缺陷；②提供工程所需的工程设备、承包商的文件、人员、货物等以及其他物品和服务；③要对一切现场作业和施工方法的完备性、稳定性和安全性负责，并对承包商的文件、临时工程和按合同规定的设计负责，即使上述各项工作需由工程师批准，如果出现错误也必须由承包商承担责任；④如果承包商负责部分永久工程设计，则应对其设计的永久工程负责并保证完工后能达到共同规定的目的，并在竣工检验之前按规范要求向工程师提供竣工文件及操作和维修手册。

另外，对履约保证、分包商、合作、放线、安全生产、质量保证、现场数据、接受合同款额的完备性、不可预见的外界条件、道路和路线、货物的运输、承包商设备、环境保护、电、水、燃气、业主的设备和免费提供的材料、进度报告、承包商现场工作等方面的职责作了规定。

（4）指定分包商（Nominated Subcontractor）

承包商对指定分包商的支付要依据合同的规定及工程师的证明，用暂定金额支付并加入合同价格中。若承包商无正当理由扣留或拒绝支付时，业主有权直接向指定承包商付款，并从承包商的款项中扣回。

（5）职员和劳工（Staff and Labour）

本款对承包商的职员和劳工的雇佣，工资、工作条件、健康及安全，工作时间，承包商的监督，承包商的人员等项责任作了规定。

3. 工程质量控制(Quality Control)

(1)工程设备、材料和工艺(Plant Materials and Workmanship)

①实施方式。承包商应以合同规定的方法,按照公认的良好惯例来制造工程设备、生产和制造材料及实施工程。

②样本。承包商要事先向工程师提交所用材料的样本和有关资料,以便得到同意。

③检查和检验(Inspection and Testing)。业主人员有权在合理时间进入所有现场和获得天然材料的场所并在生产、制造和施工期间对材料、工艺进行检查,承包商应提供一切方便;未经工程师的检查和批准,承包商对工程的任何部分不得覆盖、掩蔽和包装,否则,工程师有权要求承包商打开这部分工程供检验并自费恢复原状;对合同中规定的检验,由承包商提供所需人员和工具。检验的时间和地点由承包商与工程师商定;工程师可以通过变更方式改变合同规定的检验位置和详细内容,或指示承包商进行附加检验;工程师参加检验应提前 24 小时通知承包商,如若工程师未能如期参加检验,承包商可以自行检验,工程师应确认此检验结果;承包商要及时向工程师提交具有证明的检验报告,待规定的检验通过后,工程师应签发检验证书;若按工程师的指示对某项工作进行检验或由工程师的延误导致承包商遭受了工期、费用及合理的利润损失,承包商可提出索赔;如果检查或检验结果为不合格时,工程师可以拒收并说明原因,则承包商应立即修复,工程师按合同规定再行检查或检验直至合格为止。无论是否通过了检查或获得了检验证书,如果工程师认为设备或材料有不符合合同规定之处,可随时指示承包商将其移走、替换或重建。工程师还可随时指示承包商实施为保护工程安全而急需的任何工作。若承包商未及时遵守上述指示,业主可雇佣他人完成此工作并进行支付,有关金额由承包商补偿给业主。

(2)竣工检验(Tests on Completion)

①承包商的义务。承包商应将竣工文件及操作和维修手册提交给工程师,之后将其准备接受竣工检验的日期提前 21 天通知工程师,并在该日期后的 14 天内由工程师指定日期进行竣工检验。检验合格,则承包商应向工程师提交一份有关此检验结果的证明报告;若检验不合格,工程师可拒收该工程(或区段),并责令承包商修复缺陷,此修复的费用和风险由承包商自负。工程师或承包商有权要求重新检验。

②延误检验。因业主原因延误竣工检验,承包商可以合同规定进行索赔;因承包商原因延误竣工检验,工程师可要求承包商在接到通知后的 21 天内进行竣工检验,若承包商超出此时间仍未检验,则业主可自行进行竣工检验,其风险和费用均由承包商承担,并认为此竣工检验是在承包商在场的情况下进行的,且其结果应视为准确有效。

③未能通过竣工检验的处理。对于按规定进行重新竣工检验仍未通过时,工程师有权指示再一次进行重新检验;如果不合格的工程(或区段)基本达不到原使用或盈利目的的,业主可拒收此工程(或区段)并从承包商处得到相应的补偿;若业主同意,也可以在扣减与不合格工程相当的合同价格后颁发接收证书。

(3)业主的接收(Employer's Taking over)

承包商认为工程已完工并可移交,应在移交日期之前的 14 天内向工程师提出颁发接收证书的申请,工程师接到该申请后,对检验结果满意,即可颁发接收证书。不满意时,可驳回其申请，承包商应补充和完善后再行申请。若在工程师接到申请后的 28 天期限内既不驳回也不颁发接收证书，而工程(或区段)又符合合同规定，则应视为第 28 天已颁发接收证书。业主应接收已颁发接收证书的合格的竣工工程并负责其照管，而承包商应在获得接收证书之前将地表恢复原状。若业主同意，工程师可对永久工程的任何部分颁发接收证书。在没有颁发接收证书之前，业主不得使用该部分工程，否则应视为业主已接收该部分工程并承担相关责任。

(4)缺陷责任(Defects Liability)

①缺陷通知期。从接收证书注明的工程(或区段)的竣工日期开始进入工程(或区段)缺陷通知期。承包商应按业主的指示对工程中出现的各种缺陷进行修补、重建或补救。但业主应有义务通知承包商。属承包商原因的，由承包商承担相应费用；否则，按变更处理。若因承包商原因的缺陷或损坏致使工程或工程的主要部分达不到原定使用目的，则业主有权通过索赔要求延长缺陷通知期，但最多不得超过两年。

②履约证书。通知期满后的 28 天内，承包商履行了规定的义务并通过了对工程的检验后，工程师应尽快向承包商颁发履约证书。

4. 进度控制(Progress Control)

(1)工程开工(Commencement of Works)

开工日期应在承包商接到中标函后的 42 天内或在专用条款中规定。工程师应至少提前 7 天将开工日期通知承包商，承包商应在开工日期后尽快开工。

(2)竣工时间(Time for Completion)

竣工时间为从开工日期算起的合同中规定的整个工程或某个区段的完工时间。承包商应在此时间内通过竣工检验并完成合同中规定的所有工作。

(3)进度计划(Programme)

在接到开工通知后的 28 天内，承包商应向工程师提交详细的进度计划。当进度计划与实际进度或与承包商履行的义务不符时，或工程师根据合同发出通知时，承包商应修改原进度计划并向工程师提交。

(4)竣工时间的延误与赶工(Extension of Time for Completion and Expediting Progress)

①如果由于以下原因致使承包商不能按期竣工，承包商可以索赔工期：

a. 工程变更或合同范围内某些工程的工作量发生实质性变化；

b. 根据合同条款承包商有权获得延长工期(如外界干扰引起的延误)；

c. 异常不利的气候条件；

d. 传染病或公共当局的行为导致承包商不能获得充足的人员和货物；

e. 业主、业主人员或业主的其他承包商延误、干扰或阻碍了工程的正常进行。

②施工进度。如果因承包商的原因造成进度过于缓慢，以致不能按时竣工或实际进度落后于计划进度的情况，工程师可以要求承包商修改进度计划、加快施工并在竣工时间内完工。由此引起的风险和开支，包括由此导致业主产生的附加费(如工程师的报酬)，均由承包商承担。

(5)工程暂停(Suspension of Work)

承包商应根据工程师的指示暂停部分或全部工程,并负责保护这部分工程。如果此暂停并非承包商原因导致,则承包商:

①有权索赔因此暂停和(或)复工而造成的工期和费用损失;

②如果涉及为业主所进行的设备或材料采购或运输暂停并超过 28 天,承包商有权按停工开始日时的价值获得对还未运至现场的工程设备或材料费用的支付。

③如果此暂停已持续 84 天,且承包商向工程师发函提出在 28 天内复工的要求未获批准,则承包商可以:当暂停工程仅影响到部分工程时,通知工程师把此部分工程视为已削减的工程;或当暂停的工程影响到整个工程时,要求终止合同;或不采取上述措施而等待工程师的进一步的复工指示。

(6)复工(Resumption of Work)

在接到继续工作的许可或指示后,承包商应和工程师一起检查受到暂停影响的工程、工程设备和材料,并进行修复。

5. 费用控制(Cost Control)

(1)测量和估价(Measurement and Evaluation)

①测量

工程师应依照合同规定对已完工程进行测量,核实已完工程数量,计算应付承包商的款额。工程师进行测量前应通知承包商派人参加,若承包商未能派人参加测量,则应承认工程师的测量结果的准确性。当任何永久工程的工程量需要通过记录来计算时,工程师应负责准备这些记录。承包商应按照合同规定对记录进行审查,如果承包商审查后不同意上述记录,则应通知工程师,工程师在复查后应予以确认或修改。若承包商在被要求审查记录 14 天后未发出不同意的通知,则认为已接受。除合同另有规定外,测量值应为实际净值。

②估价

每项工作的估价应为该项工作的测量值乘以相应的费率或单价。费率或单价的确定为:

a. 合同中有规定的,取合同规定值;

b. 合同中未有规定的,首先应取类似工作的规定值;

c. 不满足以上两种规定的,应依据合同规定对费率或单价进行合理的调整或考虑该工作的合理费用和利润进行重新确定。

③删减(Omissions)

若因删减某项原定工程而使承包商发生费用又不能计入剩余工作项目合同款额时,承包商可以通过索赔得到补偿。

(2)变更和调整(Variation and Adjustments)

①变更

在颁发工程接收证书之前,工程师可以通过发布变更指示或要求承包商以提交建议书的方式提出变更。除非承包商马上通知工程师因其无法获得变更所需货物并附有证据,否则承包商应执行此变更并受此约束。工程师在接到承包商的不能执行变更的通知后，应做出取消、确认或修改变更指示的确认。变更的内容可以包括：a. 改变合同中所包括的任何工作的数量；b. 改变任何工作的质量和性质；c. 工作工程任何部分的标高、基线、位置和尺寸；d. 删减任何工作；e. 对任何永久工程需要的附加工作、工程设备、材料或服务；f. 改动工程的施工顺序或时间安排。没有工程师的指示，承包商不得对永久工程擅自进行变更。如果工程师在做出变更指示之前要求承包商提交对变更的建议书时，承包商应尽快提交建议书(包括变更部分工作安排说明、进度计划、对总进度计划的修改及延期要求、变更估价)或不能执行变更的理由。工程师对承包商的建议书或理由应尽快给予批准或提出意见。在等待答复期间，承包商不应延误任何工作。工程师应向承包商发出每一项变更的指示并要求承包商做好费用记录。变更估价按合同中对测量和估价的规定执行。

②价值工程(Value Engineering)

若承包商认为采取某建议可以缩短工期、为业主节省工程费用或带来效益，承包商可以向工程师提出，但建议书的费用自担，该建议书视为变更建议书并按其规定处理。若因此改变永久工程的设计，则由承包商负责此设计。

③暂定金额(Provisional Sums)

暂定金额为业主的工程备用金。只有在工程师的指示下才能动用并加入合同价格中。工程师可以要求：承包商实施工作，按变更进行估价和支付；承包商从指定分包商或他人处购买工程设备、材料或服务时，需要支付给承包商其实际支出的款额加上管理费和利润。

④计日工(Daywork)

对于少数零星工作，工程师可以变更的形式指示承包商实施，并按合同中所列的计日工表进行估价和支付。承包商应每日向工程师提交一式两份报表，包括在前一天工作中使用的人员、设备、材料和临时工程，以及使用的工程设备和材料的数量和型号的详细情况。工程师同意并签字后退还一份报表给承包商，作为申请中期支付的依据。

⑤调整

因工程实施中法律或对法律的解释发生变化而导致承包商受到了工期或费用上的损失，承包商可以索赔；若合同规定因费用涨落需进行补偿的，则每个月内支付给承包商的款额都要根据合同规定的调价公式或物价变化做相应调整。调价公式为：

$$P_n = a + b \times L_n/L_o + c \times E_n/E_o + d \times M_n/M_o + \cdots$$

式中：P_n—— 是用于在 n 期间(以月为单位)所完成的工作以相应货币的估计合同价值的调整系数；

a—— 是在相关调整数据表中规定的固定系数，表示合同付款中不予调整部分；

b、c 、d、…—— 是代表相关调整数据表中列出的，与工程施工有关各成本要素(例如人工、材料、设备等)的估计比例系数；

L_n、E_n、M_n、…—— 是适用于(与特定的付款证书有关的)期间最后一天 49 天前的表列成本要素的，n 期间现行成本指数或参考价格；

L_o、E_o、M_o、…—— 是适用于基准日期时表列相关成本要素的基准成本指数或参考价格。

(2)合同价格与支付(Contract Price and Payment)

①合同价格

合同价格要通过对实际完工工程量的测量和估价以及因法规或物价变化进行调整(不包括合同规定应由承包商支付的关税和税费)。

②预付款(Advance Payment)

业主应为承包商开工时的动员工作支付一笔无息付款,并按投标函附录中规定的总额、次数和时间支付,按共同规定的次数、比例和时间扣回。

③支付

a. 期中支付证书的申请

承包商在每个月末之后要向工程师提交一式六份报表,同时提交证明文件,作为对期中支付证书的申请。此报表应包括:

i. 截止到该月末已完成的工程及施工文件中已进行部分的估算合同价值(包括变更);

ii. 由于法规变化和费用涨落应增加和扣减的款额;

iii. 作为保留金扣减的款额;

iv. 作为预付款的支付和偿还应增加和扣减的款额;

v. 根据合同规定,作为永久工程的设备和材料的预支款而增加或扣减的款额;

vi. 根据合同或其他规定(包括索赔规定)应增加和扣减的款额;

vii. 对以前所有的支付证书中已经证明的款额。

如果合同中的支付计划表规定了分期支付的数额,工程师可根据实际情况予以调整,若合同中没有支付计划表,则承包商应提交一份按季度估算的支付计划表。

b. 用于工程的工程设备和材料

在为永久工程配套的工程设备和材料已运至现场并符合规定时,当月的期中支付证书中应加入一笔预支款(为工程设备和材料费用的80%),当此类工程设备和材料已构成永久工程时,则应在此时的期中支付证书中将此预支款扣除。

c. 保留金(Retention Money)的扣留与支付

对于保留金的扣留一般按投标函附录中规定的百分比在每月支付证书中扣除,直至扣到规定的数额为止(一般为接收的合同额的5%)。在颁发整个工程、某个区段或部分工程的接收时,再按一定比例的保留金退还给承包商,在缺陷通知期全部期满后,再退回剩余部分。

d. 期中支付证书颁发的规定

i. 只有在业主收到并批准了承包商提交的履约保证之后,工程师才能为任何付款开具支付证书;

ii. 在收到承包商的月报表和证明文件后的28天内,工程师应向业主签发期中支付证书,列出确认的应付金额并提交详细证明材料;

iii. 当该月应付净金额少于投标函附录中对支付证书规定的最低限额时,工程师可不开具支付证书,而将此金额累计到下月应付金额中;

iv. 若工程师认为承包商的工作或提供的货物不完全符合合同要求时，可以从应付款项中扣留用于修复或替换的费用，直至修复或替换完毕，但不得因此而扣发期中支付证书；

v. 工程师可在任何支付证书中对以前的证书做出修改。支付证书不代表工程师对工程的接受、批准、同意或满意。

e. 支付规定

i. 支付期限。首次预付款期限为：中标函颁发之日起 42 天之内，或业主收到履约保证及预付款保函之日起的 21 天之内，或二者中的较晚者；期中支付的期限为在工程师收到报表及证明文件之日起的 56 天内；最终支付期限为业主收到最终支付证书之日起的 56 天之内。

ii. 支付货币。合同价格应以投标函附录中指定的一种或几种货币并按合同约定的比例和汇率进行支付，若投标函附录中未注明汇率时，应采用工程所在国中央银行规定的在基准日期通行的汇率。

f. 延误的支付

如果承包商在规定的期限内未收到支付，则承包商有权对业主的欠款每月按复利收取延误期融资费。无论期中支付证书何时颁发，延误期都从合同中规定的支付日期算起。除非专用条款另有规定，此融资费应从年利率为支付货币所在国中央银行的贴现率加上 3%计算。这也算是对业主不履行合同的一种惩罚。

g. 竣工报表(Statement at Completion)

在收到整个工程的移交证书之后的 84 天内，承包商应向工程师提交一式六份的按工程师批准的格式编制的竣工报表及证明文件。列出最终合同总价、未付款额及应另行支付的索赔金额。工程师应对此报表及证明文件进行审核并开具期中支付证书。

h. 最终报表和结清单

在颁发履约证书后 56 天内，承包商应按规定的格式向工程师提交一式六份的最终报表草案及证明文件，包括最终合同价值及承包商认为根据合同或其他规定还应支付给他的其他款项(如索赔)。如果承包商与工程师达成一致，则承包商提交正式最终报表。否则，工程师可对没有争议的部分向业主签发期中支付证书。将争议提交争端裁决委员会，必要时提交仲裁解决。承包商根据争端解决的结果编制一份最终报表交业主。在提交最终报表的同时，应附一份书面结清单交给业主。

i. 最终支付证书

在收到承包商的最终报表和书面结清单之后的 28 天以内，工程师应向业主签发最终支付证书，表明业主最终应支付给承包商的款额以及业主和承包商之间所有应支付的和应得到的款额的差额。

6. 合同终止(Termination)

(1)业主提出终止

①通知改正。如果承包商未履行合同规定的义务，工程师可通知承包商并要求他在一定的合理时间内改正。

②业主提出终止合同。当承包商发生以下行为时，业主有权终止合同：

a. 未能按要求及时提交履约保证或按照工程师的要求改正其过失；

b. 不愿继续履行合同义务；

c. 无正当理由不按时开工、拖延工期或不及时拆除、移走、重建不合格的工程设备、材料或工艺缺陷，或不实施补救；

d. 擅自将整个工程分包出去或转让合同；

e. 经济上已无力履行合同，根据法律规定，无力偿还到期债务；

f. 各种贿赂行为。

如果发生上述 a 至 f 项违约行为，则业主可在向承包商发出通知 14 天后终止本合同。而发生 e、f 项违约责任，业主可立即终止合同。终止合同后业主可将承包商逐出现场，然后由业主自行或雇佣他人完成此工程。业主和被雇佣的人员有权使用承包商的任何货物和设计等文件。承包商的设备和临时工程可由业主出售以弥补承包商对业主的欠款，但多余的款额应退还承包商。承包商要自负风险和费用安排上述设备和临时工程的撤离，不得拖延。

③终止合同后的估价和支付。业主终止对承包商的雇用后，工程师应尽快对合同终止日的工程、货物和承包商文件的价值做出估价，并确定承包商应得的款项。终止通知生效后，业主可向承包商提出索赔，在得到所有损失赔偿费和业主善后工作补偿费之前，停止对承包商的一切支付。只有在扣除了上述的赔偿费和补偿费还有余额时，将此余额部分支付给承包商。

④业主提出终止合同的权利。只要不是为了自己或安排其他承包商实施工程之目的，业主认为适宜时，有权随时向承包商发出终止合同的通知。此终止以承包商收到终止通知日期与业主退还履约保证日期二者之中较晚者之后 28 天生效。但此种情况应按业主违约或不可抗力终止合同的情况进行估价和支付。

(2)承包商提出暂停或终止合同

①承包商暂停工作的权利。如果工程师未能按合同规定开具支付证书；或业主在收到承包商请求后未能在 42 天以内提出资金安排的证据；或业主未能按合同规定及时支付，则承包商可以在发出通知 21 天之后暂停工作或放慢工作速度，并对其损失提出索赔。但在发出终止之前，一旦收到了有关证书、证明或支付，承包商应尽快恢复工作。上述暂停或放慢进度不影响承包商按合同规定对到期未付款额部分收取利息及提出终止合同的权利。

②承包商终止合同。如果发生以下情况之一，承包商可向业主发出终止合同通知：a. 业主收到承包商暂停工作的通知后的42 天内仍未提供合理的资金证明；b. 工程师在收到报表和证明文件后的 56 天内仍未颁发相应的支付证书；c. 应付款额在规定的支付时间期满后 42 天以上仍未付；d. 业主基本未履行合同义务；e. 业主未在承包商收到中标函后的 28 天内与其签订合同协议书，或擅自转让了合同；f. 由于非承包商的原因，工程暂停 84 天以上，或提供累计超过 140 天，且影响到了整个工程；g. 业主在经济上无力执行合同，或无力到期偿还债务，或停业清理或破产等。承包商可在发出通知 14 天后终止合同(后两种情况可立即终止)。业主应尽快退还履约保证，向承包商支付并赔偿其由此造成的损失。

③停止工作及承包商设备的撤离。由业主或承包商提出终止的通知生效后，或由于不可抗力导致合同终止后，承包商应尽快停止一切工作，但仍进行工程师指示其为保护生命财产和工程安全而进行的工作；移交已得到付款的工程文件、工程设备、材料及其他工作；再撤出现场所有其他的货物（为保护安全必要的货物除外），而后离开现场。

7. 风险管理（Risk Management）

（1）风险和责任（Risk and Responsibility）

①保障

承包商要保障业主、业主的人员及他们各自的代理人免受人身和财产损失。如果承包商的人员伤亡或其他事故是由业主方面或合同中规定的保险范围以外的原因而引起，则业主应保障承包商及其人员免于承担责任。

②承包商对工程的照管

从工程开工之日起到对工程、工程的某个区段或某部分颁发接收证书之日止，承包商对其有照管责任。待颁发接收证书之后，照管工程的责任才移交给业主。

③业主的风险及其责任

业主的风险是指：a. 战争、敌对行动、入侵、外敌行动；b. 工程所在国内的叛乱、恐怖活动、革命、暴动、军事政变或篡夺政权，或内战；c. 暴乱、骚乱或混乱，但完全局限于承包商以及分包商的人员中的事件除外；d. 军火、炸药、离子辐射或放射性污染，但由于承包商使用此类辐射或放射性物质的情况除外；e. 以音速或超音速飞行的飞机或其他飞行装置产生的压力波；f. 由于业主使用或占用永久工程的任何部分所造成的损失或损害（合同中另有规定除外）；g. 因工程任何部分的由业主负责的设计不当而造成损失；h. 一个有经验的承包商无法预见且无法合理防范的自然力的作用。

如果出现业主风险并导致了工程、货物或承包商工程文件的损失或损害，则承包商应尽快通知工程师，并按工程师的指示弥补此类损失或修复损害。然后通知工程师进行工期和费用索赔。

④知识产权和工业产权（Intellectual and Industrial Property Rights）

业主应保障承包商免遭因履行合同或并非合同目的使用工程或将非承包商的物品与工程联合使用导致侵权行为而产生的索赔。同样，承包商应保障业主免遭因承包商的任何货物的制造、使用、出售或进口以及承包商负责的设计导致侵权而引发索赔。如果业主或承包商任何一方收到了与侵权有关的索赔通知，而此索赔事件又应受到另一方的保障，则该方一定要在收到索赔通知后的28天内通知对方，否则视为其放弃了得到保障的权利。保障方应自费处理此索赔，被保障方应予以协助。

⑤责任限度

承包商根据合同对业主承担的全部责任不应超过专用条件中所注明的金额。如无此规定，则不应超过已接收的合同款额。

（2）保险（Insurance）

①一般规定：a. 中标函颁发前达成的条件中规定了承包商应投保的险种、承保人和保险条件，在专用条件中规定了业主作为投保人时的承保人和保险条件。b. 如果要求某一

保险单对联合的被保险人进行保险，则该保险应适用于每个单独的保险人，如同向每一个保险人颁发了一张单独的保险单一样。c. 办理的每份保险都应规定，进行补偿的货币种类应与修复损失或损害所需的货币种类一致。d. 投保方应按投标函附录中规定的期限向另一方提交保险生效的证明及“工程和承包商的设备的保险”和“人员伤亡和财产损害的保险”的保险单的副本。投保方在支付每一笔保险费后应将支付证明提交给另一方，并通知工程师。e. 若投保方未能按合同要求办理保险或未能提供保险生效证明和保险单的副本，则另一方可办理相应保险并缴保险费，合同价格将因此作相应调整。f. 合同双方都应遵守每份保险单规定的条件。投保方应将工程实施过程中发生的任何有关的变动都通知给承保人，并确保承包条件与本条的规定一致。g. 没有对方的事先批准，另一方不得对保险条款作实质性的变动。h. 任何未保险或未能从承保人处收回的款额，应由承包商和(或)业主按照各自根据合同规定应负的义务、职责和责任分别承担。若投保方未能按照合同要求办理保险并使之保持有效，而另一方既没有批准删减此项保险，也没有自行办理该保险，则任何通过此类保险本可收回的款项由投保方支付给另一方。i. 一方向另一方的支付要遵循合同中有关索赔条款的规定。

②承包商进行保险的险种有：工程保险、承包商的设备保险、人员伤亡和财产损害的保险(第三方保险)、承包商保险和分包商的保险。

(3)不可抗力(Force Majeure)

①不可抗力的定义

不可抗力是指一方无法控制，在签订合同之前该方又无法合理防范，而一旦该方无法合理回避或克服，且主要不是另一方造成的事件或情况。不可抗力一般是(但不限于)业主风险的前四项和天灾(如地震、飓风、台风或火山爆发等)。

②不可抗力的通知。由于不可抗力发生而使一方已经或将要无法履行合同义务，该方在认识到此事件后的14天内应通知另一方并对影响程度给予详细说明。当不可抗力的影响终止时，该方也应通知另一方。在此期间，免除该方无法履行的义务。

③减少延误的责任。在任何情况下，合同双方都应尽最大的努力减少不可抗力造成的延误。

④不可抗力引起的后果。由于不可抗力造成承包商无法履行合同义务，并且按照要求通知了业主，则承包商有权索赔由于不可抗力遭受的工期和费用损失。

⑤影响分包商的不可抗力。如果附加的或超出了本款规定的范围之外的其他不可抗力事件发生，致使依据有关工程的任何合同或协议免除了分包商的义务，此时承包商应继续工作，其履约义务不得免除。

⑥可选择的终止、支付和返回。因不可抗力导致整个工程持续84天无法施工，或累计停工时间超过140天，则任何一方可向另一方发出终止合同的通知，通知发出7天后终止即可生效。承包商按照对合同终止时的规定撤离现场。工程师应估算已完成的工作价值(包括已完工程、已采购的设备和材料、为完成工程而合理导致的费用和负债以及设备返回本国和遣返人员的费用)，并向承包商颁发支付证书。

⑦根据法律解除履约。如果出现了合同双方无法控制的事件或情况(包括但不限于

不可抗力)致使一方或双方履行合同义务成为不可能或非法,或根据本合同适用的法律,双方均被解除了进一步的履约,则在任一方发出通知时,双方应被解除了进一步的履约,但不影响任一方因对方以前的违约而享有的权利,并且业主支付给承包商的金额与不可抗力情况下终止合同所包括的款项相同。

8. 索赔与合同纠纷的解决(Claims and Settlement for the Contract Disputes)

(1)承包商的索赔(Contractor's Claims)

①索赔通知。承包商必须在索赔的事件发生后的28天内通知工程师并提交合同要求的其他通知和详细证明报告;否则将丧失索赔的权利。

②保持同期记录。承包商应随时记录并保持有关索赔事件的同期记录。工程师在收到索赔通知后可监督并指示承包商保持进一步的记录及审查承包商所作的记录,并指示承包商提供复印件。

③索赔报告。承包商在引起索赔的事件发生后的42天内或由承包商提出工程师批准的时间内,承包商应向工程师提交详细的报告,说明其索赔的依据及要求索赔的工期和费用,并附以完整的证明报告。如果引起索赔的事件具有连续影响时,承包商应在第一份索赔报告提交以后按月陆续提交进一步的期中索赔报告,给出索赔的累计工期和费用。待引起索赔的事件产生的影响结束后的28天或由承包商提出工程师批准的时间内,提交一份最终索赔报告。

④工程师的处理。在收到承包商的索赔报告及相关证明报告后的42天或由工程师提出承包商同意的时间内,工程师应做出批准或不批准的决定。也可以要求承包商提交进一步的证明报告,但一定要在规定的时间内做出表示。

⑤索赔的支付。工程师在核实了承包商提交的报告、记录和相关证明资料之后,根据合同规定确定承包商有权获得的延期和附加金额,并在期中支付证书中给予索赔款额的支付。如果承包商提交的报告不足以证实其全部索赔,则对已经证实的部分给予支付,而不应将索赔额全部拖至工程结束后一并支付。如果承包商未遵守合同中对索赔的各项规定,其行为已影响了对索赔的调查,则工程师在做出索赔决定时应考虑这一影响。

(2)争端的解决(Disputes)

①争端解决的程序。双方发生争端时应首先将争端提交争端裁决委员会(Dispute Adjudication Board,DAB),由DAB做出裁决,双方同意则执行;当一方或双方不同意DAB的裁决时,还可再经过56天的期限争取友好解决;不能友好解决,则一方可要求仲裁解决争端。

②DAB的委任和终止。合同双方应在投标函附录规定的日期内任命DAB成员。DAB由一人或三人组成。若为三人,双方各推荐一名供对方批准,并共同确定第三名作为主席。如果合同中有DAB成员的意向性名单,则必须在此名单中进行选择。不论何种原因,如果双方未能就DAB成员的任命或替换达成一致,即应由专用条件中指定的机构或官方在与双方协商后确定DAB成员的最后名单。合同双方与DAB的协议应编入附在通用条件后的争端裁决协议书中,由合同双方共同商定对DAB成员的支付条件,并各支付酬金的一半。合同双方可以共同将某事项提交给DAB以征得其意见,但不得单

方与 DAB 征求意见。

合同双方可任命合格的人选替代 DAB 的任何成员。任何成员的委任的终止必须经合同双方一致同意。除非另有协议，在结清单即将生效时，DAB 成员的任期即告期满。

③DAB 的决定。合同双方产生合同争端时，任一方可以书面形式将争端提交 DAB 裁决，同时将副本递交另一方和工程师。DAB 在接到书面报告后的 84 天内对争端做出裁决，并说明理由。任何一方如果对 DAB 的裁决不满，应在接到该裁决书后的 28 天内向对方发出表示不满的通知，并说明理由，表明他将提请仲裁；如果 DAB 未能在 84 天内做出裁决，则合同双方中的任一方都可在上述的 84 天期满后的 28 天内向对方发出要求仲裁的通知。如果在接到 DAB 的决定书后的 28 天内任何一方都未提出不满的通知，则该决定成为对合同双方都有约束力的最终决定。

只要合同尚未终止，承包商有义务按照合同继续实施工程。在未通过友好解决或仲裁改变 DAB 做出的决定之前，合同双方均应执行 DAB 的决定。

(3)友好解决(Amicable Settlement)

在一方发出对 DAB 的决定表示不满的通知后，必须经过 56 天之后才能开始仲裁。这段时间内双方可以协商友好解决彼此的争端。

(4)仲裁(Arbitration)

如果一方发出对 DAB 决定表示不满的通知 56 天后，又未能友好解决争端，则将此类争端提交国际仲裁机构做出最终裁决。除非另有协议，仲裁应按照国际商会的仲裁规则进行，并按照此规则指定三位仲裁人。仲裁人有充分的权利公开、审查和修改工程师的任何证书、决定、指示、意见或估价以及 DAB 对争端所做出的任何决定。仲裁过程中，合同双方均可提交新的证据和论据，工程师可被传为证人并可提交证据，DAB 的决定可作为证据。不论工程竣工之前还是竣工之后，均可进行仲裁。在工程进行过程中，合同双方、工程师以及 DAB 均不应因仲裁而中断履行各自的义务。

6.2.4 FIDIC《施工合同条件》中关于工程师的地位和权限

FIDIC 合同条件中，把执行项目管理任务的机构或人员称为工程师。工程师是由业主聘(雇)用的，为了管理工程合同而进行工作的咨询公司或专业管理公司，即作为一个独立的专业公司接受业主雇用而履行服务的一方，可以是一个专业公司，也可以是一个具有执业资格的咨询工程师。工程师在合同中是一个法人，相当于监理单位或监理机构，不应看成是一个具体的人员。在 FIDIC 合同条件中，具体执行工程师工作任务的是工程师代表。他是由工程师任命的并对工程师负责的，履行和行使由工程师所履行的职责和权力的人员，相当于我国的总监理工程师一职，国外一般称之为常驻工程师。在 FIDIC 合同条件中还有工程师助理一职，他是由工程师代表授权并委托执行所委派的工作，相当于我国的专业监理工程师。

工程师不属于施工合同的一方，但工程师在合同管理中处于中心地位。FIDIC 施工合同条件是专门为由工程师代行业主权限管理工程而编写的。换句话说，只有在业主任命了工程师管理合同的条件下才能使用 FIDIC《施工合同条件》。工程师在项目进行中起着重要的作用，要想管理合同和工程，就必须获得与其职责相适应的权力。因此，FIDIC 合同条件中规定了工程师的职责和权限。

工程师应全心全意地为工程项目负责，必须按照合同条款规定兼顾业主、承包商的利益，但始终应代表业主的利益。工程师应教育和带动自己的工作班子，重合同、守信誉，公正地、科学地、独立地进行工作，若监理人员违约，就可能使承包商获得索赔款项和工程延期，给业主带来损失。

在 FIDIC 合同条件中，规定了工程师的职责和权限为：

(1)向承包商发布信息和指示。尽管业主、承包商和工程师之间定期召开会议，但业主和承包商的全部联系还应通过工程师进行，以避免出现可能的混乱和误解。即有关合同范围内的信息和指示只能来自工程师，业主和承包商对对方的任何要求和建议都应经工程师来处理，不允许将工程师抛在一边自行其是。

(2)评价承包商对所进行的工作的建议。如工程设计、施工方案、施工计划和合理化建议等，也包括承包商提交工程师审查、验收、批准的各种请示、报告等。

(3)保证材料和工艺符合规定。工程师要严格监督承包商按合同规定的设计、规范、标准和工程师的指示施工并检查验收。

(4)复核并批准已完工程的测量值，向业主递交临时和最终付款证书。没有工程师签发的付款证书，承包商不能得到付款。

(5)解释书面合同和管理合同。

从中可以看出，我国目前在监理实践中，监理工程师的权限与 FIDIC 合同条件规定的权限还有差距，主要是合同管理和财务管理方面。FIDIC 合同条件分派给工程师很多财务管理的职责，除了工程师管理常规的计量支付外，FIDIC 合同条件一项基本原则就是工程师有权决定额外付款。

6.3 FIDIC 其他合同条件

6.3.1 《永久设备与设计-建造合同条件》(1999 年第 1 版)

《永久设备与设计-建造合同条件》是 FIDIC 为由承包商对机电类项目建设进行总承包而专门编写的，它是用于业主和承包商签订的有关机械与设备的设计、供应和安装的电力和(或)机械工程的标准合同条件格式。该合同条件是在 FIDIC《电气与机械工程合同条件》(黄皮书)的基础上进行较大的修改而形成的，为总价合同模式。因其外皮颜色仍为黄色，故被称为“新黄皮书”，1999 年发行了第 1 版。该合同条件基本框架与“新红皮书”相同，也包括三部分：通用条件，专用条件和附件。附件给出了投标函、合同协议书和争端裁定协议书的标准格式。其中通用条件包括 20 条，167 款，内容有：一般规定；业主；工程师；承包商；设计；职员和劳工；工程设备、材料和工艺；工程开工、延误和暂停；竣工检验；

业主的接收；缺陷责任；竣工后检验；变更和调整；合同价格和支付；业主提出终止；承包商提出暂停和终止；风险和责任；保险；不可抗力；索赔、争端和仲裁。其中关于设计和设备安装方面的规定简述如下：

1. 关于设计

(1)一般设计义务。承包商应承担工程的设计并对其设计的质量负责。承包商的设计应由有资格的设计工程师或相关的专业人员承担。如需设计分包，其分包商应经工程师同意。承包商应保证其设计人员或设计分包商有经验和能力完成设计工作，并保证其设计人员在整个合同期间随时可以参加与工程师进行的有关设计问题的讨论。一旦接到开工通知，承包商应仔细检查业主要求中的设计标准和计算书，以及各参照项。在投标书附录中规定的时间内，承包商应就业主要求中发现的任何错误、缺陷等通知工程师。工程师接到此通知后应决定是否按变更处理。如果此类错误构成变更，承包商可以进行索赔。

(2)承包商的文件。承包商文件包括全部图纸、计算书、计算机软件(程序)、样品、图样、模型、操作和维修手册以及类似性的其他手册和资料。承包商将准备所有业主要求中规定的文件以及任何进一步的文件，业主的人员有权查看这些文件的准备工作。如果业主的要求中规定承包商的文件需提交工程师检查和(或)批准，这些文件应提交工程师并附一份通知。工程师的审核期为不超过自收到承包商文件后的 21 天。若承包商的文件经审查不符合要求，承包商应自费进行修改并重新提交，未经批准的文件不得用于工程。若在规定的审核期满后工程师未能通知承包商，则视为该文件已获批准。承包商必须按经批准的文件实施工程，如承包商欲对已批准的文件进行修改应立即通知工程师。工程师的批准或许可不解除承包商的任何合同规定的责任和义务。

(3)承包商的保证。承包商应保证其设计、文件和实施工程符合工程所在国法律和构成合同的一切文件、变更和修改的要求。

(4)技术标准和规章。承包商的设计、文件以及实施和完成工程都应遵守工程所在国的各种标准、规范、法律和法规。

(5)竣工文件。承包商应在现场保存一套完整的最新的施工记录，这些记录为竣工验收所专用，在竣工检验开始之前，承包商应将两份复印件交给工程师。此外，承包商应将施工图纸提请工程师批准，并在颁发接收证书之前按规定的数量和份数将有关图纸交给工程师。在竣工检验开始之前，承包商还应向工程师提交一份操作和维修手册，否则视为工程尚未完成。

2. 承包商的义务

承包商应按合同规定完成工程的设计、建造、竣工和缺陷修补，并为此提供人员、设备、材料和各种服务。承包商应对所有现场作业和施工方法的完备性、稳定性和安全性负责。承包商应按照工程师的要求提交所采用方法和所做安排的详细说明，且在未通知工程师的情况下不得做重大修改。承包商在接到中标函后的 28 天内按合同规定的金额、币种和格式向业主提交履约保证。在承包商完成工程和竣工并修补任何缺陷之前，履约保证持续有效。承包商不得将整个工程分包出去，承包商应对其分包商及其雇员的行为负责。承包商应采取必要的安全措施，保障人员、施工现场的安全，并提供保护邻近地区人员或公共设施安全的临时工程。承包商应按照合同规定建立一套质量保证体系，并经过工程师的同意。但并不因此而解除承包商根据合同应具有的任何责任和义务。

3. 业主的义务

业主应在规定的时间给予承包商进入和占有现场的权利，并向承包商提供合理的帮助，使承包商获得一切必需的许可、执照和批准，如货物运输、清关以及设备运离现场所需的各种许可。业主应在接到承包商要求之后的28天内向承包商提交资金安排表，按期支付款额，如有变更应通知承包商。

4. 工程师的责任和权利

工程师由业主任命，行使合同中明确规定的或隐含的权利。但工程师无权修改合同。工程师的任何指示不解除承包商未能遵守合同的责任。工程师可根据合同规定，针对工程或修补缺陷向承包商发出指示，这些指示应以书面形式给出，承包商应遵守工程师或工程师助理发出的指示。工程师按照合同要求做出的决定应尽量与合同双方达成一致，保持公正。工程师应将决定通知各方，每一方均应遵守。

5. 质量控制

承包商应按照合同中规定的方式进行工程设备的制造、材料的生产和实施工程，并根据合同规定或按工程师的指示，向工程师提供工程中所用材料的样本供其审核。业主人员有权在合理的时间内对承包商的设备制造、材料的生产和施工过程进行检查，承包商应为此提供机会。需覆盖或掩蔽的工程部分施工之前，承包商应通知工程师立即进行检查，如果未发出此类通知而工程师要求检查时，承包商应剥离这部分供工程师检查并自费恢复原状，使之完好。承包商应为进行检验提供一切便利。工程师可以拒收不合格的工程，由此产生的再次检验的费用由承包商负责。工程师在任何时候都有权要求承包商对检验不合格的工程采取补救工作。如果承包商未能执行此工作，雇主可自行或请他人完成，并就由此发生的费用向承包商索赔。达到竣工条件，承包商在提交了竣工文件及操作和维修手册后，将竣工检验日期提前21天通知工程师，按照合同规定进行竣工检验。检验的顺序为：试车前的检验、试车中的检验、试运行。在竣工检验后，承包商应向工程师提交竣工检验报告。未通过竣工检验的部分或区段应根据合同规定进行重新检验。如果在重新检验后仍未能获得通过，工程师可以要求再进行一次竣工检验，或拒收，或颁发接收证书，若为后者，业主可从合同价格中做适当的扣除。如果因业主的原因延误竣工检验，承包商可以索赔并在拖延超过14天时认为业主已于检验之日接收该工程。

原黄皮书对设备制造的质量控制做的合同规定对我们进行设备监造监理有借鉴作用。其主要要求为：应按惯例做法以恰当和熟练的方法去实施。工程师按合同规定或取得承包商的同意，可以将工程设备的检查和检验授权给一名独立的检察员进行。在设备制造期间，工程师有权对根据合同提供的全部工程设备的材料和工艺进行检查、研究和检验，同时检查其制造进度，但要按规定事先通知承包人。承包商应为工程师进入制造设备的厂房进行此类工作提供许可和方便以及手段和条件。工程师的此类检查、研究或检验不应解除承包商在合同中的任何责任。如果工程师认为检查的结果表明工程设备有缺陷或不符合合同规定时，则可拒收此类工程设备，应立即通知承包商，并说明拒收的理由。

承包商随后应快速修补好缺陷或保证任何拒收的工程设备符合合同要求。如果工程师要求对此类工程设备重新检验时，则按以上规定重复进行。所导致雇主的支出的全部费用应从合同价格中扣除。

6.3.2 《EPC交钥匙项目合同条件》(1999年第1版)

《EPC交钥匙项目合同条件》是由FIDIC与《施工合同条件》(新红皮书)及《工程设备与设计-监造合同条件》一起编制的，适用于在新的国际工程承包市场特点下的项目总承包合同模式。1999年发行第1版，因为其封皮颜色为银灰色，故称之为“银皮书”。该合同条件名称中的“EPC”是Engineering(设计)、Procurement(采购)和Construction (施工)的缩写。其适用范围为由承包商负责设计、工程材料和设备的采购以及工程施工直至竣工，在交付业主时能够立即运行的工程项目建设承发包模式，即“交钥匙工程”。

1. 合同条件适用范围和特点

此合同条件通常采用于为业主建造工厂、发电厂、石油开发项目以及包括港口码头在内的基础设施项目。其特点是工程的合同价格和工期具有高度的准确性，由承包商全面负责项目的设计和实施，业主很少参与项目的具体执行，也不需要工程师管理合同。要求承包商承担工程建设本身的大部分风险。即除了合同规定的业主风险(新红皮书中业主风险条款中的前5项)外的所有风险由承包商来承担。由于项目总承包模式是《施工合同条件》和《永久设备与设计-建造合同条件》模式的综合。故银皮书的基本条款分别采用了新红皮书和新黄皮书相应条款。其条款共为20条，166款。除了将新黄皮书中的第3条工程师改成业主的管理以外，其他条款的名称与新黄皮书相同。本合同条件与施工合同条件相比，其主要不同之处在于：一是该合同为固定总价合同；二是不采用工程师管理工程和合同，而是直接由雇主代表管理合同，承包商负责工程管理和总体协调；三是由承包商负责设计；四是业主和承包商的风险责任分摊方式不同，后者承担主要风险。其与新黄皮书的不同之处是不采用工程师管理工程和合同以及风险分摊不同。

2. 关于业主管理

本合同条件与土木工程施工合同条件以及电气与机械工程合同条件的主要不同点在于不采用工程师管理合同，而是直接由雇主的代表管理合同。雇主代表一般应是雇主的雇员，也可以是雇主临时聘用的人员。但不论是雇员还是临时人员，都应当是具有符合工程管理要求的经验和能力的工程师或其他专业人员，即应具备任职资格(如FIDIC的咨询工程师)。雇主代表由雇主任命，履行雇主委托或任命的职责，行使管理权限。工作的内容和方式类似于FIDIC合同条件下的工程师，但不具备公正的第三方的地位，相当于我国传统上的“甲方代表”。该合同条件规定：雇主代表的任何建议、检查、审核、检验、同意、批准或类似行为(包括没有否定)，均不解除承包商的任何责任。即由于承包商的错误、漏项、误差以及不遵守法律、规范、技术标准的规定，不论雇主代表是否有上述行为，其责任都由承包商负责。

3. 关于设计-建造与交钥匙的区别

设计-建造与交钥匙两个术语是有差别的，但目前国际上还没有公认的定义。它们的共同点都是由承包商对设计完全负责。按 FIDIC 的界定，两者的定义如下：

设计-建造是指承包商按照雇主的要求，负责工程的设计与实施，包括土木、机械、电气等综合工程以及建筑工程的设计、施工、安装，相当于我国的工程总承包（即设计施工总承包）。

交钥匙工程是指按雇主的要求，承包商提供一套完整的设施（或项目）给雇主，业主只要将“钥匙”转动，该设施（项目）即可投入运行。其特点是承包商需要融资建设，包括进行设计、施工、装置、装修和设备制造或采购，并负责运行工程。即由承包商融资建设项目，竣工后负责试运行，达到生产能力后移交给雇主使用，雇主按约定付款；或采用 BOT 模式由承包商运行数年，在将其投资收回并得到一定的利润（按约定）后移交给雇主运行。这种方式多用于大型工业项目和基础设施项目（如国内引资的高速公路项目，或一些援外项目）。

6.3.3 《合同简短格式》

与新红皮书、新黄皮书和银皮书一同发布的第四个合同条件是《合同简短格式》，称为“绿皮书”。该合同适用于投资额相对较小的建筑工程和其他工程，这些工程不需要专业分包，工期短且工作任务简单，或为具有重复性的工程。该工程一般由业主负责设计，但也可由承包商负责设计。一般不委托工程师来进行管理，由业主代表负责工程与合同管理。

简明合同格式主要由五部分组成：(1)协议书；(2)通用条件；(3)专用条件；(4)裁决规则；(5)通用条件指南。通用条件共有 15 条，52 款，包括：一般规定；业主；业主的代表；承包商；承包商的设计；雇主责任；竣工时间；接收；修补缺陷；变更和索赔；合同价格和支付；违约；风险和责任；保险；争端的解决。与新红皮书和新黄皮书相比，合同条款由 20 条缩减为 15 条，不采用工程师管理工程和合同，而直接由业主代表进行管理。

6.4 ICE 新工程合同条件(NEC)概述

6.4.1 《工程施工合同》的形成过程

1985 年 9 月，英国土木工程师学会（ICE）批准了编写一个新型施工合同的建议；1986 年 7 月着手制定合同编写的详细规划，由 Martin Barnes 博士（项目管理公司的负责人）负责、John Perry 博士（伯明翰大学土木工程学院院长）协助；1986 年 9 月提交了详细规划，修改后于 1987 年 9 月征求专家意见；1988 年 6 月，ICE 决定成立由 ICE 成员、承包商代表、咨询工程师和雇主代表组成的工作小组起草新型合同文本。1991 年 1 月，出版征求意见稿广泛征求雇主、承包商、咨询工程师、测量工程师和律师和一些机构的意见，并且在英国、南非、中国香港和伯利兹等国家和地区试用；1993 年 3 月正式出版了新工程合同（NEC）第 1 版，1994 年 7 月开始修订，1995 年 11 月出版其第 2 版，并更名为《工程施工合同》。

6.4.2 《工程施工合同》的特点

1. 良好的灵活性

可适用于工程施工，如土木工程、电气工程、机械工程和房屋建筑工程；无论承包商是承担部分设计、全部设计，还是不承担设计都适用；提供了菜单式合同选项，使合同可适用于报价（单价或总价）式合同、目标式合同、成本偿付合同和管理合同；可用于英国，也可以用于其他国家。

2. 更加清晰和简洁

语言通俗易懂；结构合理、定义精确；按工作流程编排内容；词语明确、条款少而精。

3. 促进良好的管理

合同条款的实施有助于提高管理效率；加强当事人之间的合作以减少工程施工时的内在风险；有利于当事人更好地使用新的管理技术而提高管理水平。

4. 便于分包管理和财务管理

不指定分包商；可适用于工程量清单合同，也可用于分项工程表（带有固定价格的工程项目清单），便于计价和结算。

6.4.3 《工程施工合同》的构成

1. 构成

《工程施工合同》属于菜单式、组合型合同文件，主要由核心条款、主要选项条款、次要选项条款、成本组成表以及合同资料格式五部分构成。核心条款是必备条款，核心条款与次要选项条款等组合，可以构成不同种类或要求的合同文件，如标价合同（单价合同）、目标合同（总价合同）、成本加酬金合同和管理合同等。

2. 核心条款

核心条款共有 9 条，包括：总则；承包商的主要责任；工期；测试和缺陷；付款；补偿事件；所有权；风险和保险；争端和合同终止。

3. 主要选项

主要选项是按合同价格形式（付款形式）来划分的，共有 6 种形式可供选择：

选项 A：带有分项工程表的标价合同（有项目，没有工程数量，相当于纯单价合同）。分项工程表是由承包人制定的，为实施合同工程所要施工的各分项工程的汇总表。当承包人对分项工程表报价（分项工程的单价）后，每个分项工程的价格就是固定不变的，也是业主支付给承包人的该项工程的款项。这些款项的总和（所有分项工程费）就是承包人完成整个合同的价格，包括所有承包人应承担的风险。这种合同是用于阶段付款。

选项 B：带有工程量清单的标价合同（相当于单价合同）。工程量清单在招标文件中给出，包括工作项目和数量。投标人根据招标文件提供的资料以及承包人应承担的风险对清单中的各个工作项目进行报价。这就是我们国内的采用工程量清单计价方式进行招标采用的合同形式。

选项 C：带有分项工程表的目标合同。

选项 D：带有工程量清单的目标合同。

选项 C 和 D 相当于可调总价合同。这种合同是用于拟建工程范围没有完全界定或预测的风险较大的情况。价格的确定包括财务风险的分担。招标时承包人利用分项工程表或工程量清单以总价合同的方式报出目标价格，包括承包人估算的实际成本加其他成本以及间接费中的管理费和利润。在合同执行中，业主可以按实际成本加间接费（费率由承包人在投标时报出）进行期中支付累计成为已完工程总价（PWDD），按合同约定对承包人报出的合同总价按补偿事件和通货膨胀因素进行调整，形成最终合同总价；在合同结束之时，如果 PWDD 小于最终合同总价，承包人可以获得差值中的分摊部分（计算方法在合同资料中约定），作为节约的奖励；否则，超出部分就由承包人自行分担份额。

选项 E：成本偿付合同。这种合同适用于施工工程的范围界定不充分，甚至作为目标价格的基础也不充分并且要求尽早动工时的状况。这种合同对承包人而言除承担那些需要管理自己的雇员和资源的风险外，不再承担成本风险。承包人得到的合同款项是实际成本加上报价的间接费，只受到少量的用于激励有效施工的约束，所承担的风险也是最小的。

选项 F：管理合同。这里的管理合同是用于业主与管理承包人签订的总承包管理合同情况。管理承包人所承担的施工工程的责任等同于那些根据其他选项工作的承包人所承担的责任，但他本人不直接从事任何施工。所有分包合同都是与管理承包人直接签订的，并对分包人和分包合同实施管理。管理承包人负责提供管理服务，必要时完成设计（设计加管理合同）。管理承包人在投标时就他的管理服务费和他所估算的分包合同总价报价。分包合同的价格是作为实际成本支付给管理承包人的并且是以这种方式支付的唯一款项。补偿事件可能造成分包人的价格增加，因此只能补偿给分包人，而管理承包人不能获得处理相应补偿事件的工作的单独付款和相关的额外费用。注意，这里的管理承包人不同于业主的项目经理，项目经理与业主签订专业服务合同，代表业主管理合同，但不承包工程也不与分包人签订分包合同，不承担施工责任和风险。

4. 次要选项

当主要选项选定后，合同使用者可以任意选定次要选项。其中选项 U 只能用于在英国国内的工程（英国关于设计、施工、管理的法规）。次要选项共有 15 项。包括：

选项 G：履约担保；选项 H：母公司担保；

选项 J：预付款；选项 K：多种货币（不与 C、D、E、F 同时使用）；

选项 L：区段竣工；选项 M：承包商设计；

选项 N：价格调整（不与 E 和 F 同时使用）；

选项 P：保留金（不与 F 同时使用）；

选项 Q：提前竣工奖；选项 R：拖期罚款；

选项 S：质量欠佳罚款；选项 T：法律变化；

选项 U：施工法规；选项 V：信托基金；

选项 Z:合同附加条件。

5. 合同选项的选择策略

如图 6-1 所示。

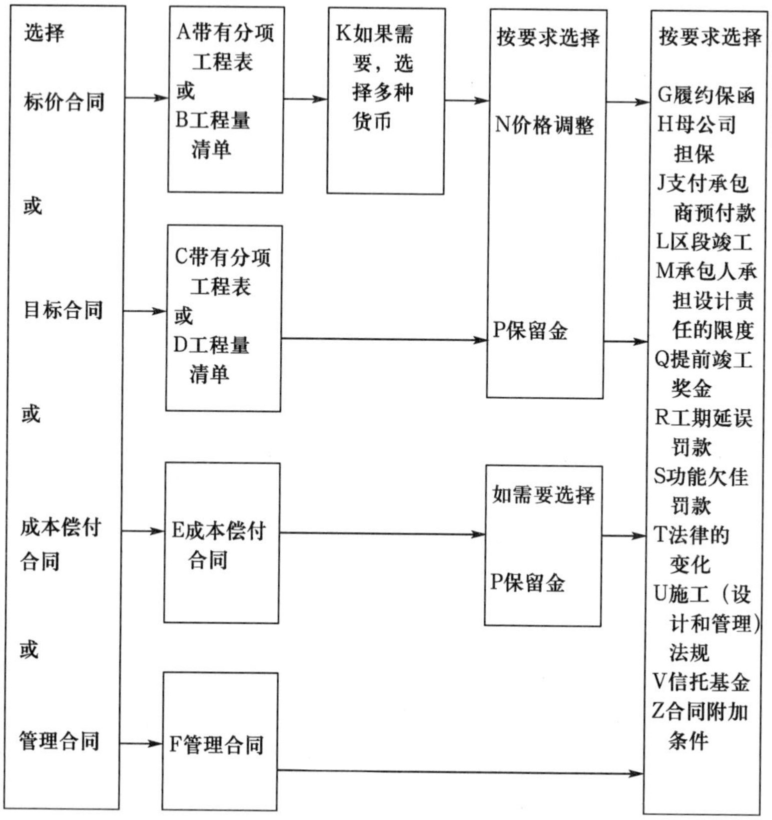

图 6-1　使用工程施工合同(NEC)的选项策略

6.4.4　《工程施工合同》(NEC)的合同管理特点

采用《工程施工合同》(NEC)的目的之一就是促进良好的工程管理,这也是《工程施工合同》(NEC)最重要的特征。它可以为业主、设计师、承包人和项目经理提供一种现代手段以求共同合作完成合同工程,并有助于减少工程内在的风险,开展更为有效的管理。合同管理是一种合作管理,需要通过分清职能和责任鼓励当事人在合作管理中发挥各自应有的作用,在实现各自目的的同时合作完成工程。在《工程施工合同》(NEC)中为了促进良好的管理设计了工作应遵循的程序,这些程序的作用是提高预防为主的管理效果和提供合理处理补偿事件的方法。另外,《工程施工合同》(NEC)采用了业主委托项目经理管理合同的项目管理模式,并为此设计了根据业主利益由项目经理可以选择的能够解决问题的选项条款,以保证采用成本最低的管理方法获得最佳的管理成效。

《工程施工合同》(NEC)最为显著的特点是采用项目经理管理合同,也就是受业主委托全权负责项目管理。同时，业主还聘请监理工程师独立实施质量控制工作，主要职责就是检查工程是否按“工程信息”(含对合同工程的规定和说明，相当于国内的施工规范和质量标准；对承包人实施合同工程所用方法的要求，相当于国内的施工规程)实施，包括对材料的测试和对施工质量的检验，也包括对承包人进行测试时的观察(见证和旁站)。监理工程师与项目经理是平行的，其对工程施工质量做出独立的判定，不需要征询项目经理的意见，并且在其行为受到承包人质询时，监理工程师也不得求助于项目经理。若承包人对监理工程师或项目经理的行为不满，应诉诸裁决人。因此，在《工程施工合同》(NEC)模式中引入裁决人来公正解决承包人与项目经理或监理工程师的争议(合同争端)是它的另一大特色。可以说，1999 版 FIDIC 合同文件中采用裁决人制度也是借鉴了《工程施工合同》(NEC)模式。这种模式有别于 FIDIC 的合同管理模式和我国的名义合同管理模式(类似于 FIDIC)，《工程施工合同》(NEC)采用项目经理和监理工程师共同进行工程管理是和我国目前的一些实际做法颇为相似的。即业主的项目管理者(大多也叫项目经理，只不过是自己的雇员而非委托的专业项目经理)负责合同管理，包括投资、进度、协调。而监理工程师主要管质量和安全(法律责任)。《工程施工合同》(NEC)的合同关系与项目组织关系如图 6-2 所示。

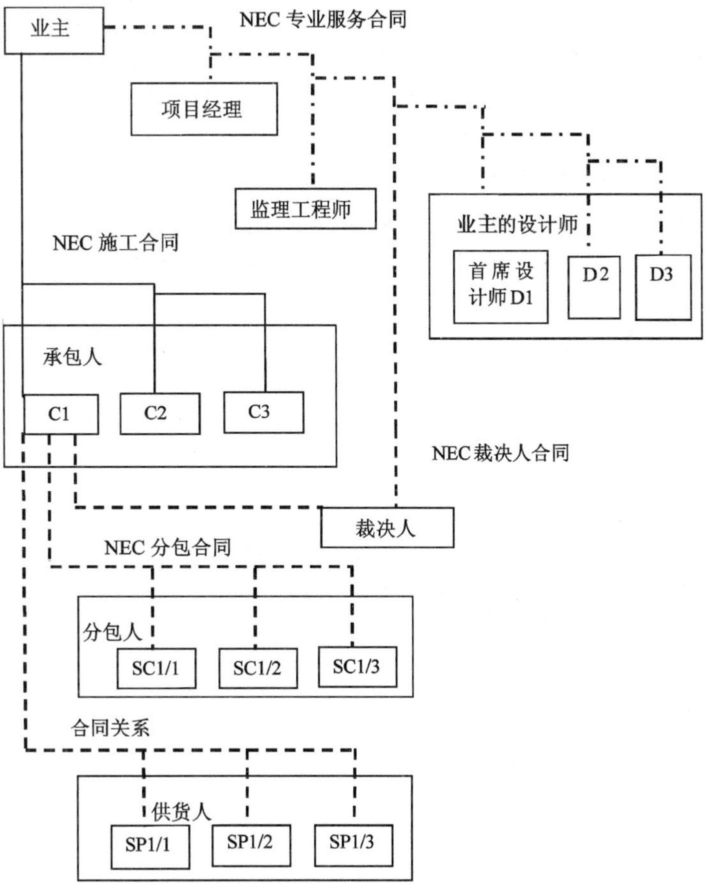

图 6-2　NEC 合同主要参与者与合同关系

6.4.5 项目经理与监理工程师的主要管理职责

1. 合同当事人、关系人与其他人

《工程施工合同》(NEC)的当事人是雇主(Employer,习惯称为业主)和承包人(Contractor)。合同关系人为项目经理(Project Manager)、监理工程师(Supervisor)、裁决人(Adjudicator)、分包人(Subcontractor)、供应人(Supplier of the Contractor),其他人为当事人和关系人以外的人员或机构。

雇主、承包人、项目经理和监理工程师应按本合同规定,在工作中相互信任、相互合作,共同完成合同工程;裁决人应按本合同的规定独立公正地工作。

2. 项目经理的职责

项目经理是由雇主从他或外面的人中任命的,其作用是为雇主管理合同,目的在于实现雇主所期望的目标。雇主通常在一个项目的可行性研究阶段就任命一位项目经理。项目经理的责任可以包括代表雇主行使权利,就有关设计的采购、成本和工期的估算、可选施工方案的优劣以及选定最合适的合同策略等方面为雇主提供咨询。

施工合同赋予了项目经理相当大的权力,可以认为,项目经理拥有雇主授权采取行动的权力,以及做出需要他做出决定的权力。《工程施工合同》(NEC)建议雇主尽量授权于项目经理,最好不要对其权力加以限制。但项目经理有责任与雇主保持密切的联系,对重大事项应征询雇主的意见后决定。项目经理的合同管理职责与权力主要有:

(1)对承包人的请求及时做出答复并有权做出决定;

(2)有权对工程信息做出变更并发出变更指令;

(3)有权对承包人的设计包括施工设备设计进行审核并认可;

(4)有权对承包人的主要雇员进行审核并认可,在有充分理由时可以指令承包人调离其雇员;有权对承包人使用或保管的施工设备、设备(指用于永久工程)、材料的所有权做出裁定,凡是已运入施工作业区的或已为监理工程师标记的施工设备、设备、材料其所有权即转归雇主,没有项目经理的允许,承包人不得撤出;

(5)有权对承包人的分包人资格及分包合同条件进行审核,认可或不认可;在未获得认可之前,承包人不得指定分包人;

(6)有权审核施工进度计划并决定是否认可,有权对某一工程发出停工或不开工的指令,有权指令承包人为提前竣工而赶工;有权决定竣工日期并签发竣工证书;

(7)应在每一个结算日进行计价审核和应付款额,并向承包人详细说明应付款额计价审核的情况,并在结算日一周内签发付款证书;

(8)有权对变更、赶工、缺陷处理等事项发生的费用进行审核并做出增加或扣减决定;在处理补偿事件时可根据各种可行方法,指令承包人提交报价和可供选择的其他报价,并在报价后的两周内予以答复,如有充分理由,可指令承包人修改报价。必要时,项目经理可以自行计价,并将结果通知承包人。

3. 监理工程师的职责

监理工程师是由雇主为某一特定合同而指定的。他可以是雇主自己的人(在我国不行)，也可以是外面的人。其基本职责是检查工程的施工是否符合合同要求。这一点类似于其他合同中的驻地工程师(如FIDIC)或建筑师(如AIA)。在工作中，可能需要质量检查人员或工程管理人员协助监理工程师工作。其主要职责有：

(1)应将工程的各项测试或检查事先通知承包人；

(2)对于承包人事先通知的测试或检查，应按时到场，对其测试进行观察；

(3)监理工程师进行的测试或检查不应造成工程不必要的延误或在测试和检查合格条件下的工程款支付的延误；

(4)有权对承包人用于工程的设备和材料按照工程信息所规定进行测试或检查，合格时通知承包人，承包人在接到合格通知后方可将这些设备或材料运入施工作业区；此外，监理工程师应对施工作业区以外的施工设备、设备和材料做出鉴别并标记；

(5)在有恰当的理由时有权指令承包人寻查缺陷，包括进行工程的剥露、拆卸、重新覆盖和重新安装，以及为监理工程师进行的测试和检查提供设施、材料和试样，也包括进行工程信息中为要求进行的测试和检查；当然，若此类工作的结果是未发现缺陷，则构成补偿事件；

(6)在缺陷责任解除日之前，监理工程师应将发现的每一处缺陷通知承包人，承包人也应将其发现的每一处缺陷通知监理工程师。并且，无论监理工程师是否就缺陷发过通知，承包人都应将其改正，并在缺陷改正期结束之前改正所有指出的缺陷。对于竣工期前通知的缺陷，缺陷改正期自竣工之日起算；对于其他缺陷，缺陷改正期自缺陷通知之日起算。监理工程师按缺陷改正期最晚结束的日期签发缺陷证书。

思考题

1. 国际工程管理与国内工程管理的主要区别是什么？

2. 国际工程合同条件的典型代表都有哪几种？

3. 试对比FIDIC各类合同条件的适用条件。

4. 分析FIDIC合同中的工程师地位、作用和管理权限。

5. 对比分析国内建设工程施工合同示范文本与FIDIC施工合同条件关于索赔的规定的异同。

6. 对比分析FIDIC生产设备和设计-施工合同条件与设计采购施工(EPC)/交钥匙工程合同条件中关于设计管理的规定。

7. 分析ICE《工程施工合同》(NEC)的特点和项目组织结构。

8. 分析ICE《工程施工合同》(NEC)中的项目经理与FIDIC合同体系中的工程师的作用的异同以及其监理工程师与FIDIC合同项下的工程师的作用的异同。

9. 什么是目标合同？如何理解ICE《工程施工合同》(NEC)C、D选项中的合同预算价与合同实际价差的处理规定。

参考文献

[1] 刘志杰,高仁良. 水运工程合同管理. 北京:人民交通出版社，2002

[2] 中国建设监理协会组织. 建设工程合同管理 2007. 2 版. 北京:知识产权出版社，2006

[3] 何伯森. 国际工程招标与投标. 北京:水利电力出版社，1994

[4] 国家工商行政管理局市场规范管理司. 合同法与合同管理. 北京:工商出版社，1999

[5] Howard G. Birnberg. Project Management for Building Designers and Owners . Second Edition，CRC PRESS，1999

[6] Sidney M. Levy. Project Management in Construction. Third Edition，McGraw-Hill，2000

[7] 国际咨询工程师联合会,中国工程咨询协会. 施工合同条件. 1999 年第 1 版，北京:机械工业出版社，2002

[8] 国际咨询工程师联合会,中国工程咨询协会. 生产设备和设计-施工合同条件. 1999 年第 1 版，北京:机械工业出版社，2002

[9] 国际咨询工程师联合会,中国工程咨询协会. 设计采购施工(EPC)/交钥匙工程合同条件. 1999 年第 1 版，北京:机械工业出版社，2002

[10] 国际咨询工程师联合会,中国工程咨询协会. 简明合同格式. 1999 年第 1 版，北京:机械工业出版社，2002

[11] 国际咨询工程师联合会(FIDIC). 业主/咨询工程师标准服务协议书应用指南. 北京:航空工业出版社，1995

[12] [英]土木工程师学会. 新工程合同条件(NEC)，工程施工合同与使用指南. 方志达,译. 北京:中国建筑工业出版社，2000

[13] [英]土木工程师学会. 新工程合同条件(NEC)，专业服务合同与使用指南. 方志达,译. 北京:中国建筑工业出版社，2002